西门子工业自动化技术丛书

U0180327

西门子小型伺服驱动系统应用指南

西门子（中国）有限公司　组编

游辉胜　编著

机械工业出版社

本书主要介绍了SINAMICS V90伺服驱动系统的功能及应用技巧。

本书共分为5章，分别介绍了伺服驱动系统的组成；伺服驱动系统的优点、硬件接口、控制功能、通信原理、调试工具、安全功能、制动校核和选型工具等；电子齿轮、电子凸轮、测量输入和凸轮输出等运动控制功能；脉冲型伺服驱动器的脉冲控制功能及应用案例，总线型伺服驱动器的周期和非周期通信、回参考点详解、巧用附加报文类型和固定点停止功能及应用案例；定位、同步、测量输入和凸轮输出的应用技巧等。

本书可供通用机械设备制造相关的设计、调试、维护等技术及管理人员阅读，也可以作为中高职相关专业和技能培训学校的教学参考用书。

图书在版编目（CIP）数据

西门子小型伺服驱动系统应用指南 / 游辉胜编著 . —北京：机械工业出版社，2020.8（2023.8 重印）
（西门子工业自动化技术丛书）
ISBN 978-7-111-66334-8

Ⅰ . ①西… Ⅱ . ①游… Ⅲ . ①伺服系统—指南 Ⅳ . ① TP275-62

中国版本图书馆 CIP 数据核字（2020）第 149679 号

机械工业出版社（北京市百万庄大街 22 号 邮政编码 100037）
策划编辑：林春泉 责任编辑：林春泉
责任校对：肖 琳 刘雅娜 封面设计：鞠 杨
责任印制：单爱军
北京虎彩文化传播有限公司印刷
2023 年 8 月第 1 版第 4 次印刷
184mm×260mm · 17.25 印张 · 411 千字
标准书号：ISBN 978-7-111-66334-8
定价：89.00 元

电话服务 网络服务
客服电话：010-88361066 机 工 官 网：www.cmpbook.com
010-88379833 机 工 官 博：weibo.com/cmp1952
010-68326294 金 书 网：www.golden-book.com
封底无防伪标均为盗版 机工教育服务网：www.cmpedu.com

序

　　运动控制，广泛地应用在机床、包装、印刷、电子装配、机器人、生产线等生产制造领域。智能制造和机器人都离不开运动控制，其中伺服驱动系统是一个关键环节，负责准确、高效地将控制指令转换为机械运动。简单地说，就是对机械运动部件的位置、速度、加速度等进行实时的控制管理，使其按照预期的运动轨迹和规定的运动参数进行运动。

　　记得 10 年前，国内的运动控制行业主要使用脉冲模拟量控制单轴伺服驱动系统，同时市场上也只有很少的运动控制品牌可提供像西门子公司 PROFINET/PROFIBUS 这样的基于工业总线的运动控制解决方案。而如今，总线型伺服驱动系统已经成为各个厂商的标配了，这一方面是由于生产制造工厂对设备自动化、智能化和生产灵活性的要求越来越高，所以要求设备中控制系统的轴数越来越多，不同设备之间的交互也变得更加频繁，信息自动化管理的要求也越来越高，而总线很好地解决了这个问题；另一方面得益于一些大厂商的伺服驱动产品的本土化策略而形成的成本优化。西门子公司在 2016 年推出的 SINAMICS V90总线型伺服驱动系统就是其中的佼佼者。

　　伺服驱动系统和控制器组成了运动控制系统，伺服驱动系统和控制器的相互配合，完成各种复杂的动作，因此只有从整体和系统地去学习伺服驱动系统，尤其对于总线型伺服驱动系统，才能更好地理解和用好伺服驱动系统。未来的伺服驱动系统将朝着提升其性能、更方便系统集成、直接驱动电动机等方向发展。

- 进一步提升伺服驱动系统自身性能，如响应特性、自动优化、尺寸（功率密度）等。
- 基于以太网的总线结构使伺服驱动系统和运动控制器之间可靠地传递大量的控制和状态数据。
- 伺服驱动系统和运动控制器的系统集成可以根据需要提供由简单运动到复杂运动的全系列解决方案，如速度控制、位置控制、电子齿轮同步控制、电子凸轮同步控制、插补轮廓控制和分布式同步控制等。
- 机械传动系统与伺服驱动系统将进一步融合，以提升系统的动态特性，如直线电动机、力矩电动机等。
- 数字孪生，即将运动控制系统在设计、调试、使用和维护等各个阶段的数据整合在一个软件平台，该软件平台可以模拟仿真系统运动轨迹并对其进行优化。

　　西门子公司是全球知名的工业自动化公司，运动控制更是西门子公司的传统强项。特别是近年来西门子公司快速融入中国的发展中，在中国建立研发基地，将全球化的产品管理职能设在中国，在中国形成了完整的价值链。本书中的 SINAMICS V90 伺服驱动系统就是其中的代表，西门子公司采用全球统一的设计标准和质量标准，秉承中国定义、中国研发、中国制造、全球销售的策略，实现了从中国制造到中国创造的转变。标有"中国制造"的伺服驱动系统及其控制产品，以及用这些产品装备的机械设备，不仅服务于中国的经济发展，而且使中国的机器制造水平进一步提高，与国际接轨，远销全球。

　　本书作者为西门子公司多年奋战在运动控制领域一线的工程技术人员，拥有丰富的理论基础和现场调试实践经验。因此，本书可以作为现场工程技术的指导书，也可以作为在伺服驱动系统和运动控制领域的进阶书，亦可作为工程院校及培训学校的参考书目。

西门子 SINAMICS V90 伺服驱动系统

全球产品经理

朱亮

前　言

随着机械装备自动化水平的不断提高，特别是消费电子、食品饮料、医疗装备、印刷包装、纺织等行业的自动化生产线的不断普及，对伺服驱动系统的需求越来越多，对性能和功能的要求也越来越高，对小型伺服驱动系统提出了更高的期望。西门子公司始终以领先的电气化、自动化和数字化产品为客户提供解决方案和服务，提供全系列伺服驱动系统，如 SINAMICS V90 伺服驱动系统、SINAMICS S210 伺服驱动系统和 SIMATIC MICRO-DRIVE 伺服驱动系统，其中 SINAMICS V90 伺服驱动系统是市场上应用最为广泛的小型伺服驱动系统。

在《运动控制系统应用指南》一书中，已经介绍过运动控制系统中重要组成部分——伺服驱动系统。本书基于作者多年从事这方面工作的体会，着重地介绍了西门子 SIN-AMICS V90 伺服驱动系统的组成和功能及应用方法和技巧。本书在内容的编写上力求实用和通俗易懂，应用实际案例针对不同的功能做了详尽解析，以采用不同的方法去实现同一目标，既为相关专业人员做了全面的介绍，也提供了丰富的参考依据。

本书第 1 章介绍了交流伺服驱动系统的应用及西门子小型伺服驱动系统的组成和分类。第 2 章介绍了 SINAMICS V90 伺服驱动系统的优点、脉冲型伺服驱动器的硬件接口及其控制和通信功能、总线型伺服驱动器的硬件接口及其控制和通信功能、伺服驱动器的非周期通信、两种重要调试工具的功能及使用方法、伺服驱动器的安全功能应用、伺服驱动系统的制动计算与校核、伺服驱动系统的选型工具。第 3 章介绍了运动控制中的电子齿轮同步功能、电子凸轮同步功能、测量输入功能和凸轮输出功能。第 4 章介绍了脉冲型伺服驱动器的应用案例，如 SIMATIC S7-200 SMART PLC 通过脉冲指令进行伺服驱动器的控制、SIMATIC S7-1200 PLC 与伺服驱动器之间通过 HSP 文件进行控制的实例、SIMATIC PLC 与伺服驱动器之间的周期性通信和非周期性通信实例、伺服驱动器的回参考点详解、附加报文类型 750 的应用技巧和固定点停止。第 5 章介绍了往复定位运动、带测量输入和凸轮输出的基本定位运动、相对电子齿轮同步运动、绝对电子齿轮同步运动、带测量输入的绝对电子齿轮同步运动、凸轮同步运动、带凸轮输出的凸轮同步运动。

本书可以作为机械设备制造业中设计、调试、维护等技术人员、生产管理者的参考书籍及培训教材，也可作为各中高职院校和技能培训学校的参考教材。此外，本书也可以作为有志于学习和了解通用机械设备运动控制基本原理和西门子运动控制产品的读者朋友、行业伙伴们的参考用书，相信本书一定会对您有帮助！

本书由游辉胜编著，并由西门子（中国）有限公司的李澄和南瑞集团有限公司的薛孝琴负责主审与校对。感谢西门子 SINAMICS V90 伺服驱动系统全球产品经理朱亮先生为本书撰写了序，感谢西门子（中国）有限公司王钢先生在本书的编写过程中提出了很多的宝贵意见，感谢西门子数控（南京）有限公司硬件研发专家张军平先生为本书伺服驱动系统的制动计算与校核提供了依据。感谢在本书编写过程中给予大力支持的各位朋友。

由于时间仓促，作者水平有限，书中难免存在不足之处，恳请有关专家、学者、工程技术人员以及广大读者朋友们多多包涵，并不吝批评指正，谢谢！

西门子（中国）有限公司

数字化工业集团运动控制部

通用运动控制全球产品中心

总经理　星生智

目　录

第1章 概 论

1.1 交流伺服驱动系统

交流伺服驱动系统的控制对象是交流永磁同步电动机（伺服电动机），系统可以实现位置、转速、转矩的单独控制或综合控制。交流伺服驱动系统最早应用于机床行业，随着交流伺服驱动系统的不断成熟，现在可以与 PLC 相结合，广泛应用于专用加工设备、自动化生产线、纺织机械、印刷机械、包装机械、电子电池机械和食品饮料机械中。

交流伺服驱动系统由交流伺服驱动器、伺服电动机和连接电缆组成，因此交流伺服驱动系统的控制理论离不开交流伺服驱动器及伺服电动机的控制理论。伺服电动机与交流感应电动机相比，伺服电动机的调速范围更大、调速精度更高、动态特性更好等。伺服驱动器与变频器相比，伺服驱动器可以实现高精度的位置控制、大范围的恒转矩调速、转矩的精确控制、更高的调速要求等。通常来说，伺服驱动器需要与其专用伺服电动机配套使用，从而达到最优的伺服驱动系统控制性能。

根据使用的场合和控制系统的要求不同，伺服驱动器又分为通用伺服驱动器和专用伺服驱动器。通用伺服驱动器带有闭环位置控制功能，可以实现闭环位置控制、速度控制、转矩控制或其综合控制；而专用伺服驱动器需要与专用的上位机控制器（如 CNC 控制器、机器人控制器等）一起使用，不能独立进行位置控制。

目前，国内市场上广泛应用的交流伺服驱动系统有德国西门子、法国施耐德、日本三菱、日本松下、日本安川、中国台湾台达、中国汇川、中国埃斯顿等。

1.2 西门子交流伺服驱动系统

SINAMICS 驱动器是西门子公司全新系列的驱动产品，结合不同的 SIMATIC 控制器，可以实现不同功能需求的运动控制，如图 1-1 所示。

根据应用的不同，运动控制系统可以分为基本的运动控制、中端的运动控制和高端的运动控制。基本的运动控制主要采用 SIMATIC S7-200 SMART PLC 或 SIMATIC S7-1200 PLC 以脉冲序列、RS485 通信或 PROFINET 通信的方式连接 SINAMICS 驱动器进行调速和定位控制；中端的运动控制主要采用 SIMATIC S7-1500 PLC 采用 PROFINET 通信的方式连接 SINAMICS 驱动器进行调速、定位和相对同步控制；高端的运动控制主要采用 SIMATIC S7-1500T PLC 或 SIMOTION 控制器采用 PROFINET 通信的方式连接 SINAMICS 驱动器进行调速、定位、相对同步、绝对同步、凸轮同步以及运动机构控制。

SINAMICS 驱动器包含 SINAMICS 变频器和 SINAMICS 伺服驱动器，其中 SINAMICS 伺服驱动器产品有 SINAMICS V90 伺服驱动器、SINAMICS S210 伺服驱动器和

SINAMICS S120 伺服驱动器，如图 1-2 所示。

图 1-1　运动控制系统的应用

图 1-2　SINAMICS 伺服驱动器

SINAMICS V90 伺服驱动器为单轴交流伺服驱动产品，需要与 SIMOTICS 1FL6 伺服电动机配合使用，组成了性能优化、简单易用的伺服驱动系统，广泛应用于各行各业，如定位、传送、收放卷、自动化生产线等。

SINAMICS S210 伺服驱动器同样为单轴交流伺服驱动产品（提供单相供电及三相供电的伺服驱动器），需要与单电缆的 SIMOTICS 1FK2 伺服电动机（提供紧凑型和高动态型伺服电动机）配合使用，组成了具有扩展的安全集成功能、便利的连接特性、运动控制性能优异的伺服驱动系统，专为高动态高性能的运动控制应用而设计，广泛应用于执行运动控制任务，如定位、同步以及运动机构控制功能。

SINAMICS S120 伺服驱动器不仅有单轴的交流伺服驱动产品，同时也有多轴的伺服驱动产品，作为 SINAMICS 系列的高性能伺服驱动器，与 SIMOTICS 1FK7 或 SIMOTICS 1FT7 系列的伺服电动机配合使用，具有良好的扩展性、灵活性，用于满足机械设备制造领域日益增长的高性能多轴需求。在伺服驱动器的内部，支持 DCC 编程功能，可以快速实现用户特定的驱动解决方案。

如图 1-3 所示，可以根据实际应用中对伺服驱动器的不同功能及性能需求来选择合适、合理、经济、完美的伺服驱动系统。

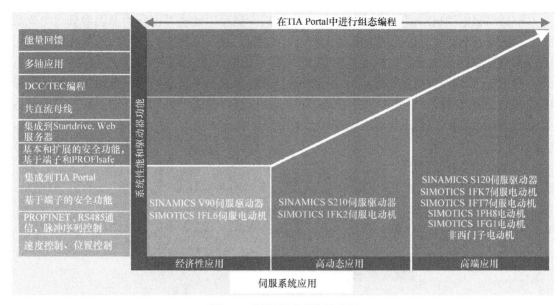

图 1-3　伺服驱动系统的选择

1.3　西门子小型伺服驱动系统

SINAMICS V90 伺服驱动系统是西门子公司满足基本应用的小型伺服驱动系统，包括 SINAMICS V90 伺服驱动器、SIMOTICS 1FL6 伺服电动机和 MOTION-CONNECT 300 连接电缆，功率范围为 0.05 ~ 7kW。

根据伺服驱动器的控制方式不同，SINAMICS V90 伺服驱动器可以分为脉冲型（即 SINAMICS V90 PTI 伺服驱动器，集成了脉冲序列输入、模拟量、RS485 通信）和总线型（即 SINAMICS V90 PN 伺服驱动器，集成了 PROFINET 通信）。根据伺服驱动器的供电等级不同，又可以分为交流 220V 伺服驱动器（包括单相交流 220V 和三相交流 220V）和三相交流 400V 伺服驱动器。SINAMICS V90 伺服驱动器分类如图 1-4 所示。

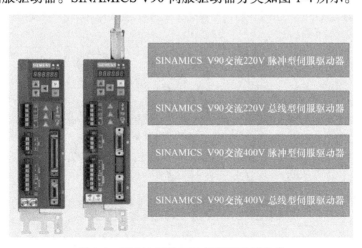

图 1-4　SINAMICS V90 伺服驱动器分类

根据伺服电动机的惯量不同，SIMOTICS 1FL6 伺服电动机可以分为低惯量伺服电动机和高惯量伺服电动机。根据伺服电动机编码器的类型不同，SIMOTICS 1FL6 伺服电动机可以分为增量编码器伺服电动机和绝对值编码器伺服电动机。根据伺服电动机是否带抱闸，SIMOTICS 1FL6 伺服电动机可以分为带抱闸伺服电动机和不带抱闸伺服电动机。根据伺服电动机轴是否带键槽，SIMOTICS 1FL6 伺服电动机可以分为带键伺服电动机和不带键伺服电动机。SIMOTICS 1FL6 伺服电动机的分类如图 1-5 所示。

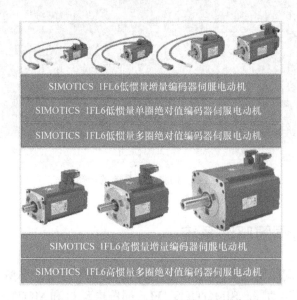

图 1-5 SIMOTICS 1FL6 伺服电动机分类

根据连接电缆功能的不同，MOTION-CONNECT 300 连接电缆可以分为电动机动力电缆、电动机编码器电缆和电动机抱闸电缆，其中电动机编码器电缆又可区分为增量编码器电缆和绝对值编码器电缆。根据连接的伺服电动机的不同，MOTION-CONNECT 300 连接电缆可以分为高惯量伺服电动机连接电缆和低惯量伺服电动机连接电缆，从图 1-5 所示的伺服电动机外观也可以看出，惯量不同的 SIMOTICS 1FL6 伺服电动机，其连接接口也不同，因此连接电缆也不同。MOTION-CONNECT 300 连接电缆的分类如图 1-6 所示。

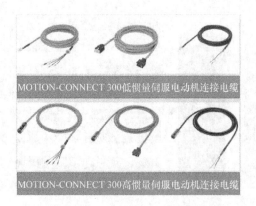

图 1-6 MOTION-CONNECT 300 连接电缆分类

对于轴高为 50 的 SIMOTICS 1FL6 低惯量伺服电动机，其 MOTION-CONNECT 300 连接电缆也为金属头，而非塑料头。由于西门子公司用于 SINAMICS V90 伺服驱动系统的 MOTION-CONNECT 300 连接电缆只有固定长度的非柔性电缆，因此对于需要灵活的连接电缆长度或者需要柔性电缆的应用场合，可以购买 MOTION-CONNECT 300 连接接头，制作用户自定义的连接电缆，此时需要特别注意电缆的制作工艺、电缆的质量、电缆线径、电缆屏蔽层等。

SINAMICS V90 伺服驱动系统的各组成部件不允许任意组合，通常来说 SINAMICS V90 交流 220V 伺服驱动器通过 MOTION-CONNECT 300 低惯量伺服电动机连接电缆来连接 SIMOTICS 1FL6 低惯量伺服电动机组成低惯量伺服驱动系统；SINAMICS V90 交流 400V 伺服驱动器通过 MOTION-CONNECT 300 高惯量伺服电动机连接电缆来连接 SIMOT-ICS 1FL6 高惯量伺服电动机组成高惯量伺服驱动系统。其连接如图 1-7 所示。

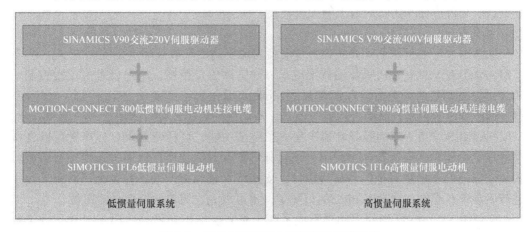

图 1-7　SINAMICS V90 伺服驱动系统连接

SINAMICS V90 伺服驱动系统可以广泛应用于电子组装行业（如机械手、丝网切割机、PCB 组装机、IC 搬运机、芯片分类机、焊接机等）、印刷行业（如贴标机、分切机、覆膜 / 镀膜机、丝网印花机、卷绕机、拉丝机等）、包装行业（如灌装机、封装机、药品包装机、装袋机等）、物料搬运行业（如自动堆垛机、仓储系统、输送系统等）、金属成型行业（如压边机、雕刻机、冲压机等）。

SINAMICS V90 伺服驱动系统的选型步骤：

1）选择 SIMOTICS 1FL6 伺服电动机。

2）选择 SINAMICS V90 伺服驱动器。

3）选择 MOTION-CONNECT 300 连接系统。

4）选择 SIMATIC PLC 控制器。

第2章 | SINAMICS V90伺服驱动系统

2.1 SINAMICS V90 伺服驱动系统的优点

SINAMICS V90 伺服驱动系统具有性能优异、易于使用、低成本和运行可靠等优点，且低惯量伺服驱动系统具备高动态性能、高转速和体积小的优点，高惯量伺服驱动系统具备高精度、高可靠性和大转矩输出的优点。

1. 低成本

SINAMICS V90 伺服驱动系统在设计时就考虑了高度集成以降低系统的成本。

SINAMICS V90 PTI 伺服驱动器集成了外部脉冲位置控制、内部设定值位置控制（可以通过伺服驱动器的开关量输入点或者是 Modbus 通信进行控制）、速度控制、转矩控制、快速外部脉冲位置控制及其综合控制等模式，不同的控制模式可以适用于多种应用场合。

SINAMICS V90 PTI 伺服驱动器中集成了定位功能，目标位置及目标速度可以在调试时设置在驱动器中，在运行的过程中，该目标位置及目标速度可以通过通信进行修改，在伺服驱动器内部支持绝对定位和相对定位，支持线性轴和旋转轴，并且在伺服驱动器中可以进行回参考点操作，在没有 PLC 的情况下，也可以完成简单的点到点的定位。

SINAMICS V90 PN 伺服驱动器集成了两个具有交换机功能的适用于自动化的工业以太网标准的 PROFINET 接口，通过 PROFINET 电缆，将 SIMATIC S7-200 SMART PLC、SIMATIC S7-1200 PLC 或 SIMATIC S7-1500 PLC 与 SINAMICS V90 PN 伺服驱动器进行链式连接，可以实时地传输伺服驱动器的用户/过程数据，控制电路的接线简单，降低了系统的复杂性。

SINAMICS V90 伺服驱动器所有的驱动模块都集成了制动电阻，可以消耗掉伺服电动机制动停车时产生的再生能量，确保伺服驱动系统能够快速停止，在不需要外部制动电阻的情况下满足了大部分的应用。

对于供电电压为三相 400V 的 SINAMICS V90 伺服驱动器，其内部集成了抱闸继电器，当使用带抱闸的 SIMOTICS 1FL6 伺服电动机时，可以直接使用该抱闸继电器的输出控制伺服电动机的抱闸动作，而不需要额外的抱闸继电器。

2. 性能优异

SINAMICS V90 伺服驱动系统具有快速、平稳的性能，并且定位精度高。

SINAMICS V90 伺服驱动器具有先进的一键优化和自动实时优化功能，系统的闭环控制参数可以根据实际需要采用实时优化功能进行自动实时优化或者一键优化功能进行优化，通过优化功能可以使机械设备动态性更高、系统更稳定，如图 2-1 所示。

SINAMICS V90 伺服驱动系统具有自动抑制机械谐振的功能。伺服驱动器可以自动检测出机械设备的机械谐振频率，并设置谐振滤波器抑制机械设备的共振，大大降低了设备运行过程中的振动和噪声，同时也大大提高了机械设备的动态响应和系统稳定性，如图 2-2 所示。

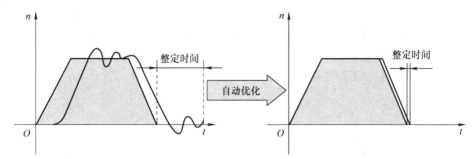

图 2-1　自动优化前后的系统性能比较

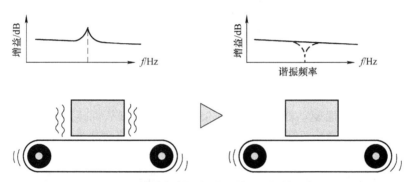

图 2-2　自动抑制机械谐振前后的性能比较

　　SINAMICS V90 伺服驱动器所驱动的 SIMOTICS 1FL6 低惯量单圈绝对值伺服电动机的编码器分辨率高达 21 位，且 SIMOTICS 1FL6 多圈绝对值伺服电动机的编码器分辨率高达 20 位，并且能够在系统没有电源的情况下记忆 4096 圈的位置。对于 SINAMICS V90 PTI 伺服驱动器可以接受的脉冲频率高达 1MHz，而 SINAMICS V90 PN 伺服驱动器的传输速率可达到 100Mbit/s。伺服电动机的高分辨率和伺服驱动器的高数据传输速率可以提高系统的动态响应，保证系统的定位精度和极低的速度波动。SINAMICS V90 伺服驱动器和 SIMOTICS 1FL6 伺服电动机都拥有 3 倍的过载能力，伺服电动机的转矩波动低，采用最佳匹配的 SINAMICS V90 伺服驱动器驱动 SIMOTICS 1FL6 伺服电动机，可以使系统具有快速的加减速性能、较高的系统动态特性、稳定的运行效果，从而可提高机械设备的生产率和稳定性，不同的过载能力系统所具有的速度特性如图 2-3 所示。

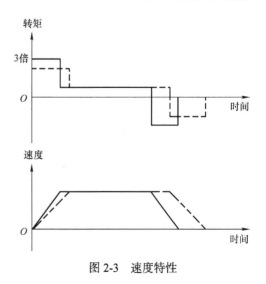

图 2-3　速度特性

3. 易于使用

简单易用的优化功能、专用简洁的调试工具、系统组件功能丰富。

SINAMICS V90 伺服驱动器可以很方便地使用自动优化功能和抑制机械谐振功能，仅需要进行简单的设置，不需要深入了解伺服驱动系统的理论，如图 2-4 所示。首先选择机械设备的刚性等级或动态需求，然后设置是否需要激活谐振抑制，再开始自动优化，优化完成后自动设置相关的动态特性参数及滤波参数。

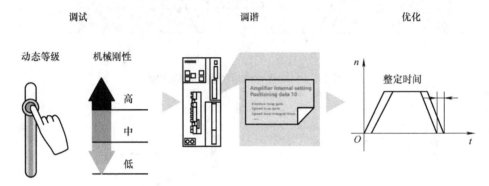

图 2-4　优化设置

SINAMICS V90 伺服驱动器专用的 V-ASSISTANT 调试软件使用起来很方便，其有图形化的参数设置界面、通俗易懂的伺服电动机状态监控界面和高效简洁的示波器功能和测量功能，使调试和诊断 SINAMICS V90 伺服驱动系统简单快捷。

SINAMICS V90 伺服驱动器标准的连接接口使伺服驱动器与控制器连接简单方便，例如 SINAMICS V90 PTI 伺服驱动器的脉冲设定信号具有标准的 5V 差分信号和 24V 的单端信号两个通道信号源、标准的 RS485 接口支持 USS 通信和 Modbus 通信；SINAMICS V90 PN 伺服驱动器标准的 PROFINET 接口可以采用 PROFINET 通信协议，如图 2-5 所示。

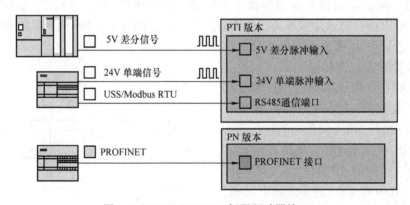

图 2-5　SINAMICS V90 伺服驱动器接口

交流 400V 的 SINAMICS V90 伺服驱动器集成有一个标准的 SD 卡槽，交流 220V 的 SINAMICS V90 伺服驱动器集成有一个微型 SD 卡槽，这样伺服驱动器的参数通过 SD 卡可以方便地从一个伺服驱动器复制到其他的伺服驱动器中，方便进行批量调试，同时该 SD 卡槽还可以用于伺服驱动器固件升级。

　　SINAMICS V90 伺服驱动系统提供完美搭配的伺服驱动器、伺服电动机及其配件，方便选型，同时可以从西门子公司官网上免费下载不同的应用示例，快速学习和掌握 SINAMICS V90 伺服驱动系统的应用方法和应用经验。

4. 运行可靠

　　在进行设计时就考虑到了运行的可靠性及其安全性。

　　SINAMICS V90 伺服驱动器的输入电源电压范围宽，如交流 220V 的 SINAMICS V90 伺服驱动器的输入电源电压范围可以从 200 ～ 240V，交流 400V 的 SINAMICS V90 伺服驱动器的输入电源电压范围可以从 380 ～ 400V，并且具备 –15%~+10% 的电压波动范围。SINAMICS V90 伺服驱动器的 PCB 带有涂层，提高了伺服驱动器在恶劣环境中使用时的稳定性。SIMOTICS 1FL6 伺服电动机采用了高品质的轴承，延长了伺服电动机的使用寿命。

　　SIMOTICS 1FL6 电动机具有 IP65 的防护等级，电动机轴端标配有油封，使伺服电动机在恶劣环境中可以稳定地运行。

　　SINAMICS V90 伺服驱动器集成了 STO（安全转矩关断）功能，防止伺服电动机意外地转动，并且符合 EN 61508 的安全等级 SIL 2 和 ENISO 13849 的性能等级 PL d 类别 3。该安全功能直接通过 SINAMICS V90 伺服驱动器端子进行激活，不需要进行任何组态调试。

2.2　SINAMICS V90 脉冲型伺服驱动器

　　SINAMICS V90 PTI 伺服驱动器分为交流 220V 伺服驱动器和交流 400V 伺服驱动器。对于交流 220V 伺服驱动器，当伺服驱动器功率小于 1kW 时，即伺服驱动器的尺寸为 FSA、FSB 及 FSC 时，主电源可以接单相 / 三相交流 220V 电源，此时伺服驱动器与伺服电动机的连接电缆接头为塑料件；当伺服驱动器功率大于 1kW 时，即伺服驱动器的尺寸为 FSD 时，主电源需要接三相交流 220V 电源，也可以接单相交流 220V 电源，但要考虑伺服驱动器的输入电流，必要时降容使用，此时伺服驱动器与伺服电动机的连接电缆接头为防护等级 IP65 的金属接头。对于交流 400V 伺服驱动器，其伺服驱动器主电源必须接三相 400V 电源。

2.2.1　SINAMICS V90 PTI 伺服驱动器硬件接口

　　伺服驱动器在电气控制柜内安装时应遵循如下原则：

- 为了安全起见，对人身及设备进行保护，伺服驱动器必须可靠接地。
- 伺服驱动器的主电源及控制直流电源必须正确接在相应电压等级的电源上，并保证供电电源的可靠性。
- 伺服驱动器主电源的进线电源与伺服驱动器输出的伺服电动机控制电源不允许接反。
- 对于交流 220V 的伺服驱动器，绝不允许将伺服电动机的抱闸直接接在伺服驱动器的数字量输出端。
- 伺服驱动器控制信号线应进行抗 EMC 保护，以防止干扰脉冲序列，导致伺服驱动器工作不稳定。
- 安装伺服驱动器时应考虑其散热条件。
- 在环境恶劣的场所，应考虑电气控制柜的防护。

　　SINAMICS V90 PTI 伺服驱动器的控制信号主要接在驱动器的 X8 端子，包含有 2 路脉冲输入、1 路编码器脉冲输出、10 路数字量输入、6 路数字量输出、2 路模拟量输入、2 路模拟量输出、1 路伺服电动机抱闸控制输出（用于交流 220V 伺服驱动器、交流 400V 伺服驱动器可以直接使用伺服驱动器上抱闸继电器的输出）、1 路伺服电动机零脉冲输出。

　　对于数字量输入，其接线如图 2-6 所示。

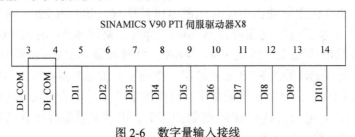

图 2-6　数字量输入接线

　　X8 端子的 3 引脚和 4 引脚为数字量输入的公共端，内部已经短接，当公共端接高电平时，输入信号需要接低电平有效的开关设备，即 NPN 型的开关；当公共端接低电平时，输入信号需要接高电平有效的开关设备，即 PNP 型的开关，所有的接入必须选择相同的输入信号，不允许公共端 3 引脚和 4 引脚分别为一个接高电平，另一个接低电平，从而将一部分输入接 NPN 型的开关，而另一部分接 PNP 型的开关。数字量输入 1~8 的功能可以根据功能需要进行自由组态，数字量输入 9 固定用作伺服驱动器的增益切换，数字量输入 10 固定用作伺服驱动器的急停开关输入。

　　对于数字量输出，其接线如图 2-7 所示。

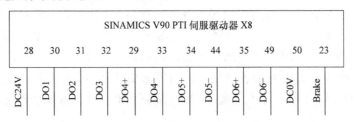

图 2-7　数字量输出接线

　　数字量输出 1～3 的输出只能为 NPN 型输出，而数字量输出 4～6 可以接为 NPN 型输出，也可以接为 PNP 型的输出，NPN 型输出和 PNP 型输出的接法如图 2-8 所示。23 引脚的输出用于交流 220V 伺服驱动器的伺服电动机抱闸控制，其输出控制抱闸继电器以控制伺服电动机的抱闸，对于交流 400V 伺服驱动器，该引脚无效。若要使用数字量输出，需要在 28 引脚和 50 引脚接入一对 DC 24V 电源。输出点的最大带负载能力为 100mA。

　　脉冲的接法如图 2-9 所示。

　　1、2、26 和 27 引脚为 5V 差分信号的脉冲输入，输入最大频率达到 1MHz，36、37、38 和 39 引脚为 24V 的单端输入，输入最大频率为 200kHz，在允许的情况下，优先采用 5V 差分信号的脉冲输入，其不仅允许的最大输入频率高，同时具有较强的干扰性。对于 24V 的单端输入，根据 PLC 的输出脉冲形式的不同，其接线方法也不同，如图 2-10 所示。图 2-9 中 15、16、40、41、42 和 43 引脚为差分信号的脉冲输出，可以反馈到控制器中作为位置反馈的编码器输入信号。17 和 25 引脚为伺服电动机零脉冲的输出，输出信号为

NPN 型，用于控制器进行回参考点或进行伺服电动机旋转圈数的计算。

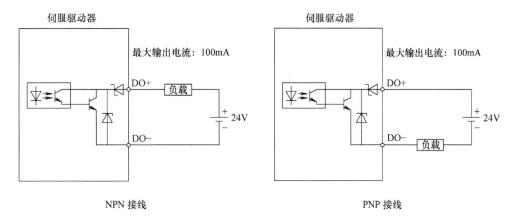

图 2-8　NPN 型输出和 PNP 型输出的接法

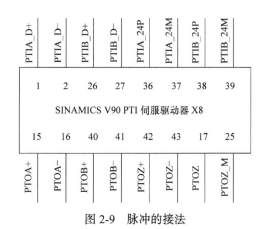

图 2-9　脉冲的接法

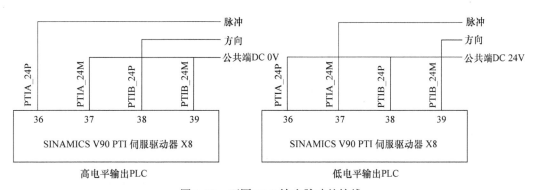

图 2-10　不同 PLC 输出脉冲的接线

对于输出高电平的 PLC，其 36 引脚接 PLC 输出的脉冲信号，38 引脚接 PLC 输出的方向控制信号，37 和 39 引脚与公共端 DC 0V 相连；对于输出低电平的 PLC，其 37 引脚接 PLC 输出的脉冲信号，39 引脚接 PLC 输出的方向控制信号，36 和 38 引脚与公共端 DC 24V 相连，公共端需要与 PLC 的脉冲输出来自同一个直流电源或者采取公共端的不同直流电源。当输入的脉冲频率较高时，需要缩短脉冲信号传输电缆的长度，并在 36 和 37 引脚之间并联一个 200 ~ 500Ω 的电阻，用来对脉冲波形进行整形，从而提高抗干扰能力。

模拟量输入输出接线如图 2-11 所示。18 引脚为伺服驱动器输出的 DC 12V 电源，可以用于给外部电位器供电，从而将电位器的输出提供给模拟量输入。

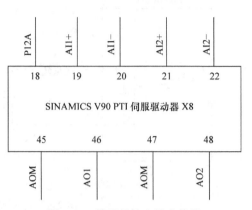

图 2-11　模拟量输入输出接线

在进行 SINAMICS V90 PTI 伺服驱动器的控制端子接线时，控制信号线应采用屏蔽电缆，并将屏蔽层可靠接地，以提高伺服驱动系统的抗干扰能力。对于脉冲信号，建议采用双绞屏蔽线提高脉冲信号的可靠性。对于不需要使用的端子，建议不要接线，首先节约电缆的使用成本，再次可以减少故障排除时间，同时可以降低电缆接错线的概率。

对于伺服驱动器的编码器接口和 RS485 通信接口一定要使用双绞屏蔽线，并且将屏蔽层接地，用以提高伺服驱动系统的稳定性。

2.2.2　SINAMICS V90 PTI 伺服驱动器的通用功能

伺服使能：可以将伺服驱动器的某个数字量输入分配给伺服使能（SON）信号用以控制伺服驱动器的使能，此时伺服驱动器需要接收 SON 信号的上升沿，当出现故障或者 SON 信号变为 0 后，伺服驱动器就绪信号会断开，此时需要再次接收 SON 的上升沿信号才能再次就绪，其时序逻辑如图 2-12 所示。也可以设置 P29300 参数的位 0=1，用来强制使能，此时伺服驱动器上电后，伺服驱动器自动就绪。当出现故障后，就绪信号断开；当故障解除后，就绪信号自动接通，其时序逻辑如图 2-13 所示，不需要外部数字量输入进行伺服使能的控制，可以节省 PLC 的输出点及简化 PLC 的用户程序。

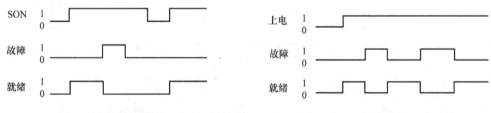

图 2-12　SON 分配给伺服驱动器输入点的时序逻辑　　图 2-13　强制使能的时序逻辑

伺服驱动器出厂设置的伺服电动机输出旋转方向为顺时针方向，可以修改参数 P29001 改变伺服电动机的运行方向，从而无须修改脉冲输入设定值和模拟量输入设定值的极性，当伺服电动机反转时，编码器的脉冲输出和模拟量监控等输出信号的极性保持不变。当伺服驱动器工作在 Ipos 模式下，修改该参数会导致参考点丢失，需要重新执行回参考点操作。

SINAMICS V90 PTI 伺服驱动器可以在给定的时间内以 300% 的过载输出工作，不同供电电压的伺服驱动器在带负载和不带负载的情况下，其过载能力如图 2-14 所示。

200V 系列伺服驱动器

不带负载

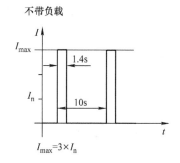

带负载

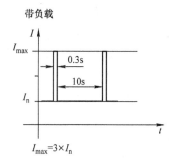

400V 系列伺服驱动器

不带负载

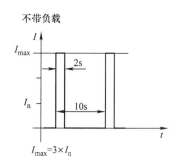

带负载

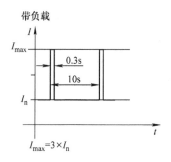

图 2-14　伺服驱动器的过载能力

硬限位保护，可以将伺服驱动器的开关量输入分配给硬限位开关用来进行保护，硬限位开关应为常闭开关，当机械设备碰撞到硬限位开关后，伺服驱动器控制伺服电动机紧急快速停车，从而保护机械设备。当不使用硬限位保护时，需要设置参数 P29300 的位 1 和位 2 为 1，以屏蔽该保护。当该保护激活后，需要在进行复位后重新使能伺服驱动器，手动操作伺服电动机反转，使得机械设备离开限位保护开关，此时再次复位伺服驱动器后可以切换到自动模式自动运行。

2.2.3　SINAMICS V90 PTI 伺服驱动器外部脉冲位置控制

SINAMICS V90 PTI 伺服驱动器采用外部脉冲进行伺服驱动器的控制，首先应对外部脉冲进行组态（选择脉冲输入通道和输入形式），才能通过外部脉冲对机械设备进行正确的控制。在进行脉冲控制时需要考虑如图 2-15 所示的时序逻辑。

PLC 需要在接收到伺服驱动器的就绪信号后才开始发脉冲，脉冲数量

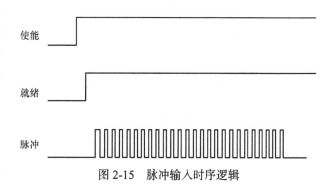

图 2-15　脉冲输入时序逻辑

代表着伺服电动机移动的位置值，脉冲频率代表着伺服电动机旋转的转速，伺服电动机接收到脉冲就立即开始动作，当到达目标位置后，即走完接收到的脉冲数后，控制伺服电动机停止。若 PLC 在就绪信号前就开始发脉冲，此时伺服驱动器不会立即控制伺服电动机旋转，于是将接收到的脉冲保存在伺服驱动器中，当伺服驱动器就绪后，伺服电动机可能会输出一个较大的转矩或转速，导致机械设备不是按照工艺要求进行动作。同样当伺服驱动器的就绪信号消失后，PLC 也需要立即停止继续发脉冲。

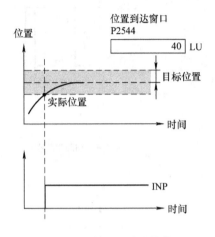

图 2-16　伺服驱动器就位

可以设置伺服驱动器的位置到达窗口参数 P2544 进行就位功能的组态，如图 2-16 所示。当位置设定值和位置实际值的偏差在到达窗口范围内时，输出就位信号给 PLC，用户程序可以根据该信号进行后续的操作。

可以将伺服驱动器的数字量输入分配给清除剩余脉冲（CLR）功能，其与参数 P29242 配合进行清除脉冲的操作。当 P29242=0 时，不清除脉冲；当 P29242=1 时，利用 CLR 的高电平状态清除脉冲；当 P29242=2 时，利用 CLR 的低电平状态清除脉冲，如图 2-17 所示。CLR 输入信号保持时间需要大于 8ms。

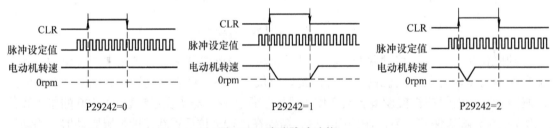

图 2-17　清除脉冲功能

快速外部脉冲位置控制模式是一种优化的外部脉冲位置控制模式，用于提高系统的动态特性。快速外部脉冲位置控制模式没有硬限位保护功能，不能进行复合控制模式的切换，没有回参考点功能和绝对位置系统功能，其余功能与外部脉冲位置控制模式相同。

在外部脉冲位置控制模式下，伺服驱动器可以组态的数字量输入输出功能如图 2-18 所示。

可通过电子齿轮功能根据设定值脉冲数定义电动机转数，从而定义机械运动的距离。在一个设定值脉冲内，负载部件移动的最小运行距离称为脉冲当量（LU）；例如，一个脉冲可导致 1μm 的运动。电子齿轮比的设置原理如图 2-19 所示。

电子齿轮比是用于脉冲设定值的倍数。电子齿轮比的分子和分母均可以通过参数设置。SINAMICS V90 PTI 伺服驱动器具有 4 个电子齿轮分子和 1 个电子齿轮分母可以设置，通过两个组合数字输入量 EGEAR1 和 EGEAR2 进行选择。电子齿轮比优点示例见表 2-1。

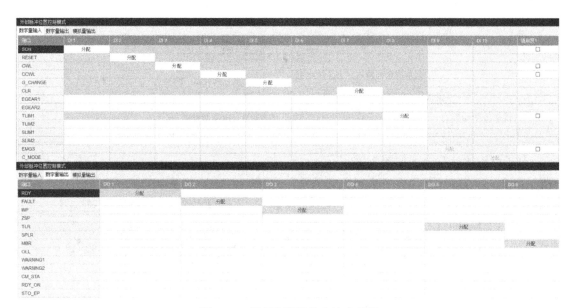

图 2-18　组态数字量输入输出功能

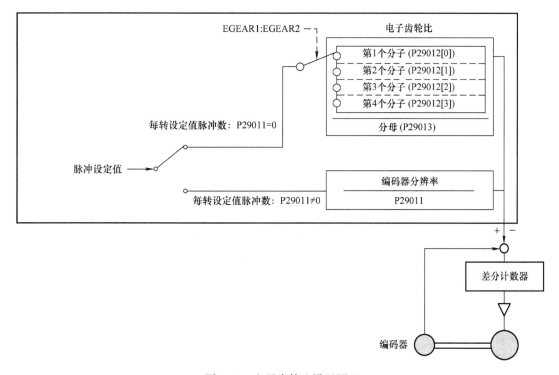

图 2-19　电子齿轮比设置原理

表 2-1　电子齿轮比优点

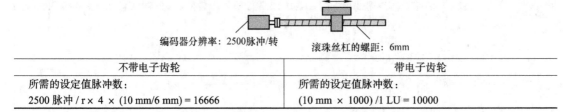

对于下列的机械结构，移动工件 10 mm

不带电子齿轮	带电子齿轮
所需的设定值脉冲数： 2500 脉冲 / r × 4 × (10 mm/6 mm) = 16666	所需的设定值脉冲数： (10 mm × 1000) /1 LU = 10000

电子齿轮比计算公式如图 2-20 所示。

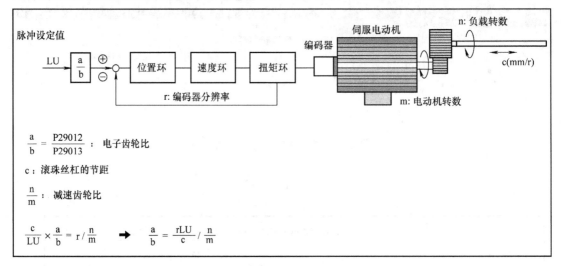

图 2-20　电子齿轮比计算公式

对于滚珠丝杠型负载和圆盘型负载，表 2-2 分别给出了电子齿轮比的计算示例及计算步骤。

表 2-2　电子齿轮比计算示例及计算步骤

步骤	描述	机械结构	
		滚珠丝杠 LU=1μm 编码器分辨率:2500脉冲/r　滚珠丝杠的螺距: 6mm	圆盘 LU = 0.01° 编码器分辨率:2500脉冲/r
1	识别机械结构	• 滚珠丝杠的螺距：6mm • 减速齿轮比：1：1	• 旋转角度：360° • 减速齿轮比：1：3
2	识别编码器分辨率	10000	10000
3	定义 LU	1LU = 1μm	1LU = 0.01°
4	计算负载轴每转的运行距离	6/0.001 = 6000LU	360°/0.01° = 36000LU
5	计算电子齿轮比	(1/6000) / (1/1) × 10000 = 10000/6000	(1/36000)/(1/3) × 10000 =10000/12000
6	设置电子齿轮比参数	10000/6000 = 5/3	10000/12000 = 5/6

2.2.4　SINAMICS V90 PTI 伺服驱动器内部位置控制

SINAMICS V90 PTI 伺服驱动器的内部位置控制方式可以在伺服驱动器内部进行位置给定、速度给定、加速度给定的设置，总共可以设置 8 组位置。

设置机械结构时，主要用来设置伺服电动机与负载之间的减速比 P29248 和 P29249 或者设置伺服电动机转动 1 圈所移动的长度 P29247。设置参数设定值如图 2-21 所示。

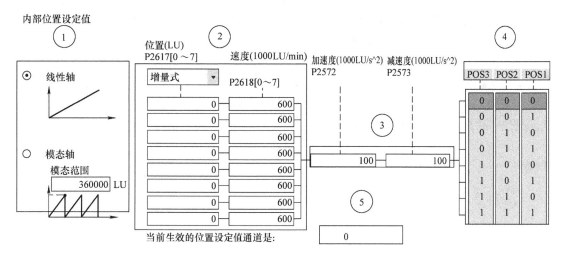

图 2-21　设置参数设定值

① 选择内部位置控制的方式为线性轴还是模态轴，当设置为模态轴时，还需要设置模态轴的模态范围。

② 总共可以设置 8 组速度和位置，可以选择 8 组数据的控制方式全部为增量式或者绝对式，不能对每组数据单独选择运行方式，应注意速度的单位为 1000LU/min。

③ 设置 8 组数据的加减速度，通常需要注意其单位。

④ 通过伺服驱动器的数字量输入点进行目标位置的选择。

⑤ 显示当前生效的是哪组数据，在进行位置控制时，需要先改变当前生效的位置值后才给伺服驱动器起动定位信号。

对于增量编码器的伺服电动机，重新上电后，需要先执行回参考点后才能执行绝对定位，总共有 5 种回参考点方式，通过参数 P29240 选择。

当 P29240 为 0 时，其回参考点方式为数字量输入（REF）信号回参考点，其回参考点逻辑如图 2-22 所示，当伺服驱动器接收到数字量输入 REF 信号时，将当前位置设置为参考点，其参考点坐标值可以进行设置。

当 P29240 为 1 时，其回参考点方式为外部参考挡块（REF）信号和编码

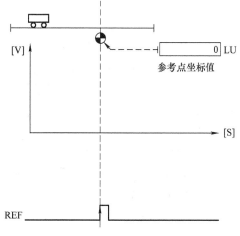

图 2-22　P29240 为 0 的回参考点逻辑

器零脉冲的回参考点方式，其逻辑如图 2-23 所示。在执行回参考点前，应设置参考点的搜索方向、相应的速度、允许的最大距离、偏移量和参考点坐标值。当伺服驱动器的输入信号 SREF 为高电平时触发回参考点命令，此时按照设定的搜索方向，以搜索参考点挡块的速度运行寻找参考点挡块，参考点挡块信号到来时，减速停车（必须保证减速停车后参考点挡块信号依然有效，否则需要降低搜索参考点挡块的速度或延长参考点挡块的长度），然后反向以搜索零脉冲的速度运行，参考点挡块后，搜索到伺服电动机的零脉冲后，减速停车，再次反向以接近参考点的速度运行到参考点位置，设置该位置为参考点位置。最大允许的距离用于保护，在进行搜索零脉冲时，若伺服电动机运行距离超过了设定值且伺服驱动器还未接收到编码器零脉冲信号，报警停止回参考点；在进行搜索参考点挡块时，若伺服电动机运行距离超过了设定值且伺服驱动器还未接收到参考点挡块的信号反馈，报警停止回参考点。伺服驱动器数字量输入（参考点搜索命令）SREF 必须在回参考点完成后才能被复位，否则回参考点动作会被中断。

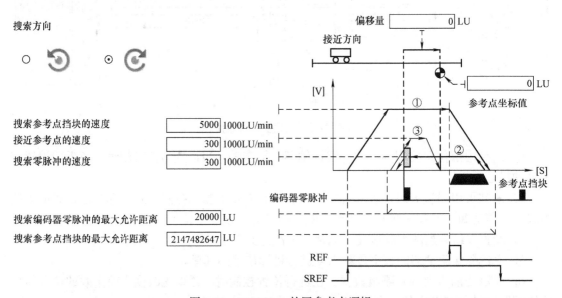

图 2-23　P29240=1 的回参考点逻辑

P29240=2 时，只搜索编码器零脉冲，其回参考点逻辑如图 2-24 所示。该方式相对于 P29240=1 时简单，不用搜寻参考点挡块信号，通常用于没有减速机的模态轴，编码器零脉冲位置就是参考点位置。伺服驱动器数字量输入（参考点搜索命令）SREF 必须在回参考点完成后才能被复位，否则回参考点动作会被中断。

P29240=3 时，为外部参考点挡块（CCWL）信号与编码器零脉冲的回参考点方式，其回参考点的逻辑如图 2-25 所示。与回参考点方式 P29240=1 相比，采用负硬限位作为参考点挡块信号，此时会屏蔽负硬限位报警功能，执行回参考点操作时，先向负方向去寻找负限位开关，找到负限位开关后的动作与回参考点方式 P29240=1 时相同。伺服驱动器数字量输入（参考点搜索命令）SREF 必须在回参考点完成后才能被复位，否则回参考点动作会被中断。回参考点完成后，还需要保证伺服电动机已经离开了负限位开关，否则会有负限位报警。

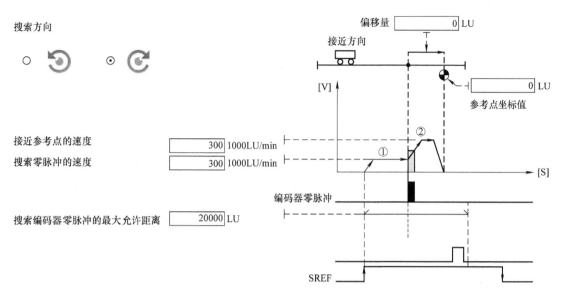

图 2-24　P29240=2 的回参考点逻辑

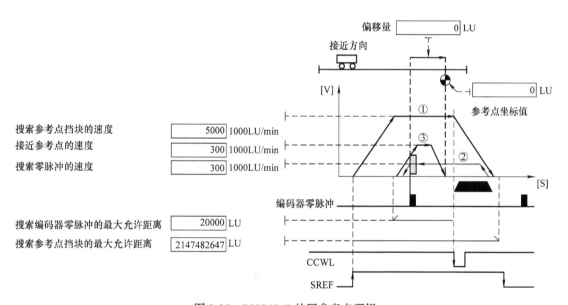

图 2-25　P29240=3 的回参考点逻辑

　　P29240=4 时，为外部参考点挡块（CWL）信号与编码器零脉冲的回参考点方式，其回参考点的逻辑如图 2-26 所示。与回参考点方式 P29240=1 相比，采用正硬限位作为参考点挡块信号，此时会屏蔽正硬限位报警功能，执行回参考点操作时，先向正方向去寻找正限位开关，找到正限位开关后的动作与回参考点方式 P29240=1 时相同。伺服驱动器数字量输入（参考点搜索命令）SREF 必须在回参考点完成后才能被复位，否则回参考点动作会被中断。回参考点完成后，还需要保证伺服电动机已经离开了正限位开关，否则会有正限位报警。

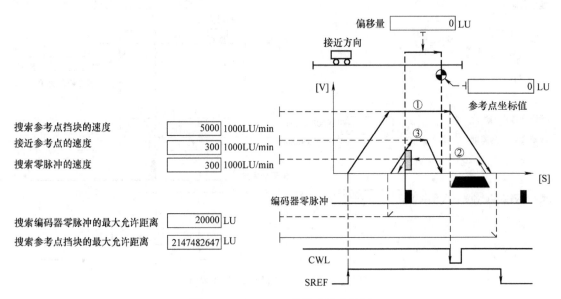

偏移量   0 LU

接近方向

    0 LU

参考点坐标值

搜索参考点挡块的速度   5000 1000LU/min
接近参考点的速度   300 1000LU/min
搜索零脉冲的速度   300 1000LU/min

编码器零脉冲

搜索编码器零脉冲的最大允许距离   20000 LU
搜索参考点挡块的最大允许距离   2147482647 LU

CWL

SREF

图 2-26   P29240=4 的回参考点逻辑

当机械设备要求的定位精度较高,且机械设备反向间隙过大时,或者为了提高伺服电动机反向时的动态特性,可以合理地设置反向间隙补偿功能,如图 2-27 所示。

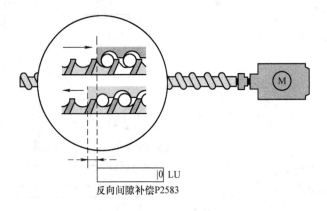

0 LU

反向间隙补偿P2583

图 2-27   反向间隙补偿功能

在内部定位模式下,伺服驱动器可以组态的数字量输入输出功能如图 2-28 所示。

2.2.5 SINAMICS V90 PTI 伺服驱动器速度控制

SINAMICS V90 PTI 伺服驱动器工作在速度控制模式时,其速度源可以来自外部模拟量设定或来自伺服驱动器的内部参数设定,共可以设置 7 组内部参数,通过伺服驱动器数字量输入端子选择速度源来自于模拟量还是哪组内部参数。采用 1 路模拟量作为速度给定,而采用另 1 路模拟量作为转矩限幅,可以实现速度控制转矩限幅功能,适合卷取应用。当给定速度为 0 或者很低时,由于模拟量的干扰或者模拟量零点漂移造成的伺服电动机误旋转,可以采用零速钳位功能锁住伺服电动机。

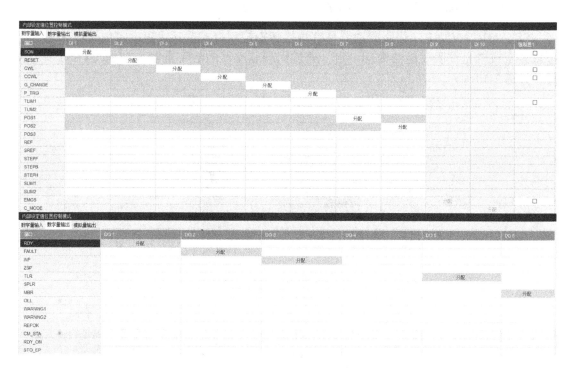

图 2-28　组态数字量输入输出功能（一）

　　速度控制模式下伺服驱动器可以组态的数字量输入输出功能如图 2-29 所示。伺服使能后，必须通过 CWE 或 CCWE 命令起动伺服驱动器驱动伺服电动机按设定的速度旋转。

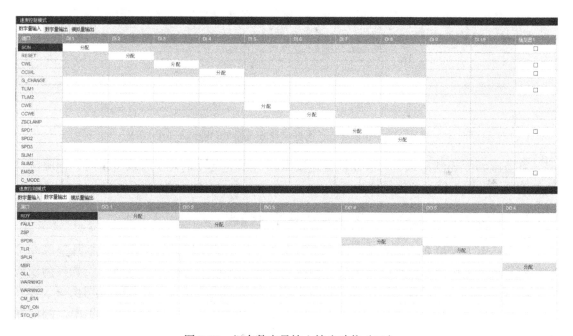

图 2-29　组态数字量输入输出功能（二）

2.2.6 SINAMICS V90 PTI 伺服驱动器转矩控制

SINAMICS V90 PTI 伺服驱动器具有直接转矩控制模式，其转矩设定值可以来自于模拟量给定或者是伺服驱动器内部设定，通过伺服驱动器的数字量输入功能（TEST）来选择，如图 2-30 所示。

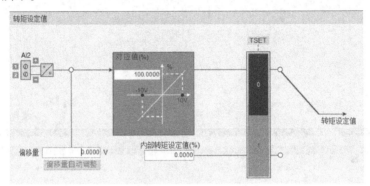

图 2-30　转矩设定值选择

在转矩控制模式下，伺服驱动器可组态的数字量输入输出功能如图 2-31 所示。

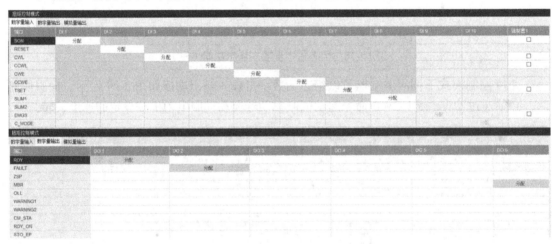

图 2-31　组态数字量输入输出功能

在直接转矩控制模式下，可以设置速度限幅，当给定转矩大于负载转矩时，伺服电动机加速到速度限幅值后会报警停机。

2.2.7 SINAMICS V90 PTI 伺服驱动器混合控制

SINAMICS V90 PTI 伺服驱动器可以组态 2 种基本控制模式的切换，包括外部脉冲位置控制模式与速度模式切换、内部位置控制模式与速度模式切换、外部脉冲位置控制模式与转矩模式切换、内部位置控制模式与转矩模式切换、速度模式和转矩模式切换等 5 种方式。伺服驱动器的数字量输入 9 用于模式切换，当在调试工具 V-ASSISTANT 中，调试界面也会根据数字量输入 9 的改变而改变。例如若伺服驱动器选择的是外部脉冲位置控制模式与速度模式切换，当伺服驱动器的数字量输入 9 为低电平时，调试软件进行外部脉冲位置控制模式的调试；当伺服驱动器的数字量输入 9 为高电平时，调试软件进行速度模式的调。当同一个数字量输入输出组态为不同的功能时，在运行时也靠伺服驱动器的数字量输入 9 的电平高低进行自动切换，具有分时复用功能，不用担心后一个模式的设置会覆盖上一个设置。

2.2.8　SINAMICS V90 PTI 伺服驱动器 RS485 通信控制

SINAMICS V90 PTI 伺服驱动器具有 RS485 通信端口 X12，PLC 通过该端口使用 USS 协议或 Modbus 协议控制伺服驱动器，其针脚分配见表 2-3。

表 2-3　X12 端口的针脚分配

示意图	针脚	信号名称	描述
	1	保留	不使用
	2	保留	不使用
	3	RS485+	RS485 差分信号
	4	保留	不使用
	5	M	内部 3.3V 接地
	6	3.3V	用户内部信号的 3.3V 电源
	7	保留	不使用
	8	RS485−	RS485 差分信号
	9	保留	不使用

注：类型为 9 针、Sub-D、母头。

USS 通信的报文格式如图 2-32 所示。

STX	LGE	ADR	PKE	IND	PWE	PWE	BCC

图 2-32　USS 通信的报文格式

图 2-32 中，STX 为报文头，LGE 为长度，ADR 为从站地址，PKE 为参数 ID，IND 为子下标，PWE 为参数值，BCC 为块校验字符。

SINAMICS V90 PTI 伺服驱动器可以与 PLC 使用标准的 Modbus 通信协议进行通信，PLC 主站可以使用两种方式向伺服驱动器从站发送消息：

- 单播模式，从站地址为 1~31，主站直接找到对应的从站进行数据交换。
- 广播模式，从站地址为 0，主站同时寻址所有的从站，同时发送命令给从站，从站接收到命令后执行命令，从站不反馈状态给主站，因此主站也无法得知是否有哪个从站数据丢失。

SINAMICS V90 PTI 伺服驱动器仅支持 Modbus RTU 格式的数据，伺服驱动器用于 Modbus 通信的寄存器可以通过 Modbus 的 FC3 功能代码进行读取，并通过 FC6 功能代码进行单一寄存器写入或者 FC16 功能代码进行多寄存器写入。伺服驱动器仅支持这 3 种代码，当伺服驱动器接收到其他功能代码的请求时，返回错误消息给主站。

FC3 功能代码的数据格式如图 2-33 所示。

字节1	字节2	字节3	字节4	字节5	字节6	字节7	字节8
地址	FC (0x03)	起始地址		寄存器数据		CRC	
		高	低	高	低	高	低

图 2-33　FC3 功能代码的数据格式

FC6 功能代码的数据格式如图 2-34 所示。

字节1	字节2	字节3	字节4	字节5	字节6	字节7	字节8
地址	FC (0x06)	起始地址		寄存器修改值		CRC	
		高	低	高	低	高	低

图 2-34　FC6 功能代码的数据格式

FC16 功能代码的数据格式如图 2-35 所示。

字节1	字节2	字节3	字节4	字节5	字节6	字节7	…	字节n−1	字节n	字节n+1	字节n+2
地址	FC (0x10)	起始地址		寄存器修改值		字节数n	…	CRC		CRC	
		高	低	高	低			高	低	高	低

图 2-35　FC16 功能代码的数据格式

SINAMICS V90 PTI 伺服驱动器已经定义了一些寄存器，用于进行 Modbus 周期通信，包括控制字、状态字、给定设定值、状态反馈值和输入输出状态等，同时还具备通过 DS47 功能实现非周期通信，读写伺服驱动器的所有可能值。通过 Modbus 通信 FC16 功能，只需 1 个请求，可直接依次写入最多 122 个寄存器，而采用 FC6 功能时，必须依次写入每个寄存器。

2.3　SINAMICS V90 总线型伺服驱动器

SINAMICS V90 PN 伺服驱动器同样也分为交流 220V 伺服驱动器和交流 400V 伺服驱动器。对于交流 220V 伺服驱动器，当伺服驱动器的功率小于 1kW 时，即伺服驱动器的尺寸为 FSA、FSB 及 FSC 时，主电源可以接单相 / 三相交流 220V 电源，此时伺服驱动器与伺服电动机的连接电缆接头为塑料件；当伺服驱动器功率大于 1kW 时，即伺服驱动器的尺寸为 FSD 时，主电源可以接三相交流 220V 电源，也可以接单相交流 220V 电源，但要考虑伺服驱动器的输入电流，必要时降容使用，此时伺服驱动器与伺服电动机的连接电缆接头为防护等级 IP65 的金属接头。对于交流 400V 伺服驱动器，其伺服驱动器主电源必须接三相 400V 电源。

SINAMICS V90 PN 伺服驱动器仅有速度控制和基本位置控制两种控制模式。

2.3.1　SINAMICS V90 PN 伺服驱动器硬件接口

SINAMICS V90 PN 伺服驱动器除了通信端口和控制端口与 SINAMICS V90 PTI 伺服驱动器不同外，其余均相同，使用注意事项也一致。由于 SINAMICS V90 PN 伺服驱动器采用 PROFINET 通信，其传输数据量比 RS485 大且快，因此 PLC 控制伺服驱动器的功能都可以采用 PROFINET 通信实现，而不需要连接太多太复杂的接线，其控制端口 X8 仅包含 4 路数字量输入和 2 路数字量输出，对于交流 220V 伺服驱动器还有 1 路抱闸控制输出，用来控制外接抱闸继电器，从而控制伺服电动机的抱闸。采用 PROFINET 通信时，应注意 PROFINET 通信电缆以及使用的外部交换机的质量和 EMC 规范，以免由于干扰产生通信中断而导致严重的后果。

　　SINAMICS V90 PN 伺服驱动器 X8 的输入输出接线如图 2-36 所示。其中 1、2、3 和 4 引脚为数字量输入，6 和 7 引脚为输入的公共端，与 SINAMICS V90 PTI 伺服驱动器一样，其数字量输入可以统一接 NPN 型输入信号或 PNP 型输入信号，不能混接或短路。11、12、13 和 14 引脚为数字量输出，与 SINAMICS V90 PTI 伺服驱动器的 DO4、DO5 和 DO6 一样，其输出也可以单独接成 PNP 型输出或 NPN 型输出。17 和 18 引脚用于交流 220V 伺服驱动器的外部抱闸继电器控制信号，用以控制所连接的带抱闸伺服电动机的抱闸。

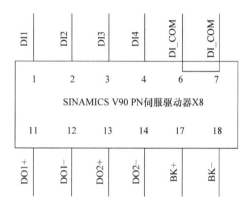

图 2-36　X8 端子的输入输出接线

　　SINAMICS V90 PN 伺服驱动器的每个 PROFINET 设备均有一个出厂默认的 MAC 地址，其通信端口 X150 的针脚定义见表 2-4。

表 2-4　通信端口 X150 的针脚定义

示意图	针脚	PROFINET 通信端口 1-P1		PROFINET 通信端口 2-P2	
		信号	描述	信号	描述
	1	P1RXP	端口 1 接收数据 +	P2RXP	端口 2 接收数据 +
	2	P1RXN	端口 1 接收数据 −	P2RXN	端口 2 接收数据 −
	3	P1TXP	端口 1 发送数据 +	P2TXP	端口 2 发送数据 +
	4	PE 端子	保护接地	PE 端子	保护接地
	5	PE 端子	保护接地	PE 端子	保护接地
	6	P1TXN	端口 1 发送数据 −	P2TXN	端口 2 发送数据 −
	7	PE 端子	保护接地	PE 端子	保护接地
	8	PE 端子	保护接地	PE 端子	保护接地

每个 RJ45 插口上都带有一个绿色的 LED 灯和一个橙色的 LED 灯，用来诊断 PROFI-NET 端口的通信状态。绿色的 LED 灯亮时，SINAMICS V90 PN 伺服驱动器与 SIMATIC PLC 进行传输速率为 100Mbit/s 的通信；绿色的 LED 灯灭时，SINAMICS V90 PN 伺服驱动器与 SIMATIC PLC 无连接或连接出错。橙色的 LED 灯亮时，SINAMICS V90 PN 伺服驱动器与 SIMATIC PLC 有数据交换；橙色的 LED 灯灭时，SINAMICS V90 PN 伺服驱动器与 SIMATIC PLC 无数据交换。

2.3.2 SINAMICS V90 PN 伺服驱动器 PROFINET 通信

PROFINET 通信协议是一种基于以太网的实时协议，提供 RT（实时）和 IRT（等时实时）两种实时通信模式，用于数据和报警的传输。在 RT 通信模式中，实时数据通过优先以太网帧进行传输，没有特殊硬件的要求，其循环周期可达到 4ms。但在 IRT 通信模式中，需要特殊的硬件支持，其传输数据更加精确，时间更短，循环周期可达到 2ms。所有的诊断和配置数据均通过非实时通道传输，因而没有确定的循环周期，可能会超过 100ms。

SINAMICS V90 PN 所支持的报文类型有速度模式下的报文（标准报文类型 1、标准报文类型 2、标准报文类型 3、标准报文类型 5、西门子报文类型 102、西门子报文类型 105），基本定位器模式下的报文（标准报文类型 7、标准报文类型 9、西门子报文类型 110、西门子报文类型 111）和扩展报文类型 750，可以通过设置参数 P922 设定其主报文类型和 P8864 设置扩展报文类型。不同的报文类型，其通信接收和发送的数据长度不同，每个字节的含义也有所不同。在进行伺服驱动器控制前，首先应清除其每个控制信号的含义、每个控制字每位的控制功能、每个状态信号的含义，才能清楚如何使用控制伺服驱动器，并了解伺服驱动器当前的状态。用好伺服驱动器的控制字和状态字，才能使伺服驱动器在机械设备中实现特殊的功能。

报文类型 1、2、3、5 的控制字 STW1 的含义见表 2-5，每个控制字为 16 位，表中列出的控制位为系统保留。当 P29108.0=0 时，位 11 被禁止使用；当使用报文类型 5 时，位 4、位 5 和位 6 被禁止使用；必须设置位 10 为 1 以允许 PLC 控制伺服驱动器，否则 PLC 无法控制伺服驱动器。

表 2-5 报文类型 1、2、3、5 的控制字 STW1 含义

信号	含义	信号	含义
位 0	=1：伺服使能，需要检测信号的上升沿 =0：OFF1 停车	位 5	=1：继续斜坡函数发生器 =0：冻结斜坡函数发生器
位 1	=1：无 OFF2，允许使能 =0：OFF2 停车	位 6	=1：使能设定值 =0：禁止设定值
位 2	=1：无 OFF3，允许使能 =0：OFF3 停车	位 7	上升沿复位故障
位 3	=1：允许运行，可以使能脉冲 =0：禁止运行，取消脉冲使能	位 10	=1：通过 PLC 控制
位 4	=1：使能斜坡函数发生器 =0：禁止斜坡函数发生器	位 11	=1：设定值取反

报文类型 1、2、3、5、9、110、111 的控制字 STW2 的含义见表 2-6。

表 2-6　报文类型 1、2、3、5、9、110、111 的控制字 STW2 的含义

信号	含　义	信号	含　义
位 8	=1：运行至固定挡块	位 14	主站生命符号，位 2
位 12	主站生命符号，位 0	位 15	主站生命符号，位 3
位 13	主站生命符号，位 1		

报文类型 1、2、3、5 的状态字 ZSW1 的含义见表 2-7。

表 2-7　报文类型 1、2、3、5 的状态字 ZSW1 的含义

信号	含　义	信号	含　义
位 0	=1：伺服开始准备就绪	位 8	=1：速度设定值与实际值的偏差在公差内
位 1	=1：运行就绪	位 9	=1：请求控制
位 2	=1：运行使能	位 10	=1：达到或超出频率或速度的比较值
位 3	=1：存在故障，伺服驱动器继续运行	位 11	=0：达到电流、转矩或功率的极限
位 4	=1：OFF2 停车无效	位 12	=1：抱闸打开
位 5	=1：OFF3 停车无效	位 13	=1：伺服电动机无过温报警
位 6	=1：禁止接通生效	位 14	=1：伺服电动机正向旋转（实际速度 ≥ 0） =0：伺服电动机反向旋转（实际速度 <0）
位 7	=1：存在报警，伺服驱动器停止运行	位 15	=1：功率单元无热过载报警

报文类型 2、3、5、9、110、111 的状态字 ZSW2 的含义见表 2-8，报文类型 1 无 ZSW2 反馈。

表 2-8　报文类型 2、3、5、9、110、111 的状态字 ZSW2 的含义

信号	含义	信号	含义
位 5	=1：报警级位 0	位 12	从站生命符号，位 0
位 6	=1：报警级位 1	位 13	从站生命符号，位 1
位 8	=1：运行至固定挡块	位 14	从站生命符号，位 2
位 10	=1：脉冲使能	位 15	从站生命符号，位 3

报文类型 102、105 的控制字 STW1 的含义见表 2-9。当使用报文类型 105 时，位 4、位 5 和位 6 被禁止使用；必须设置位 10 为 1 以允许 PLC 控制伺服驱动器，否则 PLC 无法控制伺服驱动器。由于 SINAMICS V90 PN 伺服驱动器没有转矩控制模式，但是可以在报文类型 102 和报文类型 105 下，通过控制 STW1 的位 14 进行速度和转矩控制的模式切换。

表 2-9　报文类型 102、105 的控制字 STW1 的含义

信号	含义	信号	含义
位 0	=1：伺服使能，需要检测信号的上升沿 =0：OFF1 停车	位 6	=1：使能设定值 =0：禁止设定值
位 1	=1：无 OFF2，允许使能 =0：OFF2 停车	位 7	上升沿复位故障
位 2	=1：无 OFF3，允许使能 =0：OFF3 停车	位 10	=1：通过 PLC 控制
位 3	=1：允许运行，可以使能脉冲 =0：禁止运行，取消脉冲使能	位 11	=1：斜坡函数发生器生效
位 4	=1：使能斜坡函数发生器 =0：禁止斜坡函数发生器	位 12	=1：无条件打开抱闸
位 5	=1：继续斜坡函数发生器 =0：冻结斜坡函数发生器	位 14	=1：闭环转矩控制生效 =0：闭环速度控制生效

报文类型 102 和 105 的控制字 STW2 的含义见表 2-10。

表 2-10　报文类型 102 和 105 的控制字 STW2 的含义

信号	含义	信号	含义
位 4	=1：忽略斜坡函数发生器	位 13	主站生命符号，位 1
位 6	=1：转速控制器中的积分控制被禁止	位 14	主站生命符号，位 2
位 8	=1：运行至固定挡块	位 15	主站生命符号，位 3
位 12	主站生命符号，位 0		

报文类型 102 和 105 的状态字 ZSW1 的含义见表 2-11。

表 2-11　报文类型 102 和 105 的状态字 ZSW1 的含义

信号	含义	信号	含义
位 0	=1：伺服开始准备就绪	位 7	=1：存在报警，伺服驱动器停止运行
位 1	=1：运行就绪	位 8	=1：速度设定值与实际值的偏差在公差内
位 2	=1：运行使能	位 9	=1：请求控制
位 3	=1：存在故障，伺服驱动器继续运行	位 10	=1：达到或超出频率或速度的比较值
位 4	=1：OFF2 停车无效	位 11	=0：达到电流、转矩或功率的极限
位 5	=1：OFF3 停车无效	位 12	=1：抱闸打开
位 6	=1：禁止接通生效	位 14	=1：闭环转矩控制生效 =0：闭环转速控制生效

报文类型 102 和 105 的状态字 ZSW2 的含义见表 2-12。

表 2-12　报文类型 102 和 105 的状态字 ZSW2 的含义

信号	含义	信号	含义
位 4	=1：斜坡函数发生器未激活	位 12	从站生命符号，位 0
位 5	=1：抱闸打开	位 13	从站生命符号，位 1
位 6	=1：转速控制器的积分器被禁止	位 14	从站生命符号，位 2
位 8	=1：运行至固定挡块	位 15	从站生命符号，位 3

报文类型 7、9、110、111 的控制字 STW1 的含义见表 2-13。必须设置位 10 为 1 以允许 PLC 控制伺服驱动器；当伺服电动机正在旋转时，若位 5 被修改为 0，则伺服电动机停止运行，待其恢复为 1 时，伺服电动机继续向目标位置运行，此位可用作伺服电动机的暂停键；当伺服电动机正在旋转时，若位 4 被修改为 0，则伺服电动机立即停止运行，待其恢复为 1 后，伺服电动机仍然停止，此位可以用作伺服电动机的终止键；当伺服驱动器运行在连续 MDI 模式下，位 6 不起作用；当伺服驱动器工作在运行程序段模式下，且任务设置为等待外部触发信号时，位 13 作为外部触发信号在用户 PLC 中进行编程，伺服驱动器接收到该信号后继续执行下一个程序段。

报文类型 7、9、110、111 的状态字 ZSW1 的含义见表 2-14。

表 2-13　报文类型 7、9、110、111 的控制字 STW1 的含义

信号	含义	信号	含义
位 0	=1：伺服使能，需要检测信号的上升沿 =0：OFF1 停车	位 7	上升沿复位故障
位 1	=1：无 OFF2，允许使能 =0：OFF2 停车	位 8	=1：jog 1 的信号源
位 2	=1：无 OFF3，允许使能 =0：OFF3 停车	位 9	=1：jog 2 的信号源
位 3	=1：允许运行，可以使能脉冲 =0：禁止运行，取消脉冲使能	位 10	=1：通过 PLC 控制
位 4	=1：不拒绝执行任务 =0：拒绝执行任务	位 11	=1：开始回参考点 =0：停止回参考点
位 5	=1：不暂停执行任务 =0：暂停执行任务	位 13	上升沿为外部程序段切换
位 6	上升沿激活运行任务		

表 2-14　报文类型 7、9、110、111 的状态字 ZSW1 的含义

信号	含义	信号	含义
位 0	=1：伺服开始准备就绪	位 8	=1：跟随误差在公差范围内
位 1	=1：运行就绪	位 9	=1：请求控制
位 2	=1：运行使能	位 10	=1：已到达目标位置
位 3	=1：存在故障，伺服驱动器继续运行	位 11	=0：已设置参考点
位 4	=1：OFF2 停车无效	位 12	=1：上升沿表示已激活应答运行程序段
位 5	=1：OFF3 停车无效	位 13	=1：固定设定值
位 6	=1：禁止接通生效	位 14	=1：轴已加速
位 7	=1：存在报警，伺服驱动器停止运行	位 15	=1：轴已减速

控制字 SATZANW 的含义见表 2-15。用于报文类型 7、9、110 进行 MDI 控制的选择和运行程序段的选择。当位 15 设置为 1 时，位置控制指令来源于 PLC 的通信，否则通过位 0～位 3 选择伺服驱动器内部设定的控制。

表 2-15　控制字 SATZANW 的含义

信号	含义	信号	含义
位 0	=1：运行程序段选择，位 0	位 3	=1：运行程序段选择，位 3
位 1	=1：运行程序段选择，位 1	位 15	=1：激活 MDI 控制 =0：不激活 MDI 控制
位 2	=1：运行程序段选择，位 2		

控制字 POS_STW 的含义见表 2-16。用于报文类型 110，当伺服驱动器断开使能后，若手动转动伺服电动机的机械，此时需要激活位置跟踪模式位 0，否则再次使能时，伺服驱动器会驱动伺服电动机移动到使能断开时的位置；位 5 用于选择 jog 时的运行过程为增量位置方式（伺服驱动器驱动伺服电动机移动到固定的位置后停止）还是连续运行方式（伺服电动机一直旋转直到 jog 命令消失）。

表 2-16　控制字 POS_STW 的含义

信号	含义	信号	含义
位 0	=1：激活跟踪模式 =0：不激活跟踪模式	位 2	=1：参考点挡块激活
位 1	=1：直接设置参考点 =0：不直接设置参考点	位 5	=1：jog，增量位置控制 =0：jog，连续速度控制

　　控制字 POS_STW1 的含义见表 2-17。用于报文类型 111，位 15 用来选择命令源来自于 PROFINET 通信还是来自伺服驱动器内部位置设定。当命令源来自通信时，位 12 用来表示伺服驱动器定位的启动命令来自于控制字 1 的位 6 还是位置设定值，当激活该位时，只要伺服驱动器收到的位置设定值变化，就立即驱动伺服电动机运行到目标位置；当未激活该位时，伺服驱动器收到位置设定值后不会立即驱动伺服电动机目标位置运行，需要等待触发信号的上升沿且触发信号不能在位置设定值之前到达伺服驱动器，否则伺服驱动器不会按照机械设备的要求运行，在伺服驱动器驱动伺服电动机的运行过程中修改目标位置时，需要再次有触发信号的上升沿，触发信号需要至少保持 8ms 的时间。位 9 和位 10 的组合功能需要在位 8 设置为绝对定位时才有效，特别用于模态轴的控制，当模态轴只能往一个方向进行旋转定位时，可以设置其组合功能。

表 2-17　控制字 POS_STW1 的含义

信号	含义	信号	含义
位 0	=1：运行程序段选择，位 0	位 9	=0：通过最短距离进行绝对定位 =1：绝对定位或 MDI 方向选择正方向
位 1	=1：运行程序段选择，位 1	位 10	=2：绝对定位或 MDI 方向选择负方向 =3：通过最短距离进行绝对定位
位 2	=1：运行程序段选择，位 2	位 12	=1：连续传输 =0：通过 STW1 的位 6 的上升沿控制
位 3	=1：运行程序段选择，位 3	位 14	=1：已选择信号调整 =0：已选择信号定位
位 8	=1：选择绝对定位 =0：选择相对定位	位 15	=1：激活 MDI 控制 =0：不激活 MDI 控制

　　控制字 POS_STW2 的含义见表 2-18。用于报文类型 111，可以通过 PROFINET 通信控制伺服驱动器回参考点时搜索参考点挡块的方向。激活软限位开关功能后，伺服驱动器必须回完参考点后，软限位功能才生效。激活硬限位开关功能后，需要在伺服驱动器的数字量输入中组态其功能为 CWL 或 CCWL，同时需要将常闭的硬限位开关信号接入到伺服驱动器的数字量输入中。

表 2-18　控制字 POS_STW2 的含义

信号	含义	信号	含义
位 0	=1：激活跟踪模式 =0：不激活跟踪模式	位 9	=1：从负方向开始搜索参考点挡块信号 =0：从正方向开始搜索参考点挡块信号
位 1	=1：直接设置参考点 =0：不直接设置参考点	位 14	=1：激活软限位功能
位 2	=1：参考点挡块激活	位 15	=1：激活硬限位功能
位 5	=1：jog，增量位置控制 =0：jog，连续速度控制		

状态字 MELDW 的含义见表 2-19。用于报文类型 102、105、110 和 111。

表 2-19　状态字 MELDW 的含义

信号	含义	信号	含义
位 0	=1：斜坡上升 / 下降完成	位 7	=1：功率单元无热过载报警
位 1	=1：转矩利用率小于转矩阈值 2	位 8	=1：速度设定值与实际值的偏差在公差内
位 2	=1：|实际转速|< 转速阈值 3	位 11	=1：控制器使能
位 3	=1：|实际转速|< 转速阈值 2	位 12	=1：驱动就绪
位 4	=1：Vdc_min 控制器激活	位 13	=1：脉冲使能
位 6	=1：伺服电动机无过温报警		

状态字 POS_ZSW1 的含义见表 2-20。用于报文类型 111。

表 2-20　状态字 POS_ZSW1 的含义

信号	含义	信号	含义
位 0	运行程序段位 0 激活	位 9	=1：正向硬限位开关报警激活
位 1	运行程序段位 1 激活	位 10	=1：jog 激活
位 2	运行程序段位 2 激活	位 11	=1：回参考点激活
位 3	运行程序段位 3 激活	位 13	=1：运行程序段激活
位 7	上升沿复位故障	位 14	=1：调整模式激活
位 8	=1：负向硬限位开关报警激活	位 15	=1：MDI 激活

状态字 POS_ZSW2 的含义见表 2-21，用于报文类型 111。

表 2-21　状态字 POS_ZSW2 的含义

信号	含义	信号	含义
位 0	=1：位置跟踪模式激活	位 9	=1：位置实际值≤挡块开关位置 2
位 1	=1：速度限制激活	位 10	=1：通过运行程序段的任务功能直接控制伺服驱动器的数字量输出 1 输出
位 2	=1：设定值可用	位 11	=1：通过运行程序段的任务功能直接控制伺服驱动器的数字量输出 2 输出
位 4	=1：轴正方向移动	位 12	=1：到达固定停止点
位 5	=1：轴负方向移动	位 13	=1：到达固定停止点的夹紧转矩
位 6	=1：到达负向软限位开关	位 14	=1：运行到固定停止点激活
位 7	=1：到达正向软限位开关	位 15	=1：运行指令激活
位 8	=1：位置实际值≤挡块开关位置 1		

　　只有充分理解 SINAMICS V90 PN 伺服驱动器的控制字和状态字，才能充分发挥其功能特性，从而保证机械设备具备多样化的功能、严谨的安全特性，才能易于操作和维护。

2.3.3　SINAMICS V90 PN 伺服驱动器速度控制

　　SINAMICS V90 PN 伺服驱动器工作在速度模式时，可以在 PLC 工艺对象中将其组态为位置轴工艺对象或速度轴工艺对象，此时伺服驱动器的速度设定值由工艺对象根据设定的斜坡函数计算，逐步输出到命令值，也可以直接通过 PLC 控制将命令值直接发送到伺服驱动器中。为了保证系统的动态特性，同时兼顾系统的稳定性，通常在 PLC 中采用工艺对象控制伺服驱动器工作在速度模式时，伺服驱动器侧的斜坡函数需要屏蔽，在 PLC 中直接控制伺服驱动器时（例如 MOVE 指令和 SinaSpeed 指令等），伺服驱动器侧的斜坡函数需要激活。伺服驱动器可以设置转矩限幅和速度限幅。在速度模式下伺服驱动器可以组态的数字量输入输出功能如图 2-37 所示。

图 2-37　可组态的数字量输入输出功能（一）

2.3.4　SINAMICS V90 PN 伺服驱动器基本定位器控制

SINAMICS V90 PN 伺服驱动器还可以工作在基本定位器控制（EPOS）模式下。进行基本定位器控制时，需要进行的参数调试有机械结构的设置、设定值的设置、极限值的设置和伺服驱动器输入输出功能的设置。

机械结构的设置如图 2-38 所示。

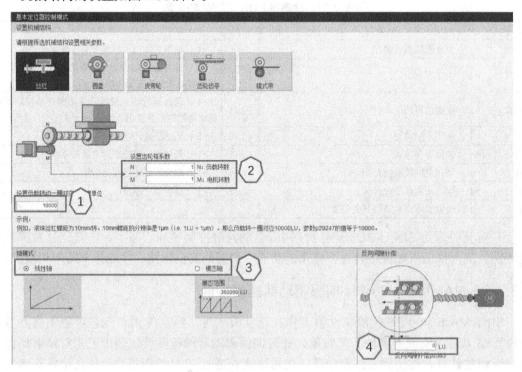

图 2-38　机械结构的设置

在图 2-38 中，完成如下操作：

① 设置负载转动一圈对应的脉冲当量。伺服驱动器内部的位置和速度计算都是基于脉冲当量的，而不能像 PLC 一样可以识别工程单位，因此其设定值都是双整形数据。根据该脉冲当量的设定值，来判断伺服电动机的旋转角度。

② 设置负载齿轮箱的减速比。通常 PLC 的设定值为负载的设定值，当使用齿轮箱时，需要正确设置减速比，否则会造成负载的实际移动位置不是机械设备所需的目标位置。当然，也可以在用户 PLC 程序中将齿轮箱的减速比计算在内，这样给定到伺服驱动器中的位置设定值就是负载的目标位置设定值，此时禁止在伺服驱动器中设置负载齿轮箱的减速比。还可以将负载齿轮箱的减速比计算在负载转动一圈对应的脉冲当量中，此时 PLC 用户程序和伺服驱动器中的负载齿轮箱减速比均不能设置。即使用负载齿轮箱时，其减速比可以直接设置在伺服驱动器的相关参数中，也可以在用户 PLC 程序中进行考虑，还能设置在其脉冲当量中，但只允许在一个地方进行负载齿轮箱减速比的设置。

③ 可以将轴设置为线性轴模式和模态轴模式。工作在模态轴时，还需要设置模态轴的模态范围。

④ 在使用要求较高的场合，还可以设置反向间隙补偿，提高伺服电动机反向时的动态特性。

在基本定位器模式下伺服驱动器可以组态的数字量输入输出功能如图 2-39 所示。

图 2-39　可组态的数字量输入输出功能（二）

基本定位器控制的主要功能包括回参考点、Jog 运行、运行程序段和 MDI 定位。要进行位置控制，特别是绝对定位控制，就需要建立伺服驱动系统的参考点，当位置控制环在 PLC 上时需要在 PLC 中建立参考点，当位置控制环在伺服驱动器时需要在伺服驱动器中建立参考点。SINAMICS V90 PN 伺服驱动器的基本定位器模式恰好是位置控制环在伺服驱动器上，因此需要进行回参考点的配置。若伺服驱动器连接增量编码器的伺服电动机，则需要设置回参考点模式并执行回参考点操作；若伺服驱动器连接绝对值编码器的伺服电动机，则需要进行绝对值编码器的零点校正操作，并执行伺服驱动器参数 RAM 到 ROM 的保存操作。对 SINAMICS V90 PN 伺服驱动器工作在基本定位器模式下，不同的报文类型，其连接增量编码器伺服电动机的回参考点方式也略有不同。

当伺服驱动器运行在 MDI 定位下，且被设定为连续给定控制，此模式与 SINAMICS V90 PTI 外部脉冲位置模式相似，伺服驱动器不断接收 PLC 通过 PROFINET 通信发送过来的位置值，位置值改变则驱动伺服电动机向目标位置旋转，即可认为伺服驱动器在不断地接收新的脉冲序列，为了防止 PLC 发送过来的是位置值有较大的阶跃而导致机械系统冲击，可以设置平滑时间常数对位置设定值进行平滑滤波，如图 2-40 所示。

伺服驱动器为了实现快速性，通常快速起动和快速停止，从而减少系统的加减速时间；伺服驱动系统也需要具备准确性，停止时不超调，这就需要伺服在最终到位停止时不能过快；伺服驱动系统由于三环的相互作用，在接近目标位置时，其输出转矩接近于摩擦转矩，速度接近停止，这些会导致伺服驱动系统在接近目标位置时比开始减速时需要更多的时间。在连续生产线中，伺服驱动器定位完成后，应给 PLC 发送一个定位完成信号，PLC 接收到该信号后开始执行下一个动作，当这个定位完成信号过早地到来时，伺服电动机可能还没有到达目标位置，于是会导致 PLC 的下一个动作位置不准，严重时将导致机械设备的损坏；当这个定位完成信号过晚到来时，会影响整个机械设备的系统生产效率。此时可以在 SINAMICS V90 PN 伺服驱动器中设置位置到达窗口阈值，如图 2-41 所示。当实际位置与目标位置的差值在该阈值范围内时，则发出定位完成信号供 PLC 使用。

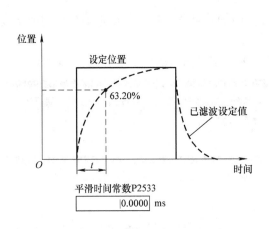

图 2-40 位置设定值平滑滤波

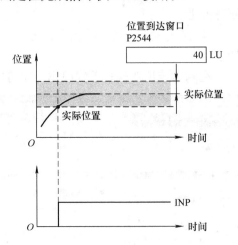

图 2-41 定位完成信号设置

在伺服驱动器中，可以进行 Jog 运行的参数设置，如图 2-42 所示。Jog 运行有两个命令，Jog 1 和 Jog 2，分别通过 PROFINET 通信控制字中 2 个不同的位来控制。可以进行运行距离的设置，也可以进行运行速度的设置。当运行距离时，伺服驱动器只要收到 Jog 1 或 Jog 2 命令的上升沿就触发增量定位运行到目标距离后停止；当运行速度时，伺服驱动器收到 Jog 1 或 Jog 2 命令时，按照其对应的速度设定值连续运行，直到 Jog 1 或 Jog 2 命令消失。

Jog 1 运行距离	1000	LU
Jog 2 运行距离	1000	LU
Jog 1 速度设定值	-300	1000LU/min
Jog 2 速度设定值	300	1000LU/min

图 2-42 Jog 运行参数设置

MDI 定位设置仅在报文类型设置为 7 时才能进行设置，如图 2-43 所示。当报文类型设置为其他时，其 MDI 的位置设定、速度设定、加速度设定、减速度设定、定位方式和模态轴的绝对定位方向均通过 PROFINET 通信控制。

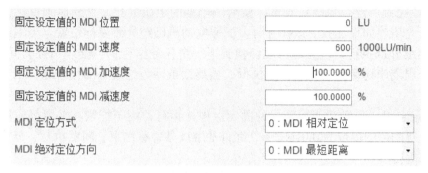

图 2-43 设置 MDI 定位

运行程序段设置如图 2-44 所示。SINAMICS V90 PN 伺服驱动器可以在内部设置 16 个不同的任务，每个任务可以独立地设置其位置、速度、加速度倍率、减速度倍率及其任务。通过控制字 POS_STW1 或 SATZANW 的位 0 至位 3 的组合选择运行哪个任务。

图 2-44 运行程序段设置

任务设置如图 2-45 所示。

图 2-45 任务设置

通过设置参数 P2621 选择相应的功能，包括定位控制、固定点停止、持续正向旋转、持续反向旋转、等待、跳转、置位伺服驱动器的数字量输出点、复位伺服驱动器的数字量输出点、设置加加速功能。

1）定位控制：定位控制任务可以激活一段轴的定位运行，直到达到目标位置时，该任务才执行完毕。如果在激活该任务时，伺服电动机已经处于目标位置，当继续条件为连续执行或继续外部执行时，立即自动切换到下一个任务执行；当继续条件为间隙执行时，则在下一个周期中切换到下一个任务执行；当继续条件为继续外部报警时，则立即输出一条报警信息。

2）固定点停止：激活转矩降低的固定点停止运行，用于拧紧、夹紧等应用。此时任务参数上设置的值的单位为 0.01N·m，允许的继续条件有结束、间歇执行、继续外部执行和继续外部等待。

3）持续正向旋转或持续反向旋转：该任务可以使伺服驱动器加速到设定速度后持续运行，直到达到软限位开关、达到硬限位挡块开关、达到机械运动范围极限、被控制字 STW1 的位 5 暂停、被控制字 STW1 的位 4 中断或在相应的继续条件下触发了外部程序段切换时才完成本任务的执行。

4）设置加加速功能：该任务可以激活（任务参数 =1 时）或取消（任务参数 =0 时）该功能，此时伺服驱动器参数 P2575 中的值需要为 0，P2574 中设置的值作为加加速功能的极限值。

5）等待：该任务可以设置执行下一个动作前需要等待的时间。任务参数设置的值为等待时间，其值取 8 的整数倍值，单位为 ms，可以选择的继续条件有结束、间隙执行、继续外部执行、继续外部等待和继续外部报警。如果在等待时间结束后还没有收到外部程序段切换的触发信号，则输出故障信息。

6）跳转：该任务直接跳转到指定的任务中执行，任务参数需要设置为正确的待跳转的程序段的编号，继续条件无效，直接跳转。如果任务参数中设置的待跳转的程序段编号不存在，则会触发报警。

7）置位或复位伺服驱动器的数字量输出点：该任务用于置位或复位伺服驱动器的数字量输出点，任务参数代表指定的数字量输出点。任务参数值为 1 指定的是数字量输出 1，任务参数值为 2 指定的是数字量输出 2，任务参数值为 3 指定的是数字量输出 1 和数字量输出 2，允许的继续条件有结束、间隙运行、连续执行和继续外部执行。

通过 P2623 设置其参数运行程序段每个任务的定位模式、继续条件和标识。当选择定位控制功能时，可以设置其为相对定位控制、绝对定位控制、绝对正方向旋转定位控制和绝对负方向旋转定位控制。标识可以设置为显示程序段或隐藏程序段。继续条件可以设置为结束、间歇执行、连续执行、继续外部执行、继续外部等待和继续外部报警。

1）结束：该任务执行完成后结束运行程序段，需要等待下一个来自控制字 STW1 位 6 的触发信号再次执行该任务或选择的其他任务。

2）间歇执行：在继续执行程序段前，首先精确逼近程序段中设定的位置值，伺服驱动器减速停止并执行定位窗口监控，在到达后才切换到下一个程序段执行下一个任务。

3）连续执行：一旦达到当前程序段中设置的制动动作点，会立即切换到下一个程序段运行，如果需要切换伺服电动机的旋转方向，则需要先停止，然后再切换程序段。

4）继续外部执行：与连续执行相似，在达到制动动作点前，可以通过一个上升沿（控制字 STW1 的位 13）立即切换程序段，如果没有触发信号时，则程序段在制动动作点上切换。

5）继续外部等待：在整个程序段的运行过程中，都需要通过外部控制信号（控制字 STW1 的位 13）触发执行下一个任务，如果没有该触发信号，则轴停止在本任务的目标位置上等待其触发信号。

6）继续外部报警：与继续外部等待相似，如果在伺服驱动器停止前还没有接收到外部控制的触发信号，则输出报警 A07463 提示运动程序段中没有外部触发信号。该报警可以转变为一个带停止响应的故障，以便在没有触发信号时中断程序段运行。

2.4　SINAMICS V90 伺服驱动器非周期通信

非周期通信功能可以使 SINAMICS V90 伺服驱动器与 SIMATIC PLC 之间相互交换大量的用户数据，PLC 通过伺服驱动器的 DS47 功能，不仅可以读伺服驱动器中的参数值，还可以修改伺服驱动器中的参数值。读写伺服驱动器的参数个数不受限制，但其传输数据的长度不得大于 240 个字节，数据长度越长，通信所需要的时间也越长。通常来说，非周期通信的数据通信长度大于周期通信的数据长度，并且周期通信的优先级高于非周期通信，因此非周期通信所需要的时间必然大于周期通信。在 PLC 中通过 WRREC 指令将读写任务的命令传送到伺服驱动器中，通过 RDREC 指令将伺服驱动器执行任务后的返回值读取到 PLC 中。

对于 PLC 进行伺服驱动器参数读和写时，其任务的命令格式以及伺服驱动器的返回值结构均不相同。读伺服驱动器参数任务见表 2-22。

表 2-22　读伺服驱动器参数的任务表

	字节 n	字节 $n+1$	n
数据头	参考请求，可以为 01 hex 到 FF hex	执行读任务，01 hex	0
	驱动设备的 ID 号，对 SINAMICS V90 来说为 2	读取的参数数量	2
第 1 个参数	属性，10 hex 代表参数值	需要读取的参数索引数量	4
	需要读取的参数号		6
	该参数的第一个索引号		8
第 2 个参数	属性，10 hex 代表参数值	需要读取的参数索引数量	10
	需要读取的参数号		12
	该参数的第一个索引号		14
⋮	⋮		...
第 m 个参数	⋮		...

伺服驱动器执行完读参数任务后，反馈给 PLC 的数据见表 2-23。

表 2-23 伺服驱动器反馈读参数任务的数据

	字节 *n*	字节 *n*+1	*n*
数据头	参考请求，可以为 01 hex 到 FF hex	01 hex，驱动器已执行读任务 81 hex，驱动器没有完整执行完读任务	0
	驱动设备的 ID 号，对 SINAMICS V90 来说为 2	读取的参数数量	2
第 1 个参数值	数据的格式	读取该参数的索引数量	4
	该参数第 1 个索引的值或其故障信号		6
	⋮		...
第 2 个参数值	数据的格式	读取该参数的索引数量	...
	该参数第 1 个索引的值或其故障信号		...
	⋮		...
⋮	⋮		...
第 *m* 个参数值	⋮		...

数据格式的含义：02 hex 代表 8 位整形数据；03 hex 代表 16 位整形数据；04 hex 代表 32 位整形数据；05 hex 代表 8 位无符号数据；06 hex 代表 16 位无符号数据；07 hex 代表 32 位无符号数据；08 hex 代表浮点数；41 hex 代表字节；42 hex 代表字；43 hex 代表双字。

当 PLC 需要修改伺服驱动器的参数值时，其任务表见表 2-24，应注意的是任务表的数据总长度不能超过 240 字节。

表 2-24 修改伺服驱动器参数值的任务表

	字节 *n*	字节 *n*+1	*n*
数据头	参考请求，可以为 01 hex 到 FF hex	执行写任务，02 hex	0
	驱动设备的 ID 号，对 SINAMICS V90 来说为 2	修改的参数数量	2
第 1 个参数	属性，10 hex 代表参数值	需要修改的参数索引数量	4
	需要修改的参数号		6
	被修改参数的第一个索引号		8
第 2 个参数	属性，10 hex 代表参数值	需要修改的参数索引数量	10
	需要修改的参数号		12
	被修改参数的第一个索引号		14
⋮	⋮		...
第 *m* 个参数	⋮		...
第 1 个参数的值	数据的格式	读取该参数的索引数量	...
	该参数第 1 个索引的值或其故障信号		...
	⋮		...
第 2 个参数的值	数据的格式	读取该参数的索引数量	...
	该参数第 1 个索引的值或其故障信号		...
	⋮		...
⋮	⋮		...
第 *m* 个参数的值	数据的格式	读取该参数的索引数量	...
	该参数第 1 个索引的值或其故障信号		...
	⋮		...

当伺服驱动器参数修改成功后，返回见表 2-25 的数据，应主动采用 RDREC 指令读出伺服的返回参数。

表 2-25　参数修改成功时的返回数据

数据头	字节 n	字节 $n+1$	n
	参考请求，可以为 01 hex 到 FF hex	02 hex，驱动器已执行写任务	0
	02 hex	修改的参数数量	2

当 SINAMICS V90 PN 伺服驱动器不能按照表 2-24 的任务修改其参数时，将返回见表 2-26 的数据。

表 2-26　参数修改未成功时的返回数据

	字节 n	字节 $n+1$	n
数据头	参考请求，可以为 01 hex 到 FF hex	81 hex，驱动器没有完整执行完读任务	0
	02 hex	参数数量	2
第 1 个参数值	数据的格式 40hex：Zero，该数据块的修改任务已执行 44hex：Error，该数据块的修改任务未执行	故障值的数量可以为 00 hex、01 hex 和 02 hex	4
	故障值 1		6
	故障值 2		8
第 2 个参数值	数据的格式 40hex：Zero，该数据块的修改任务已执行 44hex：Error，该数据块的修改任务未执行	故障值的数量，可以为 00 hex、01 hex 和 02 hex	10
	故障值 1		12
	故障值 2		14
⋮	⋮		…
第 m 个参数值	⋮		…

其常见故障值的含义见表 2-27，故障值为十六进制数。

表 2-27　常见故障值的含义

故障值	含义
00	访问的参数不存在
01	参数值无法被修改，比如修改了一个只读参数
02	修改任务中的数值超过了参数允许的上限或下限
03	需要修改的参数索引号不存在
04	使用索引访问无索引的参数
05	修改任务中值的数据类型与伺服驱动器中的参数数据类型不相符
06	不允许修改，例如有些参数在伺服驱动器使能的状态下不能修改

（续）

故障值	含义
07	修改任务中的描述单元无法被修改
09	访问的描述不存在，但参数值存在
0B	缺少修改任务的权限
0F	虽然参数值存在，但访问的文本数组不存在
11	运行状态无法执行任务
14	数值错误
15	应答的长度超出了可传输的最大长度
16	参数地址错误，如参数属性、数量、参数号、索引不被允许
17	格式错误，修改任务使用了错误的格式
18	值的数量不符，参数数据值的数量与参数地址中元素的数量不一致
19	所访问的驱动对象不存在
20	参数文本不可修改
21	非指定或位置的任务 ID
6B	控制器使能时无法执行修改任务
77	下载时不可执行修改任务
82	接收控制权被禁用
84	驱动不接受修改任务
C8	修改任务低于当前有效的限制
C9	修改任务高于当前有效的限制
CC	不允许执行修改任务

对于 SINAMICS V90 PN 伺服驱动器来说，PLC 直接传送接收以上数据，但是对于 SINAMICS V90 PTI 伺服驱动器来说，PLC 需要使用 Modbus 通信，通过 FC16 功能，将任务传输到 SINAMCIS V90 PTI 伺服驱动器对应的 Modbus 寄存器地址中，任务执行完成后，PLC 再次通过 Modbus 通信，读取 SINAMICS V90 PTI 伺服驱动器对应的 Modbus 寄存器地址中的值。因此，在数据头中除了要指定从站地址外，还需要指明传输类型、起始地址以及之后的寄存器数量。用于非周期通信的 DS47 功能寄存器范围为 40601~40722。在用户程序中应对这些有效的寄存器数据进行读写，其中寄存器 40601 用于对 DS47 功能是否激活进行控制及其状态反馈，寄存器 40602 确定非周期通信访问功能以及任务数据的长度，从寄存器 40603 开始到 40722，总共为 120 个字（240 个字节），等同于以上所描述的非周期通信的任务及伺服驱动器返回的数据。

2.5 SINAMICS V90 伺服驱动器调试工具

对于 SINAMICS V90 伺服驱动器，采用专用的 SINAMICS V-ASSISTANT 调试软件进

行所有伺服驱动器的调试。对于 SINAMICS V90 PN 伺服驱动器，可以在 TIA Portal 中集成其 HSP 进行 SINAMICS V90 PN 伺服驱动器的调试，采用 GSD 文件或者 HSP 进行 SIN-AMICS V90 PN 伺服驱动器的组态编程。

2.5.1　V-ASSISTANT 调试软件

V-ASSISTANT 调试软件采用 USB 电缆连接计算机与 SINAMICS V90 伺服驱动器进行调试，其 USB 电缆的计算机端为标准 USB 接口，伺服驱动器端为 miniUSB 接口。调试软件可以识别出伺服驱动器的型号及其固件版本号，从而图示化显示该驱动器该固件版本下可选功能参数的调试，可以避免过多的无用信息显示在用户面前。该调试软件可以在线进行调试，也可以离线组态好再下载到伺服驱动器中。

打开 V-ASSISTANT 调试软件，如图 2-46 所示。当计算机与伺服驱动器通过 USB 电缆正确连接时，选择在线的方式，连接伺服驱动器进行组态、诊断和监控。当计算机与伺服驱动器通过 USB 电缆未正确连接时，可以选择离线的方式进行伺服驱动器的组态，但不能进行监控组态。可以在选择语言的下拉菜单下切换调试软件的显示语言。

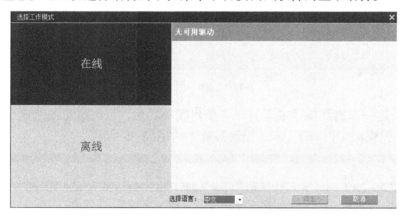

图 2-46　调试软件的工作模式界面

在离线模式下，可以选择新建一个工程进行离线组态，或者打开已有的工程进行离线查看或修改，如图 2-47 所示。

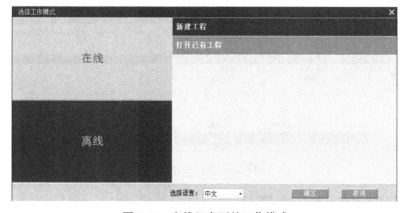

图 2-47　离线组态下的工作模式

当选择了新建工程时，在如图 2-48 所示的弹出界面中选择产品的类型及其对应的固件版本号，然后选择对应的伺服驱动器功率型号，单击"确定"按钮添加伺服驱动器到工程项目中。

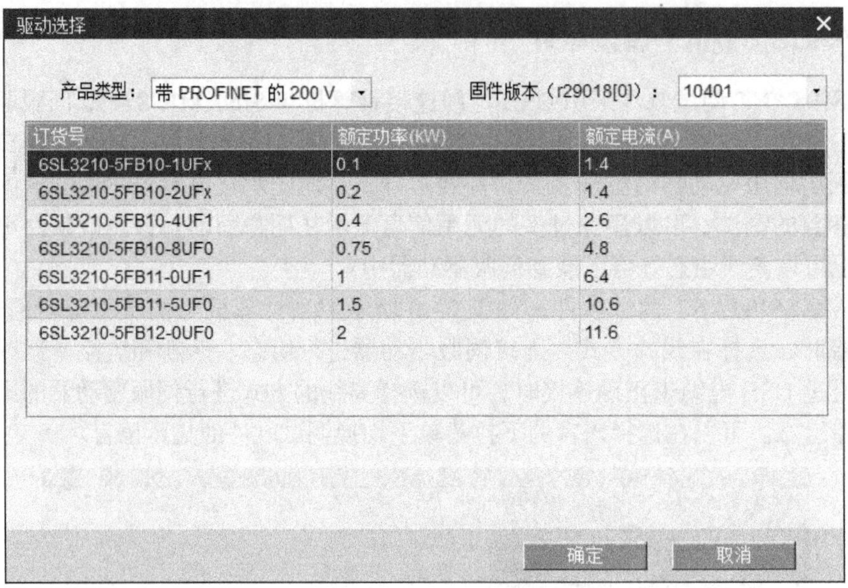

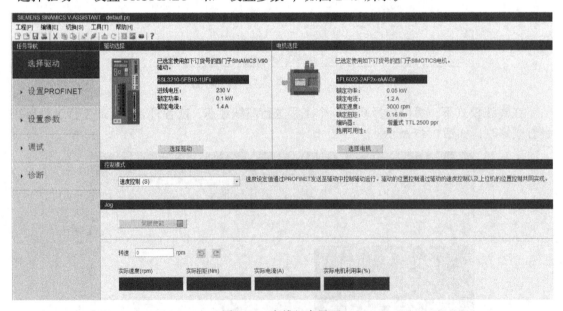

图 2-48　选择伺服驱动器

当成功新建一个离线项目或者打开一个离线项目后，可以组态或修改部分任务，如"选择驱动""设置 PROFINET"和"设置参数"，如图 2-49 所示。

图 2-49　离线组态界面

当选择"在线"模式时，当调试软件识别到伺服驱动器后，可以显示出所连接伺服驱动器的订货号及其固件版本信息，如图 2-50 所示，单击"确定"按钮连接伺服驱动器。

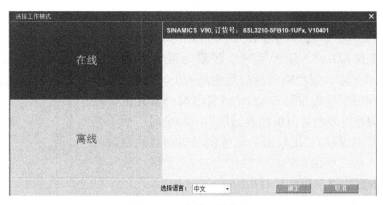

图 2-50　在线工作模式

然后，得到如图 2-51 所示的界面。

图 2-51　在线后的主界面

整个软件界面分成 4 部分，第 1 部分为菜单栏，第 2 部分为工具栏，第 3 部分为任务导航，第 4 部分为工作区。对于不同类型的伺服驱动器，其任务导航所能组态调试的功能不同，工作区显示任务导航栏所选择的对应任务。

菜单栏中的工程选项，主要用来操作工程，如新建工程、保存工程、另存为工程、打开工程、切换语言、打印和退出软件等功能。在线模式下，不能新建工程和打开工程。

菜单栏中的编辑选项，主要是复制、粘贴、剪贴功能。

菜单栏中的切换选项，主要是将在线状态切换到离线状态及将离线状态切换到在线状态。

菜单栏中的工具选项，包括如图 2-52 所示的功能。

"保存参数到 ROM"，用于控制伺服驱动器将参数值从 RAM 保存到 ROM 中，以免断电重启后数据丢失。"重启驱动器"可以控制伺服驱动器重新启动。"绝对值编码器复位"只能用于伺服驱动器连接绝对值编码器的伺服电动机时，用于绝对值编码器的零点校准。"出厂值"复位伺服驱动器的参数值到出厂设置值，用户所保存的修改数据丢失。"上传参数"将伺服驱动器中的参数值上传到软件中。

图 2-52 工具菜单的功能

菜单栏中的帮助选项，主要用于打开帮助文本查看帮助信息，并可以查看调试软件的版本信息。

工具栏中，主要有新建工程、打开工程、保存工程、打印、剪切、复制、粘贴、切换到离线模式、切换到在线模式、驱动参数保存到 ROM、上传参数、查看参数、录波、测试电动机、打开帮助信息等功能。

任务导航栏主要功能有选择驱动、设置参数、调试和诊断 4 个大功能，对于 SINAMICS V90 PN 伺服驱动器，还包含设置 PROFINET 功能。

以下均以 SINAMICS V90 PN 伺服驱动器介绍 V-ASSISTANT 调试软件的使用。

在线连接伺服驱动器后，选择驱动任务具有如图 2-53 所示的功能。

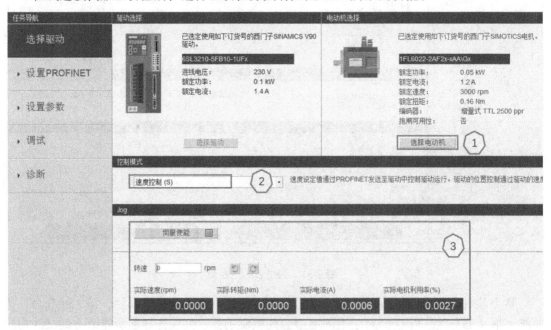

图 2-53 选择驱动任务功能

在图 2-53 中，完成如下操作：

① 单击"选择电动机"按钮，可以选择伺服驱动器所连接的伺服电动机的型号，如果伺服驱动器连接的是绝对值编码器的伺服电动机，伺服驱动器直接读取绝对值编码器的信息，从而知道伺服电动机的具体型号，不需要进行组态设置，但是对于连接增量编码器的

伺服电动机时，则必须正确设置所连伺服电动机的型号，否则会影响伺服电动机的运行功能及其性能。

②选择伺服驱动器的控制模式，切换控制模式后，伺服驱动器会重新启动，同时其所能实现的功能也会更新。

③点动控制伺服电动机用于测试伺服驱动系统的硬件是否完好，最好在出厂值的状态下进行测试，从而保证设定参数不会对点动运行产生影响。首先需要单击伺服使能按钮，待其指示灯变绿色后，设定转速值，按逆时针旋转或顺时针选择按钮旋转伺服电动机，同时可以观察伺服电动机的实际速度、实际转矩、实际电流及其实际利用率，如图 2-54 所示。切换任务导航的功能前，需要先进行伺服关使能操作。

图 2-54　点动控制伺服电动机

设置 PROFINET 任务如图 2-55 所示。

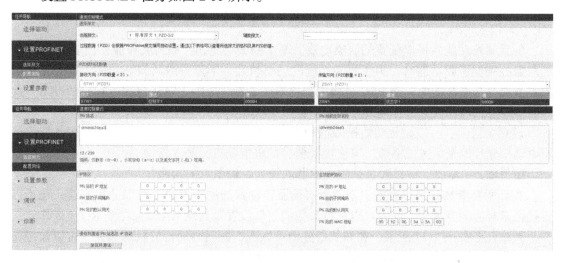

图 2-55　设置 PROFINET 任务

在设置 PROFINET 任务下，可以进行 PROFINET 报文的组态，对于不同的控制模式，其可以选择的报文类型不同，即选择驱动任务中组态了基本定位器控制功能，则不能选择报文类型 7、9、110 和 111，反之亦然。还能组态辅助报文类型 750，同时可以监控伺服驱动器接收到的控制字的值和反馈到控制器的状态字的值。还能在调试软件中配置 PROFINET 网络，即设置伺服驱动器的设备名称及伺服驱动器的 IP 地址等，设置完成后需要单击"保存并激活"按钮，显示伺服驱动器的网络信息，即当前生效的设备名称和 IP 网络地址。当 PLC 项目中组态的伺服驱动器 IP 地址与此处设置的 IP 地址不同时，伺服驱动器与 PLC 建立 PROFINET 连接后，生效的 IP 地址为 PLC 项目中所组态的 IP 地址。设置参数，如图 2-56 所示。

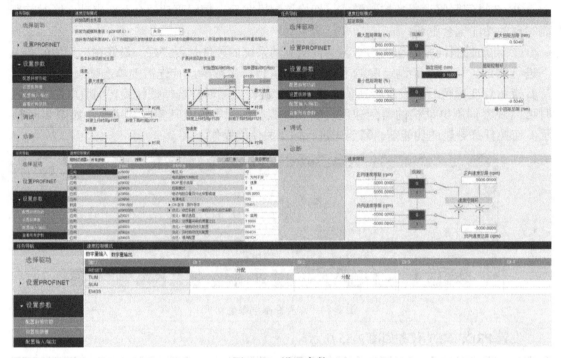

图 2-56　设置参数

　　配置斜坡功能：可以配置伺服驱动器的基本斜坡功能和扩展斜坡功能，当 PLC 采用工艺对象控制伺服驱动器时，为了提高系统的动态特性，不需要激活斜坡功能，因为工艺对象本身就存在斜坡功能；当 PLC 直接控制伺服驱动器时，为了防止伺服电动机的冲击，此时需要激活斜坡功能并合理地设置斜坡参数。

　　设置极限值：可以设置转矩极限值和速度极限值，通常转矩极限值为伺服驱动器和伺服电动机允许的最大过载系数，速度极限值为伺服电动机的最大转速。

　　配置输入 / 输出：可以配置伺服驱动器的输入、输出点的功能。

　　查看所有参数：用于查看、修改所有伺服驱动器的用户参数，可以分组查看，也可以直接搜索对应的参数号，此处可以进行参数的出厂设置及其从 RAM 保存到 ROM 操作。

　　调试任务如图 2-57 所示。在调试任务中可以进行伺服驱动器的状态监控，可以监控仿真伺服驱动器的数字量输入输出点，监视伺服驱动器的数字量输入输出功能信号。测试电动机与选择驱动任务下的测试电动机功能相同。优化驱动，可以进行手动优化，根据经验手动设置增益值，根据系统的频率响应特性，设置速度环滤波器和转矩环滤波器，还可以切换到一键自动优化和实时自动优化，进行优化相关的参数配置并启动自动优化，自动优化完成后，可以自动修改增益值及其速度环和转矩环的相关滤波器参数。关于自动优化，在此已经详细介绍。

　　诊断任务如图 2-58 所示。在诊断任务下，可以进行伺服驱动器只读参数的监视、录波及进行机械特性的测量，用于分析伺服驱动器的工作状态，从而判断伺服驱动器的故障原因和进行系统的优化。

图 2-57　调试任务

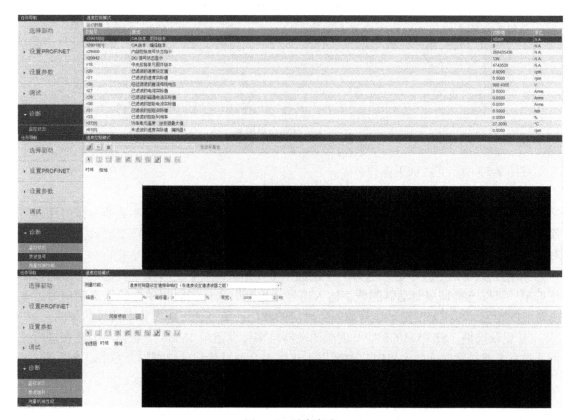

图 2-58　诊断任务

在录波信号中，首先需要进行录波信号的配置，如图 2-59 所示。

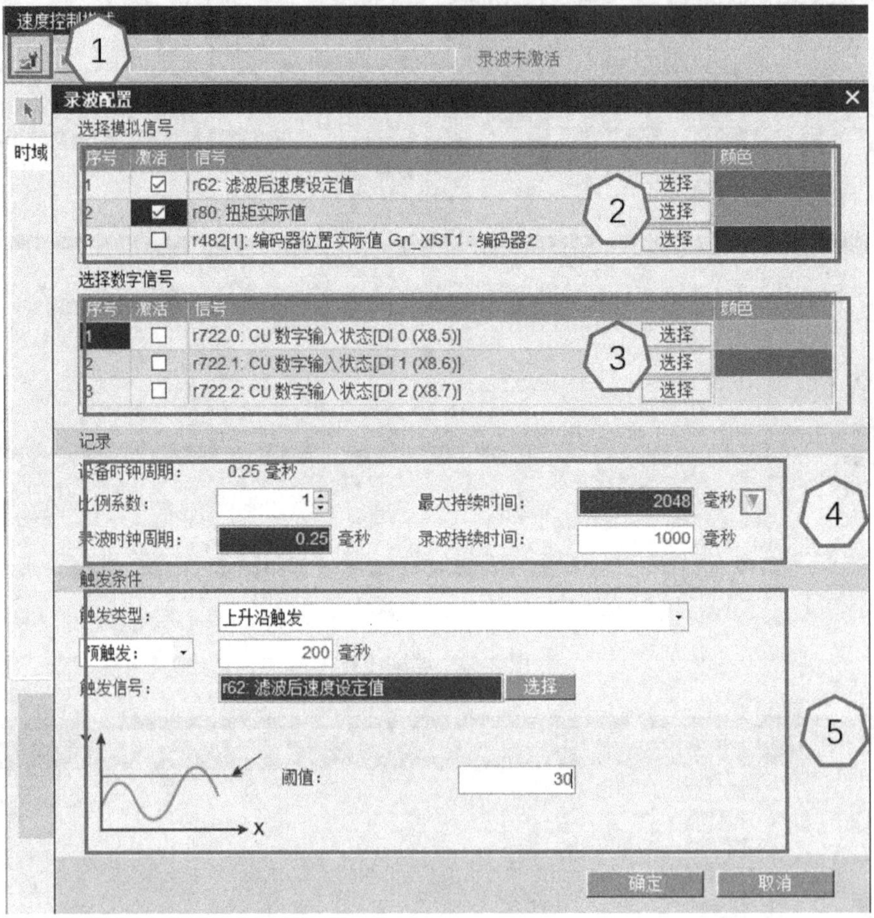

图 2-59　录波信号配置

在图 2-59 中，完成如下操作：

① 单击配置按钮，打开录波信号的配置界面。

② 在弹出的录波信号配置界面中，进行模拟量信号的配置。单击"选择"按钮选择需要记录的信号并需要选中对应的激活复选框，单击对应的颜色，可以修改记录信号曲线所对应的颜色，最多进行 3 个模拟量信号的录波。

③ 配置数字信号。单击"选择"按钮选择需要记录的数字信号并需要选中对应的激活复选框，可以选择伺服驱动器的数字输入信号，也可以选择伺服驱动器的状态字信号，单击对应的颜色，可以修改记录信号曲线所对应的颜色，最多进行 3 个数字信号的录波。

④ 记录周期。SINAMICS V90 伺服驱动器最多可以记录 16384 个数据，因此在进行比例系数和录波持续时间的设置时应遵循以下规则，合理设置记录数据的个数和比例系数。

- 最大持续时间 =16384 × 比例系数 × 记录数据的个数 × 0.25ms；
- 录波持续时间不得大于最大持续时间。

对于模拟量信号，激活一个通道则记录数据的个数增加 1，对于数字量信号，不管激活多少个监视信号，其记录数据的个数只增加 1。

⑤ 配置触发条件。对于触发类型，可以选择立即记录、上升沿触发、下降沿触发、容差区间内触发、容差区间外触发、告警触发和故障触发几个类型，选择不同的触发类型后，需要继续设置的触发数据也不同。可以选择预触发或后触发并设置其时间，所谓预触发就是在触发条件到达之前就开始触发，提前时间为所设定的时间；后触发就是在触发条件到达之后开始触发，滞后时间为所设定的时间。选择触发信号，并设置触发阈值。

配置好录波信号后，如图 2-60 所示开始录波。

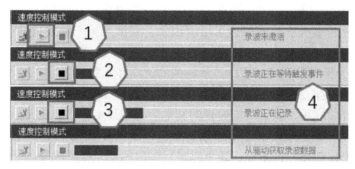

图 2-60 录波

在图 2-60 中，完成如下操作：

① 单击"启动"按钮启动录波。

② 在等待录波触发条件时，可以单击"暂停"按钮暂停。

③ 在记录数据时，可以单击"暂停"按钮暂停。

④ 在线指示录波每步的状态。

录波完成后，得到如图 2-61 所示的曲线。

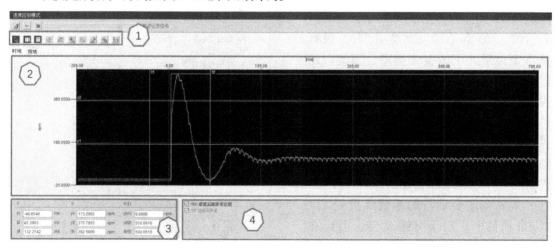

图 2-61 录波曲线

在图 2-61 中，完成如下操作：

① 此区域为工具栏，可以对曲线进行操作。依次为选择曲线、垂直光标、水平光标、移动、恢复、放大、缩小、载入录波曲线、保存录波曲线、重置缩放。选择曲线：当录波了多条曲线时，可以采用该按钮进行不同曲线之间的切换。垂直光标：在时域图中，显示坐标

t1 和 t2，从而获得曲线在该时刻的值及其两个时刻的时间差值，可以移动 t1 或 t2。水平光标：在时域图中，显示坐标 y1 和 y2，从而获得曲线的纵坐标值及其差值，可以移动 y1 和 y2。移动：当曲线被放大后，此时不能显示完整曲线，可以采用移动按钮来移动曲线，从而显示不同的局部曲线。恢复：当曲线被放大后，恢复显示完整的曲线。放大：以特定比例放大当前曲线。缩小：以特定比例缩小当前曲线。载入录波曲线：载入之前保存的录波曲线，用于数据分析比较。保存录波曲线：将当前的录波曲线保存在计算机中，便于后续进行数据分析比较。重置缩放：以当前选定曲线的最大比例显示所选曲线。

② 曲线图形显示区域，横坐标为时间，纵坐标为选定曲线的值，切换曲线后，横坐标不变，纵坐标会相应变化。从图中也可以看出来，录波开始于触发信号前 200ms，与录波配置时组态的预触发时间相同。

③ 激活水平光标和垂直光标后，显示相关的时间和坐标值。

④ 可以选择对应曲线前的复选框进行激活曲线的显示或者取消曲线的显示，当用"选择曲线"按钮选择曲线后，此处对应曲线的文本会高亮显示。

用好录波功能，通过录波所记录的数据曲线，不仅可以帮助进行伺服驱动系统的性能分析为伺服驱动系统优化提供基础，还可以进行伺服驱动系统的故障诊断及其预测。

2.5.2 TIA Portal 调试软件

在 TIA Portal 调试软件中，安装 SINAMICS V90 PN 伺服驱动器的 GSD 文件或 HSP 文件就可以进行相关功能的组态编程调试。GSD 文件包含的主报文类型包括 1、2、3、7、9、102、105、110 和 111 以及附加报文类型 750，没有主报文类型 5 和 105。HSP 文件包含主报文类型 1、2、3、5、102、105 和附加报文类型 750，没有基本定位模式下的报文类型。因此，在进行 PLC 项目组态编程时，首先需要考虑项目需要采用哪个报文类型实现设备的功能，决定选择 GSD 文件还是 HSP 文件。另外，对于 GSD 文件，所有的驱动参数组态调试应采用 V-ASSISTANT 软件进行，一个伺服驱动器对应一个工程，且不能将伺服驱动器的参数集成到 TIA Portal 项目中；对于 HSP 文件，可以在 TIA Portal 中进行伺服驱动器的参数组态，并对伺服驱动器进行控制操作，在项目中可以保存多个伺服驱动器，方便项目数据管理。

新建一个 TIA Portal 项目，并在线连接可以访问的设备，如图 2-62 所示。

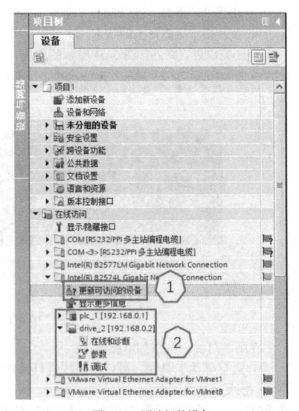

图 2-62　可访问的设备

在图 2-62 中，完成如下操作：

① 在"项目树"→"在线访问"选项下，打开连接 SINMACS V90 PN 伺服驱动器网络的网卡，双击"更新可访问的设备"。

② 更新完成后，可以显示当前网络上的所有设备的设备名称及其 IP 地址（如有的情况下，若设备还未分配 IP 地址时显示设备的 MAC 地址）。

双击"在线和诊断"，打开伺服驱动器的在线诊断界面，如图 2-63 所示。

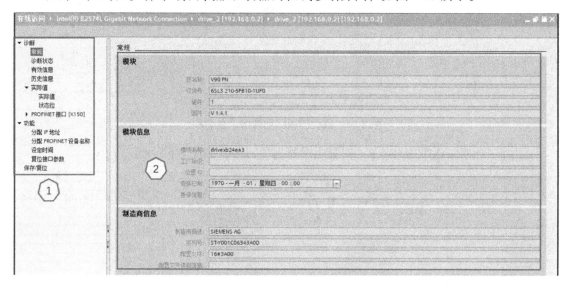

图 2-63　伺服驱动器在线诊断界面

在图 2-63 中，完成如下操作：

① 诊断功能包括伺服驱动器的常规、诊断状态、有效信息（当前的报警和警告信息）、历史信息（历史记录的报警和警告信息）、实际值、PROFINET 接口参数等。还可以进行伺服驱动器的 IP 地址分配、设备名称分配、时间设置、接口参数复位以及对伺服驱动器的参数进行保存和复位操作。

② 在线诊断功能的操作显示区。如常规信息可以显示伺服驱动器模块的名称、订货号、硬件版本号和固件版本号；模块名称和安装日期；制造商信息、模块序列号及其配置文件等。

修改伺服驱动器的设备名称，如图 2-64 所示。

在图 2-64 中，完成如下操作：

① 在诊断界面的功能选项下，选择"分配 PROFINET 设备名称"功能。

② 按需修改"设备名称"。

③ 单击"分配名称"按钮，修改伺服驱动器的设备名称，当一个 PROFINET 网络上有多个伺服驱动器设备而无法知道当前连接的具体为哪个伺服驱动器时，可以激活 LED 闪烁功能，然后观察是哪个伺服驱动器的通信 LED 在闪烁。

④ 可以重新更新可访问的设备，此时发现 SINAMICS V90 PN 伺服驱动器的设备名称被修改成了需要的设备名称。一旦伺服驱动器的设备名称被修改后，在后续的工程项目组态时，需要使用与伺服驱动器实际相符的设备名称，否则会出现 PROFINET 通信故障。

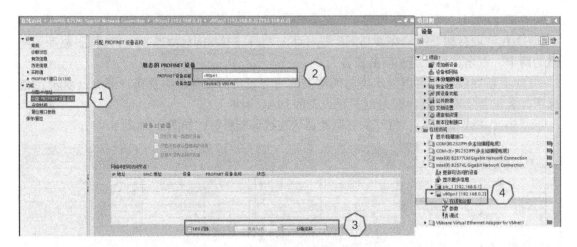

图 2-64 修改伺服驱动器的设备名称

添加一个 SINAMICS V90 PN 伺服驱动器到项目中，如图 2-65 所示。

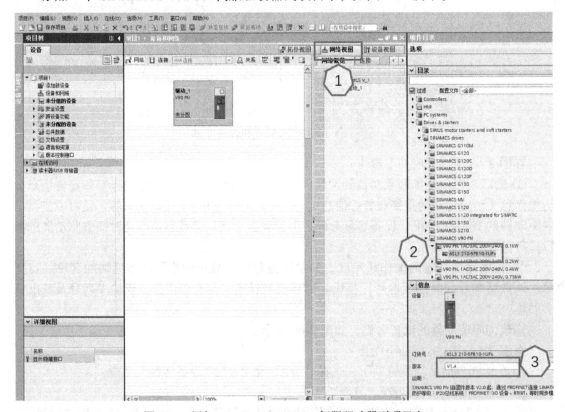

图 2-65 添加 SINAMICS V90 PN 伺服驱动器到项目中

在图 2-65 中，完成如下操作：

① 切换到"网络视图"。SINAMICS V90 PN 伺服驱动器是通过 HSP 的方式集成到 TIA Portal 中，因此其不能通过在项目树下的"添加设备"方式添加至项目中。

② 在硬件目录下，在"Drive & Starters"→"SINAMICS drives"→"SINAMICS V90 PN"下，找到与伺服驱动器相对应的模块。

③ 选择与伺服驱动器相对应的固件"版本",若组态的固件版本与实际的固件版本不一致,则在项目下载时会出错。

伺服驱动器模块及其固件版本选好后,就可以将其拖拽到网络视图,从而将 SIN-AMICS V90 PN 伺服驱动器添加到 TIA Portal 项目中。组态如图 2-66 所示的伺服驱动器设备名称及循环数据交换的报文类型。

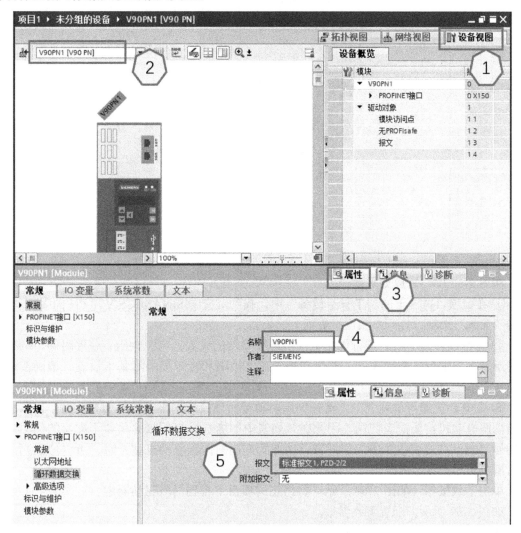

图 2-66　组态伺服驱动器设备名称及循环数据交换的报文类型

在图 2-66 中,完成如下操作:

① 从网络视图切换到"设备视图"。

② 在设备视图的设备列表中,选择需要修改设备名称的伺服驱动器。

③ 选中伺服驱动器的"属性"功能。

④ 修改设备名称与伺服驱动器的设备名称相同。

⑤ 按实际功能需要,在报文的下拉列表中选择需要的主报文类型,也可以在附加报文的下拉列表下选择需要的附加报文类型。

如图 2-67 所示，进行伺服驱动器的参数设置。

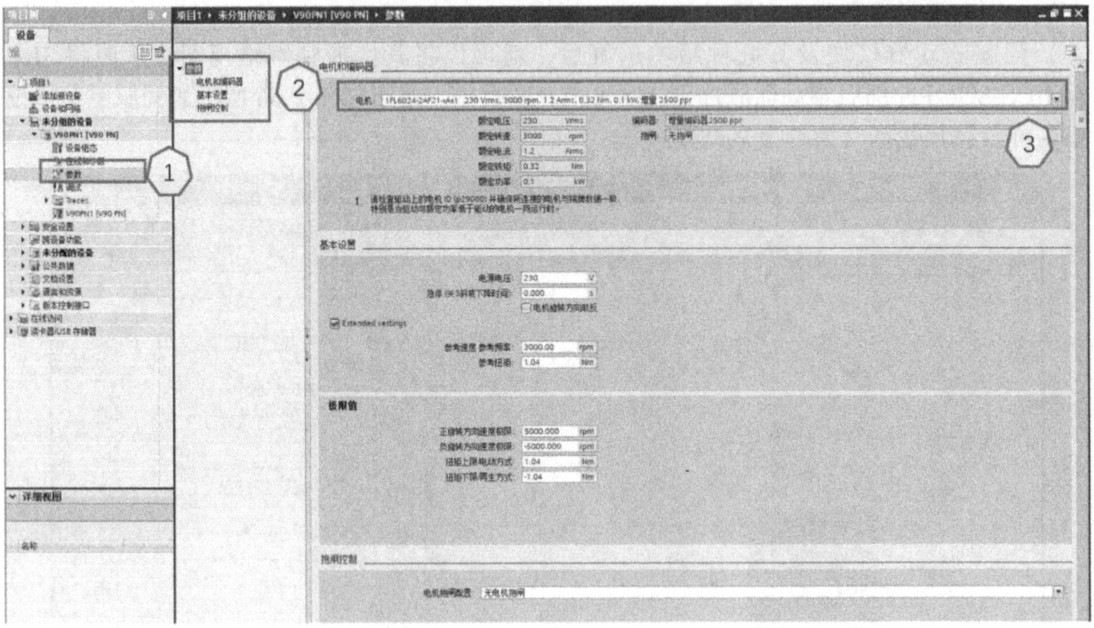

图 2-67 伺服驱动器的参数设置

在图 2-67 中，完成如下操作：

① 在"项目树"下的"未分组设备"中，找到对应的 SINAMICS V90 PN 伺服驱动器，双击"参数"选项，打开参数设置界面。

② 在参数界面中可以进行伺服电动机和编码器的设置，电源电压、急停时间、伺服电动机旋转方向取反、参考速度、参考转矩、速度极限和转矩极限等基本设置，抱闸控制设置等。

③ 在电动机的下拉列表中，选择伺服驱动器所连接的伺服电动机型号，由于伺服驱动器与伺服电动机需要配套使用，因此在该列表中不能选择与伺服驱动器不配套的伺服电动机型号。当下拉列表中无法找到伺服驱动器所连接的伺服电动机型号时，可以协助判断伺服选型或实际接线有错误。

单击下载按钮，如图 2-68 所示。将组态的项目下载到伺服驱动器中。

如图 2-69 所示，配置下载参数。

在图 2-69 中，完成如下操作：

① 配置"PG/PC 接口的类型"和接口的硬件，均可以在下拉列表中选择。

② 单击"开始搜索"按钮，搜索连接在当前网络接口下的所有可连接伺服驱动器。

③ 选中对应的 SINAMICS V90 PN 伺服驱动器。当有多个伺服驱动器时，可以采用闪烁 LED 的方法激活该功能，然后看哪个伺服驱动器中的 LED 灯在闪烁，从而判断项目是否下载到正确的伺服驱动器中。

④ 单击"下载"按钮，将项目下载到指定的伺服驱动器中。

配置下载预览，如图 2-70 所示。

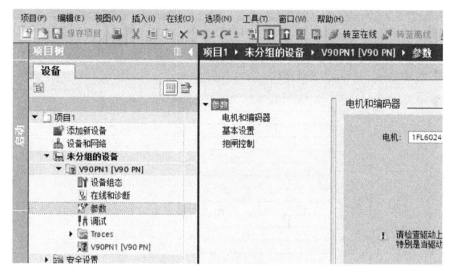

图 2-68　下载项目到伺服驱动器

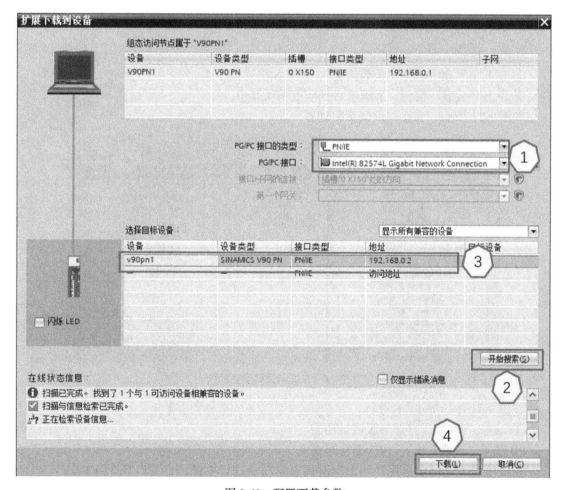

图 2-69　配置下载参数

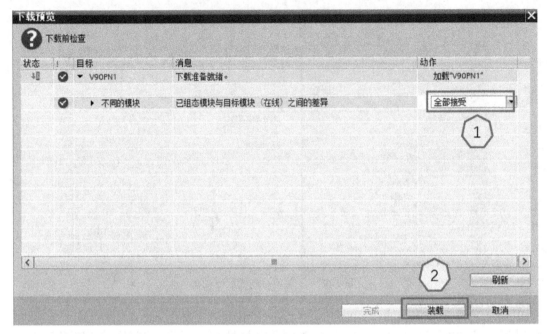

图 2-70　配置下载预览

在图 2-70 中，完成如下操作：

① 在下拉列表中选择"全部接受"，否则无法进行下载。

② 单击"装载"按钮，下载项目到伺服驱动器中。

如图 2-71 所示，在线调试伺服驱动器。

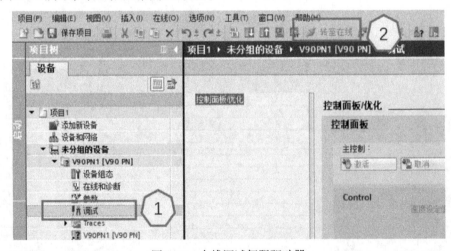

图 2-71　在线调试伺服驱动器

在图 2-71 中，完成如下操作：

① 双击"调试"，打开伺服调试功能。

② 选择"转至在线"，切换到在线模式。

在线模式下，可以采用控制面板对伺服驱动器进行控制，也可以在 TIA Portal 上对伺服驱动器进行一键优化。控制面板的操作如图 2-72 所示。

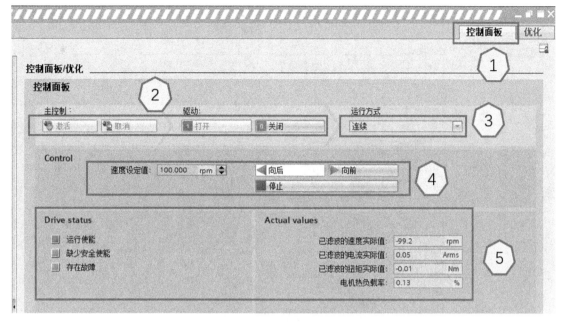

图 2-72　控制面板操作伺服驱动器

在图 2-72 中，完成如下操作：

① 选择"控制面板"功能。

② 首先激活主控制，然后打开驱动控制，才能使能伺服驱动器后进行控制操作。断开使能时应先关闭驱动器，然后取消主控制。

③ 运行方式有 Jog 方式和连续方式。

④ 根据选择的运行方式，控制伺服电动机旋转。所谓 Jog 方式就是在控制指令中，点动正转或反转按钮，伺服驱动器驱动伺服电动机正向或反向旋转，松开按钮，伺服电动机停止，而对于连续来说，选中向前或向后按钮，伺服驱动器驱动伺服电动机正向或反向旋转，松开按钮，伺服电动机的旋转状态不变，按下停止按钮后，伺服驱动器驱动伺服电动机停止。Jog 和连续运行方式的速度值可以设定，在伺服电动机旋转的过程中修改速度设定值，伺服电动机的转速也会相应改变。

⑤ 显示伺服驱动器的状态、速度实际值、电流实际值、转矩实际值和负载率。当状态显示存在故障时，还能显示具体的伺服驱动器的故障信息，并可以复位伺服驱动器的故障。

伺服驱动器的优化如图 2-73 所示。

在图 2-73 中，完成如下操作：

① 首先应切换到"优化"界面。

② 单击主控制下的激活按钮，激活伺服驱动器的自动优化。

③ 需要设置优化的动态系数，通常机械设备状况好，负载转动惯量比小，伺服电动机编码器分辨率高时，动态系数可以设置得较高一些。还需要设置各方向上的最大运行角，对于增量编码器的伺服电动机，其角度至少需要设置为 720°。

④ 根据实际动态特性需要和设备的机械状态，可以进行其他功能的设置。

⑤ 单击"启动优化"按钮，启动一键自动优化。

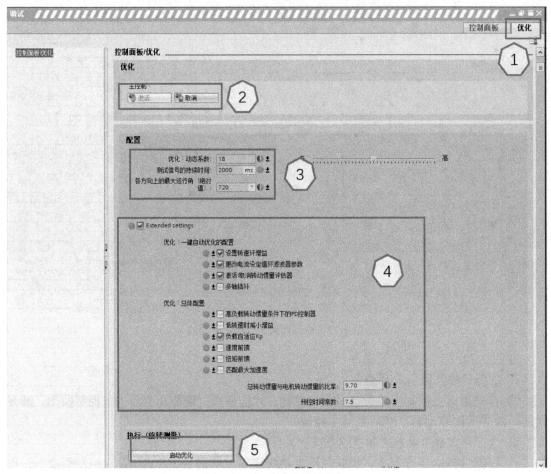

图 2-73　伺服驱动器的优化

优化完成后，得到如图 2-74 所示的优化结果。

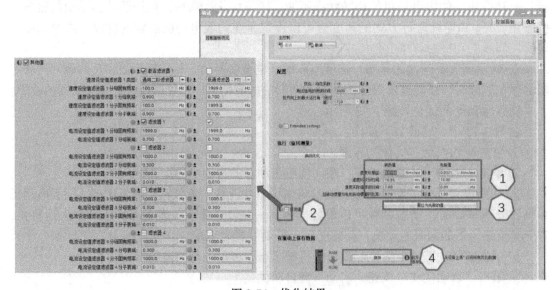

图 2-74　优化结果

在图 2-74 中，完成如下操作：

① 优化完成后，会自动修改伺服驱动器中的速度环增益、速度环积分时间、速度实际值的滤波时间、伺服电动机与负载的转动惯量比，显示其修改后的当前值以及相应参数优化前的值。

② 勾选其他值复选框，可以得到滤波器设置的相关信息。

③ 自动优化完成后，相应的参数值已经被修改，若想还原到优化前的数值，此时可以单击"复位为先前的值"按钮，放弃优化数据。

④ 单击"保存"按钮，将伺服驱动器的数据写入到 ROM 中。

数据保存到 ROM 后，并不代表伺服驱动器的数据也在 TIA Portal 项目中保存。TIA Portal 在线连接伺服驱动器，显示的是伺服驱动器的当前值。

▮：伺服驱动器中的参数值与 TIA Portal 项目中所保存的参数值不一致。

▮：伺服驱动器中的参数值与 TIA Portal 项目中所保存的参数值一致。

为了在 TIA Portal 项目中保存与伺服驱动器中通用的数值，应执行上载功能将伺服驱动器中的数值上载到 TIA Portal 项目上，如图 2-75 所示。

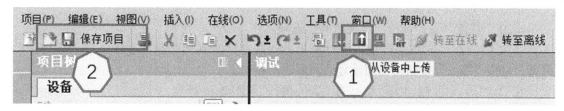

图 2-75　上载保存伺服驱动器数据

在图 2-75 中，完成如下操作：

① 单击"上载"按钮，从伺服驱动器中上传参数值。

② 单击"保存项目"按钮，将数据保存在计算机硬盘中。

在线诊断功能中，复位 PROFINET 接口参数如图 2-76 所示。

图 2-76　复位接口参数

在图 2-76 中，完成如下操作：

① 在功能下选择"复位接口参数"选项。

② 可以选择在接口参数复位后，"保持 I&M 数据"还是"删除 I&M 数据"，然后单击

"重置"按钮进行接口参数的复位。

在线诊断功能中,设定伺服驱动器的时间,如图 2-77 所示。

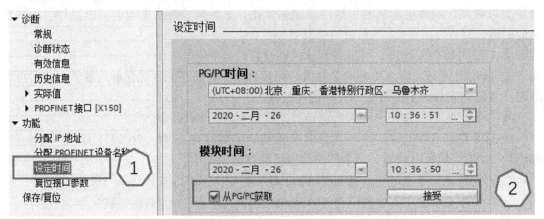

图 2-77　设定时间

在图 2-77 中,完成如下操作:

① 在"功能"下,选择"设定时间"选项。

② 可以选择"从 PG/PC 获取"计算机的时间并同步到伺服驱动器中,或者进行手动设置,应按"接受"按钮将时间设置到伺服驱动器中。

在"诊断"中监控伺服驱动器的"实际值",如图 2-78 所示。

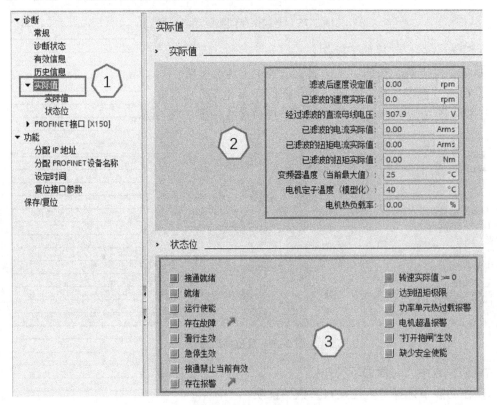

图 2-78　显示实际值

在图 2-78 中，完成如下操作：

① 在"诊断"功能下选择"实际值"选项。

② 显示伺服驱动器的当前数值。

③ 显示伺服驱动器的当前状态。

在 TIA Portal 中进行相关的保存复位功能，如图 2-79 所示。

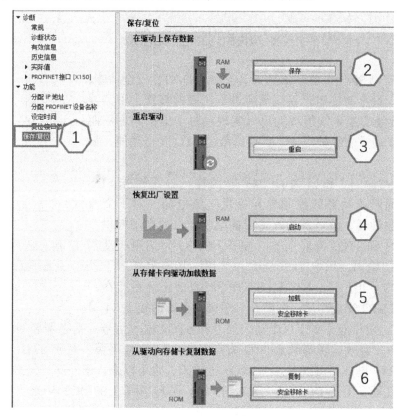

图 2-79　保存复位功能

在图 2-79 中，完成如下操作：

① 在线"诊断"功能中选择"保存 / 复位"。

②"保存"，将伺服驱动器中的数据由 RAM 保存到 ROM 中，伺服驱动器上电后按照最后一次保存在 ROM 中的数据启动。

③"重启"，重启启动伺服驱动器的控制单元。

④"启动"，执行伺服驱动器的出厂设置，将出厂设置值载入到 RAM 中，此时若不执行 RAM 到 ROM 的保存操作，由于伺服驱动器上电后按照最后一次保存在 ROM 中的数据启动，伺服驱动器重新上电后，将还原到之前的数据。

⑤"加载"，将存储卡中的数据加载到伺服驱动器的 RAM 中。"安全移除卡"，可以将存储卡从驱动器中取出。在进行数据加载时，不允许进行移除存储卡的操作，否则会导致数据加载不完整而造成机械设备的误动作。

⑥"复制"，将伺服驱动器的当前数据复制到存储卡中。"安全移除卡"，可以将存储卡从驱动器中取出。在进行数据复制时，不允许进行移除存储卡的操作，否则会导致数据复制不

完整，从而在进行批量调试时加载到其他设备上的数据不完整而造成机械设备的误动作。

伺服驱动器的数据可以保存在 TIA Portal 项目中，也可以保存在 V-ASSISTANT 项目中，还可以保存在存储卡中，因而在进行批量调试时有多种选择，保证每台设备的数据一致性，维护简便，避免大量使用 SINAMICS V90 伺服驱动器时重复设置其参数而节省调试时间。

2.6　SINAMICS V90 伺服驱动器的安全功能

SINAMICS V90 伺服驱动器具备基于端子的 STO 安全功能，因此使用 STO 安全功能时，仅仅需要进行正确的接线，不需要做任何的参数修改或系统组态就可以实现。对于出厂的伺服驱动器，其 STO 端子已经被短接，直接屏蔽了 STO 安全功能，如图 2-80 所示。

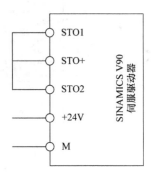

图 2-80　SINAMICS V90 伺服驱动器 STO 安全功能出厂接线

图 2-80 中，+24V 和 M 为 DC24V 电源输入，用于给 SINAMICS V90 伺服驱动器的控制单元提供直流电源，对于交流 400V 的伺服驱动器，该电源输入还给伺服电动机的抱闸提供直流电源。STO1 和 STO2 为安全输入端子。STO+ 为伺服驱动器的 DC24V 电源输出，供 STO 安全输入使用，其电源来自于外部输入的 +24V。出厂时，STO1、STO+ 和 STO2 已经短接在一起，若要使用 STO 安全功能，则断开该短接，正确的接上 STO1 和 STO2 即可。对于有效的 STO1 输入信号和 STO2 输入信号，其必须要对该端子排上的 M 端为高电平才有效，否则激活 STO 响应或者 STO 信号报警。对于 STO1 和 STO2 端子上输入的 DC24V 电源，可以来自于 STO+ 的输出，也可以来自于外部，但必须保证输入到 STO1 和 STO2 端子上的 DC24V 与输入到 +24V 和 M 端子上的 DC24V 来自于同一个直流电源，若来自于不同的直流电源，则需要将两个直流电源的公共端短接在一起。

2.6.1　SINAMICS V90 伺服驱动器与 SIMATIC S7-1200F PLC 安全功能的连接

SIMATIC S7-1200F PLC 为安全型 PLC，可以扩展一个安全型的输出继电器 SM 1226，其订货号 6ES7226-6RA32-0XB0，用来控制伺服驱动器的 STO 安全转矩停车功能，接线如图 2-81 所示。

对于 SIMATIC 安全型 PLC，需要在 TIA Portal 软件上安装对应的 STEP7 Safety 选件，才能对安全型 PLC 进行组态编程。

2.6.2　SINAMICS V90 伺服驱动器与 ET200S 安全功能的连接

ET200S 可以通过扩展安全型的输出模块和安全继电器模块，用来控制伺服驱动器的 STO 安全转矩停车功能，以订货号为 6ES7138-4FB03-0AB0 的 4 路安全输出模块和 6ES7138-4FR00-0AA0 的 1 路安全继电器输出模块为例，按如图 2-82 所示的接线来控制伺服驱动器。

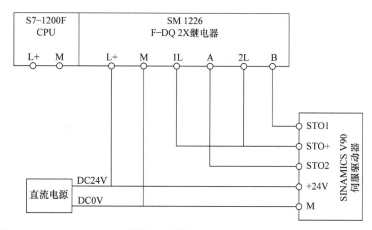

图 2-81　SINAMICS V90 伺服驱动器与 S7-1200F PLC 的安全功能连接接线

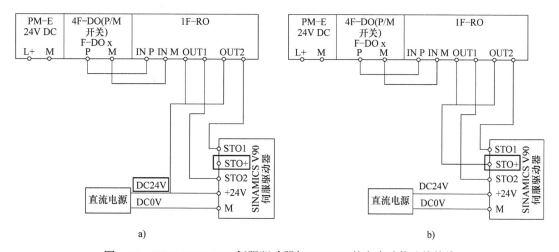

图 2-82　SINAMICS V90 伺服驱动器与 ET200S 的安全功能连接接线

图 2-82 中，ET200S 的 DC24V 电源模块给安全输出模块供电，安全输出模块的输出控制安全继电器动作，安全继电器的触点控制 SINAMICS V90 伺服驱动器的 STO。图 2-82a 中，采用直流电源的 DC24V 作为安全继电器触点的供电电源，图 2-82b 中，采用伺服驱动器的 STO+ 作为安全继电器触点的供电电源，但总体来说，均属于同一个直流电源。

2.6.3 SINAMICS V90 伺服驱动器与 SIRIUS 3SK1 安全继电器安全功能的连接

如图 2-83 所示，采用订货号为 3SK1122-1CB41 的安全继电器控制伺服驱动器的 STO 安全转矩停车功能。

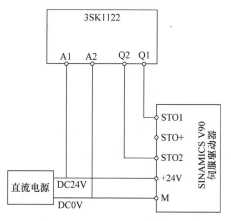

图 2-83　SINAMICS V90 伺服驱动器与
3SK1122 安全继电器的安全功能连接

2.6.4 SINAMICS V90 伺服驱动器与急停开关安全功能的连接

如图 2-84 所示，采用急停开关控制伺服驱动器的 STO 安全转矩功能。

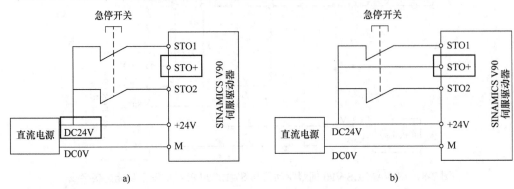

图 2-84 SINAMICS V90 伺服驱动器与急停开关的安全功能连接

图 2-84a 中，采用外部直流电源的 DC24V 作为急停开关的供电电源，图 2-84b 中，采用伺服驱动器的 STO+ 输出作为急停开关的供电电源，但两种接线方法中，STO1 和 STO2 输入的 DC24V 与伺服驱动器控制单元的 DC24V 供电属于同一个直流电源。

2.6.5 多伺服驱动器与急停开关安全功能的连接

在实际应用中，存在多个 SINAMICS V90 伺服驱动器，需要用同一个开关控制所有伺服驱动器的 STO 安全转矩停车功能，如图 2-85 所示为 1 个急停开关控制 2 个伺服驱动器的安全功能连接。

对于多个伺服驱动器，需要确保所有伺服驱动器的 STO 输入端子所输入的 DC24V 与其控制单元的直流控制电源来自于同一个直流电源或者来自于共公共端的不同直流电源。

2.7 SINAMICS V90 伺服驱动系统的制动

SINAMICS V90 伺服驱动器可以控制 SIMOTICS 1FL6 伺服电动机在四象限工作，其运行曲线如图 2-86 所示。第 1 象限，伺服电动机的旋转方向与电磁转矩的旋转方向相同，

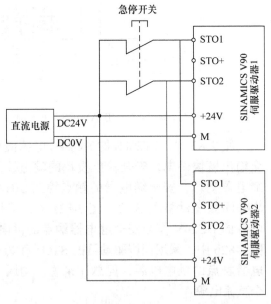

图 2-85 1 个急停开关控制 2 个伺服驱动器的安全功能连接

均顺时针旋转，此时伺服电动机工作在正向电动运行状态；第 2 象限，伺服电动机顺时针旋转，电磁转矩逆时针旋转，此时伺服电动机工作在正向发电运行状态；第 3 象限，伺服电动机旋转方向和电磁转矩的旋转方向相同，均逆时针旋转，此时伺服电动机工作在反向电动运行状态；第 4 象限，伺服电动机逆时针旋转，电磁转矩顺时针旋转，此时伺服电动

机工作在反向发电运行状态。因此，当伺服电动机工作在第 1 和第 3 象限时，伺服电动机电动运行，将电能转化为机械能，需要从伺服驱动器中获取能量，而当伺服电动机工作在第 2 和第 4 象限时，伺服电动机发电运行，将机械能转化为电能，需要向伺服驱动器反馈能量。

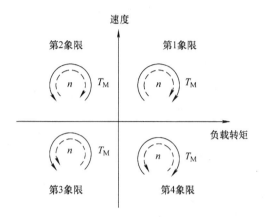

n：伺服电动机旋转方向　　　T_M：伺服电动机电磁转矩旋转方向

图 2-86　四象限运行曲线

2.7.1　SINAMICS V90 伺服驱动系统的制动方法

通常电动机的制动方法有回馈制动（将电动机发电运行时的能量回馈到电网中供其他设备使用）、能耗制动（将电动机发电运行时的能量消耗到制动电阻中）、直流制动（将直流电通道电动机定子中产生较高的制动转矩，电动机发热严重）。

SINAMICS V90 伺服驱动器的主电路框图如图 2-87 所示。

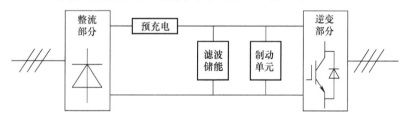

图 2-87　伺服驱动器的主电路框图

整流部分为使用二极管的三相整流桥，由于二极管的单相导通性，能量无法通过整流部分回馈到电网中，因此伺服驱动器不具备回馈制动的方式。逆变部分，当伺服电动机运行在电动状态时，IGBT 导通，二极管截止，能量从伺服驱动器流向伺服电动机；当伺服电动机运行在发电状态时，二极管导通，此时逆变部分相当于一个二极管的三相整流桥，能量从伺服电动机流向伺服驱动器。为了使伺服驱动系统具有较高的动态响应特性，伺服驱动器及伺服电动机通常都具有 3 倍的过载系数，对于频繁起停定位运行的伺服驱动系统，加减速过程都运行在过载状态，伺服电动机的温升相比恒定连续速度运行的伺服电动机要高，不宜采用直流制动。SINAMICS V90 伺服驱动器的直流母线间有储能滤波单元，用于储存能量和平滑直流母线电压，当伺服电动机运行在发电状态时，可以对储能单元进行充电，此时直流母线电压会逐步升高，当母线电压升高到一定电压值时，制动单元开始工作，伺服电动机发电产生的能量将被接在制动单元上的制动电阻消耗。

制动过程通常可以分为两类，一类为周期性短时间制动，一类为长时间连续制动。其中周期性短时间制动发生在系统的总转动惯量较小时伺服电动机快速正反转旋转或者伺服驱动系统快速往复定位时；而长时间连续制动发生在系统的总惯量较大时伺服电动机停车过程或者伺服电动机驱动提升类负载做下降运动时。

SINAMICS V90 伺服驱动器内部集成有制动电阻，其制动单元的原理如图 2-88 所示。图中的 DCP、R1 和 R2 为伺服驱动器主电路的外接端子，伺服驱动器出厂时外部已经将DCP 和 R1 端子短接；电阻 R 为内部制动电阻；二极管为续流二极管，当制动单元关断时，由于杂散电感的存在，使得制动回路上能量通过制动电阻和续流二极管形成通路，将能量消耗在制动电阻上；IGBT 用于控制制动单元的通断，当直流母线上的电压达到一定幅值后才导通进行能耗制动，否则就对滤波储能单元进行充电。

通常绝大多数情况下，对制动回路不需要进行任何处理。由于制动电阻集成在伺服驱动器内部，制动时会发热导致伺服驱动器温度升高，当电气控制柜通风冷却效果不好时，温度的升高会影响伺服驱动器的使用寿命，可以考虑将外接制动电阻，使制动电阻工作时产生的热量散在伺服驱动器外部；另一个情况就是伺服电动机制动时的制动功率很大，内部制动电阻无法消耗掉这些制动功率，此时必须考虑外接制动电阻；禁止共直流母线和在制动回路上接储能元件。外接制动电阻时，首先需要脱开伺服驱动器的 DCP 和 R1 端子，然后将外接制动电阻接在 DCP 与 R2 端子上，如图 2-89 所示。

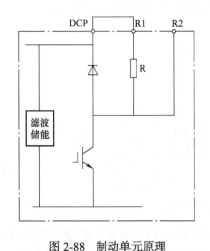

图 2-88 制动单元原理

图 2-89 外接制动电阻接线

2.7.2 制动过程的计算

图 2-90 显示了一个周期性运动的速度、功率对时间的时序图。伺服驱动器以周期为 t_c 的时间来回往复运动，在制动时间 t_{br} 内要求伺服电动机的速度从 n_1 降至 n_2 时的制动能量为 E_{br}。

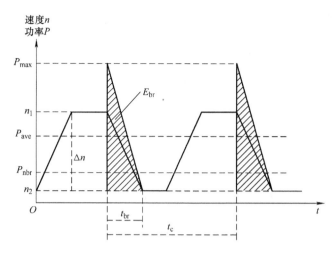

图 2-90　周期性运动的速度功率曲线

用动能方程计算伺服电动机在减速制动阶段返回到伺服驱动器中的能量见式（2-1）。

$$E_{br} = E_1 - E_2 = \frac{1}{2} \times J_t \times \left(\omega_1^2 - \omega_2^2\right) = \frac{1}{2} \times J_t \times \left(\frac{2\pi}{60}\right)^2 \left(n_1^2 - n_2^2\right) \tag{2-1}$$

式中　E_{br}——制动功率；

E_1——速度为 n_1 时的机械能量；

E_2——速度为 n_2 时的机械能量；

J_t——系统总的转动惯量；

n_1——制动开始时的伺服电动机转速；

n_2——制动结束时的伺服电动机转速；

ω_1——制动开始时的伺服电动机角速度；

ω_2——制动结束时的伺服电动机角速度。

按能量与功率时间的关系计算减速制动阶段返回到伺服驱动器中的能量见式（2-2）。

$$E_{br} = P_{ave} \times t_{br} = T_{br} \times \omega_{ave} \times t_{br} = T_{br} \times \left(\frac{n_1 + n_2}{2}\right) \times \frac{2\pi}{60} \times t_{br} \tag{2-2}$$

式中　P_{ave}——平均制动功率；

t_{br}——制动时间；

T_{br}——制动转矩；

ω_{ave}——制动时间内的平均角速度。

计算制动过程中的峰值功率见式（2-3）。

$$P_{max} = T_{br} \times \omega_1 = J_t \times \frac{d\omega}{dt} \times \omega_1 = J_t \times \frac{n_1 - n_2}{t_{br}} \times n_1 \times \left(\frac{2\pi}{60}\right)^2 \tag{2-3}$$

当 $n_2 = 0$ 时，及伺服电动机制动停止，此时其制动过程的峰值功率见式（2-4）。

$$P_{max} = \frac{2E_{br}}{t_{br.}} \qquad (2\text{-}4)$$

循环周期 t_c 内的平均功率见式（2-5）。

$$P_{nbr} = \frac{E_{br}}{t_c} \qquad (2\text{-}5)$$

当 $n_2 = 0$ 时，循环周期 t_c 内的平均功率见式（2-6）。

$$P_{nbr} = \frac{P_{max} \times t_{br}}{2t_c} \qquad (2\text{-}6)$$

制动时间内最大制动电流见式（2-7）。

$$I_{max} = \frac{P_{max}}{U_{br}} \qquad (2\text{-}7)$$

式中　I_{max}——制动时间内的最大制动电流；

　　　U_{br}——制动单元导通的门槛电压。

对于连续制动负载，其制动能量计算见式（2-8）。

$$E_{br} = P_{nbr} \times t_{br} = T_{br} \times \omega \times t_{br} = T_{br} \times n \times \frac{2\pi}{60} \times t_{br} \qquad (2\text{-}8)$$

式中　ω——连续制动运行的角速度；

　　　n——连续制动运行的速度。

2.7.3　制动电阻的选择原则

在进行制动电阻选择时，应遵循以下原则：

1）制动单元的选择要保证其制动峰值功率满足制动要求，见式（2-9）。

$$P_{BUmax} \geq P_{max} \text{ 或 } I_{BUmax} \geq I_{max} \qquad (2\text{-}9)$$

式中　P_{BUmax}——制动单元的峰值功率，一般为 $\dfrac{U_{br}^2}{R}$；

　　　I_{BUmax}——制动单元的峰值电流。

2）制动单元的选择要保证其制动连续功率满足制动要求，见式（2-10）。

$$P_{BU} \geq P_{nbr} \qquad (2\text{-}10)$$

式中　P_{BU}——制动单元的连续制动功率。

3）制动电阻要保证最大制动电流不超过制动单元的最大限制电流 I_{BUmax}，同时又要保证其能够吸收连续的制动功率 P_{nbr} 和峰值功率 P_{max}，见式（2-11）。

$$\frac{U_{br}^2}{P_{BUmax}} \text{ 或 } \frac{U_{br}}{I_{BUmax}} \leqslant R \leqslant \frac{U_{br}}{I_{max}} \tag{2-11}$$

2.7.4　制动单元的核算

对于图 2-90 所示的周期性运动速度曲线，已知：伺服电动机为 SIMOTICS 1FL6062，其功率为 1kW，负载总的转动惯量 $J_t = 7.18 \times 10^{-3} kg \cdot m^2$，制动开始时的伺服电动机转速 $n_1 = 882r/min$，制动停止时的伺服电动机转速 $n_2 = 0$，制动时间 $t_{br} = 0.25s$，循环周期时间 $t_c = 2s$。

1）计算制动能量

$$E_{br} = \frac{1}{2} \times J_t \times \left(\frac{2\pi}{60}\right)^2 \times \left(n_1^2 - n_2^2\right) = \frac{1}{2} \times 7.18 \times 10^{-3} \times \left(\frac{2\pi}{60}\right)^2 \times \left(882^2 - 0^2\right) = 30.626J$$

2）计算制动峰值功率

$$P_{max} = \frac{2E_{br}}{t_{br}} = \frac{2 \times 30.626}{0.15} = 408.35W$$

3）计算制动周期内的平均功率

$$P_{nbr} = \frac{E_{br}}{t_c} = \frac{30.626}{2} = 15.315W$$

4）计算制动时间内的最大制动电流

$$I_{max} = \frac{P_{max}}{U_{br}} = \frac{408.35}{760} = 0.5373A$$

5）计算制动电阻允许的最大阻值，当电阻增大后，制动电流减小。

$$R_{max} = \frac{U_{br}}{I_{max}} = \frac{760}{0.5373} = 1414.5\Omega$$

SINAMICS V90 伺服驱动器的内部制动电阻见表 2-28。

表 2-28　内部制动电阻

伺服驱动器		电阻 /Ω	最大功率 /kW	额定功率 /W	最大能量 /kJ
交流 220V 伺服驱动器 0.1kW 伺服驱动器无内置制动电阻	FSA 0.2kW	150	1.09	13.5	0.55
	FSB	100	1.64	20.5	0.82
	FSC	50	3.28	41	1.64
	FSD 1kW	50	3.28	41	1.64
	FSD 1.5~2kW	25	6.56	82	3.28
交流 400V 伺服驱动器	FSAA	533	1.2	17	1.8
	FSA	160	4	57	6
	FSB	70	9.1	131	13.7
	FSC	27	23.7	339	35.6

SINAMICS V90 伺服驱动器外接制动电阻见表 2-29。

表 2-29　外接制动电阻

伺服驱动器		最小阻值 /Ω	最大功率 /kW	额定功率 /W	最大能量 /kJ
交流 220V 伺服驱动器	FSA	150	1.09	20	0.8
	FSB	100	1.64	21	1.23
	FSC	50	3.28	62	2.46
	FSD 1kW	50	3.28	62	2.46
	FSD 1.5~2kW	25	6.56	123	4.92
交流 400V 伺服驱动器	FSAA	533	1.2	17	1.8
	FSA	160	4	57	6
	FSB	70	9.1	229	18.3
	FSC	27	23.7	1185	189.6

　　从表中可以看出，伺服驱动器内置制动电阻为允许的制动电阻最小阻值，外接制动电阻的阻值不允许小于该值，否则电流会增大，外接制动电阻的最大制动功率不变，但额定功率不同，能消耗的最大能量也不同。当通过计算出现制动电阻的制动功率不够时，可以用 4 个相同的制动电阻进行串并联，如图 2-91 所示。

　　从表 2-26 中，可以获得以下数据：

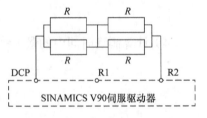

图 2-91　外接制动电阻串并联接法

$$R = 160\,\Omega < 1414.5\,\Omega$$

$$P_{\text{BUmax}} = 4\text{kW} > 408.35\text{W}$$

$$P_{\text{BU}} = 57\text{W} > 15.313\text{W}$$

$$E_{\text{BUmax}} = 6\text{kJ} > 30.626\text{J}$$

　　所以对于该应用，伺服驱动器的内置制动电阻已经能够满足系统的应用要求，不需要外接的制动电阻。

2.7.5　驱动器最大制动能力的估算

负载与伺服电动机的转动惯量比见式（2-12）。

$$i = \frac{J_L}{J_M} \qquad (2\text{-}12)$$

式中　i——负载与伺服电动机的转动惯量比；

　　J_L——负载的转动惯量；

　　J_M——伺服电动机的转动惯量。

系统的总转动惯量见式（2-13）。

$$J_t = J_L + J_M = (1+i)J_M \qquad (2\text{-}13)$$

系统的最大角减速度见式（2-14）。

$$\left(\frac{\mathrm{d}\omega}{\mathrm{d}t}\right)_{\max} = \frac{T_{\max}}{J_t} = \frac{T_{\max}}{(1+i)J_M} \qquad (2\text{-}14)$$

式中　$T_{\max}$——最大转矩。

系统的减速时间见式（2-15）。

$$t_d = \frac{\omega_1 - \omega_2}{\left(\dfrac{\mathrm{d}\omega}{\mathrm{d}t}\right)_{\max}} = \frac{\dfrac{2\pi}{60}(n_1 - n_2)}{\dfrac{T_{\max}}{(1+i)J_M}} = \frac{2\pi(n_1 - n_2)(1+i)J_M}{60 T_{\max}} \qquad (2\text{-}15)$$

式中　t_d——减速时间。

对于图 2-90 所示的周期性运动速度曲线，已知：伺服电动机为 SIMOTICS 1FL6062，其功率为 1kW，伺服电动机的转动惯量 $J_M = 1.57 \times 10^{-3} \mathrm{kg \cdot m^2}$，最大转矩 $T_{\max} = 14.3 \mathrm{N \cdot m}$，制动开始时的伺服电动机转速 $n_1 = 3000 \mathrm{r/min}$，制动停止时的伺服电动机转速 $n_2 = 0 \mathrm{r/min}$，减速时间 $t_d \leqslant 0.3\mathrm{s}$。

1）求负载和伺服电动机的转动惯量比

因为

$$t_d = \frac{2\pi(n_1 - n_2)(1+i)J_M}{60 T_{\max}} \leqslant 0.3$$

所以

$$i \leqslant \frac{0.3 \times 60 T_{\max}}{2\pi(n_1 - n_2)J_M} - 1 = \frac{0.3 \times 60 \times 14.3}{2\pi \times (3000 - 0) \times 1.57 \times 10^{-3}} - 1 = 7.7$$

负载与伺服电动机的转动惯量比需要小于等于 7.7 才能满足要求，当转动惯量比大于 7.7，需要考虑加大伺服电动机的转动惯量或采用合适减速比的齿轮箱。

2）系统的总转动惯量

$$J_t = (1+i)J_M = (1+7.7) \times 1.57 \times 10^{-3} = 13.659 \times 10^{-3} \mathrm{kg \cdot m^2}$$

3）系统总的制动能量

$$E_{\mathrm{br}} = \frac{1}{2} \times J_{\mathrm{t}} \times \left(\frac{2\pi}{60}\right)^2 \times n_1^2 = \frac{1}{2} \times 13.659 \times 10^{-3} \times \left(\frac{2\pi}{60}\right)^2 \times 3000^2 = 674.04\mathrm{J}$$

4）制动过程的峰值功率

$$P_{\max} = \frac{2E_{\mathrm{br}}}{t_{\mathrm{br}}} = \frac{2 \times 674.04}{0.3} = 4496.3\mathrm{W}$$

5）由制动电阻的平均功率计算周期性运动的周期时间

对于采用内置制动电阻，$t_{\mathrm{c}} = \dfrac{E_{\mathrm{br}}}{P_{\mathrm{nbrin}}} = \dfrac{674.04}{57} = 11.825\mathrm{s}$

对于采用外置制动电阻，$t_{\mathrm{c}} = \dfrac{E_{\mathrm{br}}}{P_{\mathrm{nbrout}}} = \dfrac{674.04}{100} = 6.74\mathrm{s}$

从该式中可以看出，当需要较短的周期时间时，需要加大制动电阻的平均功率。

6）制动时间内的最大制动电流

$$I_{\max} = \frac{P_{\max}}{U_{\mathrm{br}}} = \frac{4496.3}{760} = 5.9126\mathrm{A}$$

7）制动电阻允许的最大阻值

$$R_{\max} = \frac{U_{\mathrm{br}}}{I_{\max}} = \frac{760}{5.9126} = 128.54\Omega$$

在实际的应用中，存在伺服驱动器内部的储能单元、伺服电动机自身的损耗、能量转换的效率、外部电路上的损耗等，因此伺服电动机上的动能不是全部都被制动电阻消耗掉，只有当直流母线电压达到门限值时，才开启制动单元，能耗制动，制动单元未开启前，其制动能量存储在伺服驱动器的储能元件中。

2.8 SINAMICS V90 伺服驱动系统的选型工具

选择伺服驱动系统的第一步就是要选择合适的伺服电动机，才能保证伺服驱动系统在兼顾经济性的同时，其控制功能和性能满足机械设备要求。对于 SIMOTICS 1FL6 伺服电动机，可以通过理论计算的方法选择，也可以通过 TIA Selection Tool 这个工具进行选择，该工具不仅可以选择伺服电动机，还可以选择伺服驱动器及其连接电缆。可以通过以下链接下载 TIA Selection Tool。

https://new.siemens.com/global/en/products/automation/topic-areas/tia/tia-selection-tool.htm.

通过一个滚珠丝杠型负载说明 TIA Selection Tool 的使用。首先打开 TIA Selection Tool，如图 2-92 所示。

图 2-92　TIA Selection Tool 选项设置

在图 2-92 中，完成如下操作：

① 在"选项"中，可以进行软件相关信息的设置和查看。

② 切换到"项目视图"。

如图 2-93 所示，新建一个驱动设备。

在图 2-93 中，完成如下操作：

① 在项目视图中，单击"新建设备"。

② 选择"驱动技术"。

③ 选择"驱动器规格（>48V，使用集成在 TIA Selection Tool 中的 SIZER 设置）"，添加一个驱动设备到项目中。

如图 2-94 所示设置产品系列。

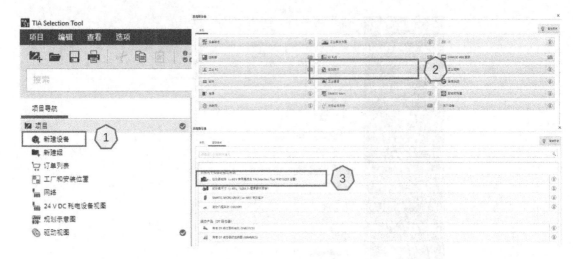

图 2-93　添加驱动设备

在图 2-94 中，完成如下操作：

① 设置"选择产品系列"。

② 选择"伺服电机解决方案"。

③ 选择"SIMOTICS 1FL6"伺服电动机方案。

④ 选择供电电源的形式。

其他选项可根据实际应用情况设置。按图 2-95 所示设置组的属性。

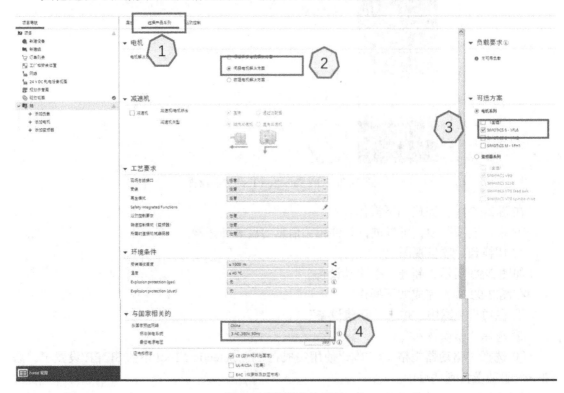

图 2-94　设置产品系列

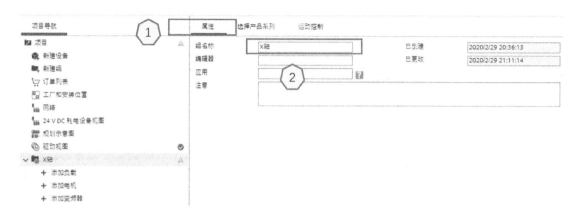

图 2-95 设置组属性

在图 2-95 中，完成如下操作：

① 切换到"属性"界面。

② 设置组名称为"X 轴"，也可以修改其他的属性或设置为其他的组名称。

如图 2-96 所示，添加负载类型。

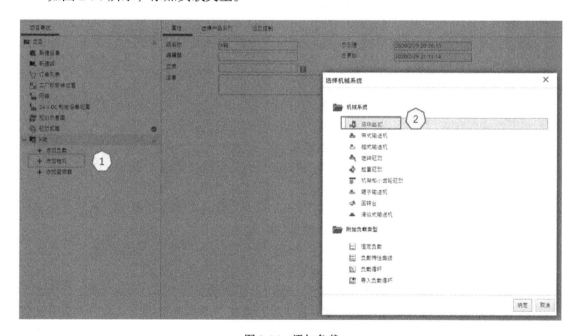

图 2-96 添加负载

在图 2-96 中，完成如下操作：

① 选择"添加负载"。

② 在弹出的"机械系统"中选择"滚珠丝杠"，然后单击"确认"按钮添加其到项目中。

如图 2-97 所示，设置设备的机械参数。

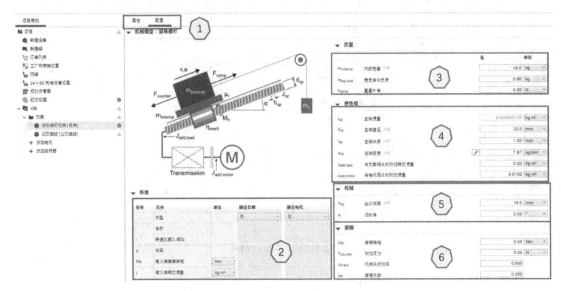

图 2-97　设置机械参数

在图 2-97 中，完成如下操作：

① 可以切换到"属性"界面，设置机械设备的名称及其属性，在配置界面进行机械参数的配置。

② 如果机械设备有减速机构，需要在这里激活减速机构并设置其相关的减速比、效率、摩擦转矩和转动惯量。

③ 设置负载的质量。

④ 设置滚珠丝杠相关参数，如直径、长度和密度等，就可以自动计算出其转动惯量，当不知道丝杠的密度时，可以单击密度输入框前的按钮进行查询。还可以输入联轴器等附加转动惯量，对于有减速箱的，附加转动惯量一定要注意是在负载侧还是电动机侧。

⑤ 设置丝杠的螺距及其倾斜角，若为垂直轴，则需要在这里输入 90°。

⑥ 设置负载的摩擦及效率。

标有"必须"输入的参数必须正确地写入，输入参数时应注意其单位，然后在项目导航中可以看到机械参数已经变绿，证明机械参数输入正确。

如图 2-98 所示，输入运动曲线。

在图 2-98 中，完成如下操作：

① 单击"运动曲线"，进行曲线的配置，也可以在运动曲线的属性界面中修改其属性。

② 按实际要求，输入运动曲线，例如输入运行距离、时间和速度，就会自动计算出加速度、加减速时间和匀速运行时间等。距离、时间、速度、加速度这 4 个参数中只需要设置 3 个，另一个自动计算，当需要切换参数时，拖动参数后面 到相应的需要输入的参数中即可。参数输入完成后，可以显示其运动曲线，包括位置、速度、加速度、伺服电动机转速及转矩。

③ 单击附加显示按钮可以将附加的参数添加显示中，可以添加附加质量、附加转动惯量、附加力、附加转矩及附加倾角。

配置完机械特性参数和运动曲线后，就可以进行伺服电动机的选择，如图 2-99 所示。

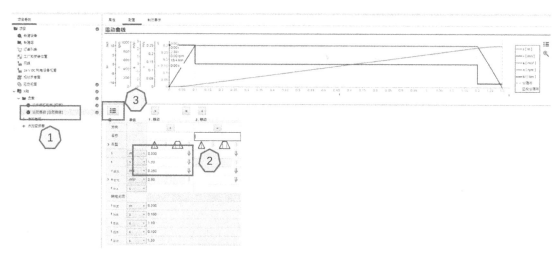

图 2-98　输入运动曲线

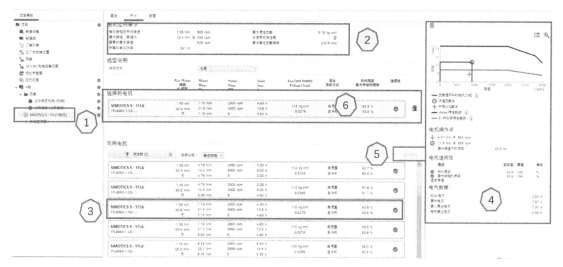

图 2-99　选择伺服电动机

在图 2-99 中，完成如下操作：

① 单击"添加电动机"进行伺服电动机的选择。

② 显示该机械特性参数及其运动曲线下，伺服电动机所需的最低要求。

③ 列出了所有可以用于该机械的伺服电动机，选择一个合适的伺服电动机。

④ 当选择了伺服电动机后，可以显示所选伺服电动机的特性及其转速转矩曲线。

⑤ 单击"选择电动机"将其添加到项目中。

⑥ 伺服电动机已经添加到项目中，也可以单击删除按钮删除该电动机，重新选择。

根据实际需要，在配置界面中进行伺服电动机编码器、抱闸及其键槽的选择，如图 2-100 所示。

图 2-100　伺服电动机的配置

如图 2-101 所示，选择伺服驱动器。

图 2-101　选择伺服驱动器

在图 2-101 中，完成如下操作：

① 单击"选择驱动器"。

② 伺服驱动器的最低要求。

③ 可选择的伺服驱动器。

④ 选中伺服驱动器后，显示出该驱动器的参数。

⑤ 单击"选择变频器"将其添加到项目中。

⑥ 显示添加到项目中的伺服驱动器，也可以单击删除按钮删除，重新选择。

在配置界面中，对伺服驱动器的选件进行配置，如图 2-102 所示。可以配置伺服驱动器的通信模式，是否带存储卡，是否需要外置的滤波器，伺服驱动器输入电源的断路器及熔断器等，可以根据实际需要进行配置。

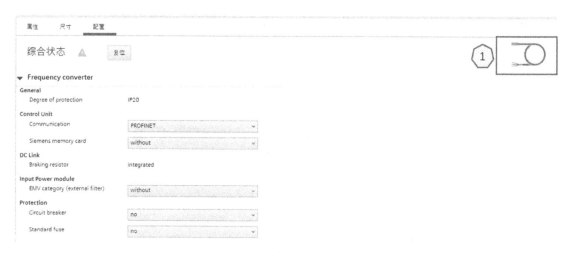

图 2-102　伺服驱动器配置

单击"电缆",伺服驱动器与伺服电动机之间的连接电缆选择。电缆选择如图 2-103所示。

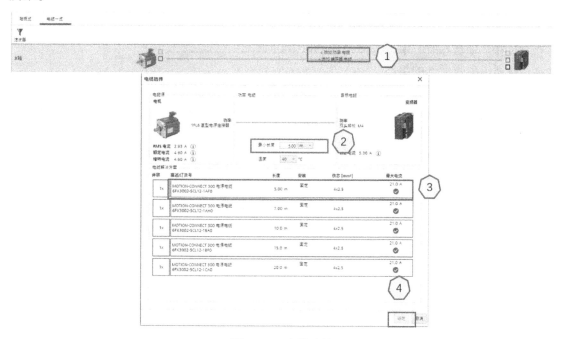

图 2-103　电缆选择

在图 2-103 中,完成如下操作:

① 选择"添加功率电缆"添加伺服电动机的动力电缆,选择"添加编码器电缆"添加伺服电动机的编码器电缆,当伺服电动机为带抱闸的伺服电动机时,此处还可以添加抱闸电缆。

② 设置电缆的"最小长度"为"5.00"m。

③ 选择符合要求的电缆。

④ 单击"确定"按钮将电缆添加到项目中。

如图 2-104 所示，在订单列表查看 SINAMICS V90 伺服驱动系统的选型信息。

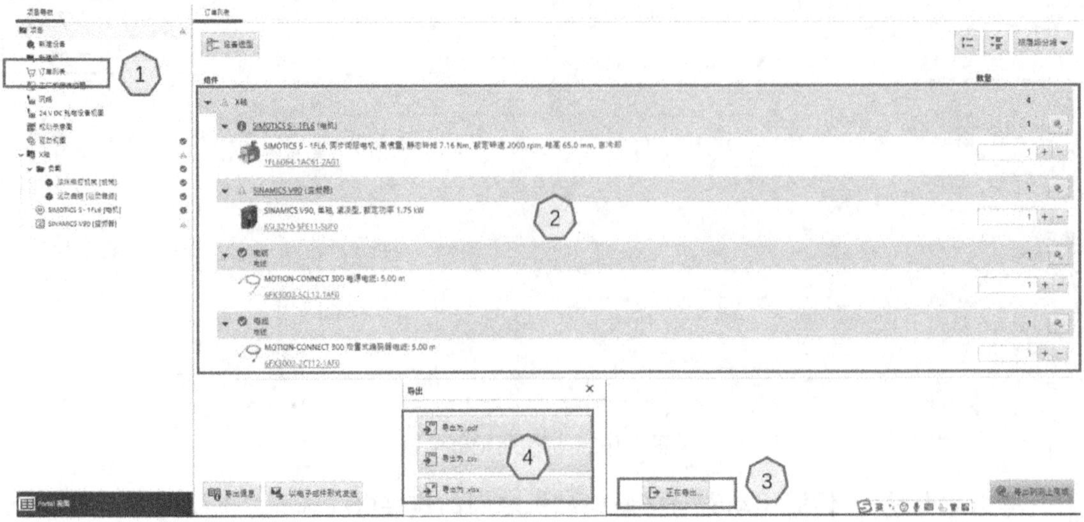

图 2-104　订单列表

在图 2-104 中，完成如下操作：

① 在"项目导航"中，选择"订单列表"。

② 列出项目所选的组件。

③ 单击"正在导出…"，可以将选型清单及其所选组件的技术数据导出。

④ 导出文件类型。PDF 文件包含有所选部件的所有技术数据及其订货号，CSV 和 XLSX 文件仅包含订货信息。

TIA Selection Tool 不仅可以进行 SINAMICS V90 伺服驱动系统的选择，还可以进行 SINAMICS S210 系统、G120 系统的选择，使用方便。

第 3 章 运动控制功能

对于运动控制，除了要求单轴的位置控制、速度控制或转矩控制外，有时候还需要多轴之间的联动控制，包括电子齿轮、电子凸轮、测量输入、凸轮输出等。SIMATIC S7-1500 系列 PLC 就是具备上述多轴连动控制功能的运动控制器。

3.1 SIMATIC S7-1500 系列 PLC

SIMATIC S7-1500 系列 PLC 包括 S7-1500 和 S7-1500T，其具备的运动控制功能分别为标准运动控制功能和增强型运动控制功能，即 S7-1500T CPU 不仅具备 S7-1500 CPU 所具备的运动控制功能，还具备一些增强型的运动控制功能，如绝对位置同步、电子凸轮和位置插补功能等。用户界面到 S7-1500 系列 CPU 运动控制的集成如图 3-1 所示。

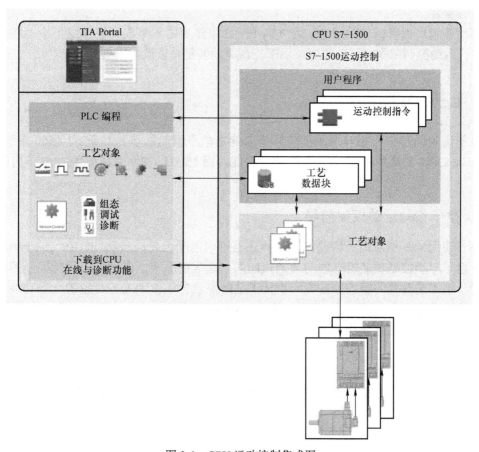

图 3-1 CPU 运动控制集成图

TIA Portal 为安装在计算机上的编程调试工具,可以对运动控制功能进行规划和调试,包括硬件的集成组态、工艺对象的创建组态、用户程序的编写、运动轴的调试、驱动装置的优化、程序的下载监控及整个运动控制系统的诊断功能。

工艺对象代表控制器中的实体对象(如驱动装置、编码器、快速输入等),在用户程序中通过运动控制指令可以调用工艺对象的各个功能,实现工艺对象对实体对象的运动进行开环和闭环控制,并反馈实体对象的状态信息(如当前位置、当前速度、报警信息等),工艺对象的组态表示实体对象的属性,组态的数据存储在工艺数据块中,在运动控制中可以使用的工艺对象包括速度轴、定位轴、同步轴、外部编码器、测量输入、凸轮输出、电子凸轮等。

实体对象的属性通过工艺对象进行组态并保存在工艺数据块中,其包括该工艺对象的所有组态数据、设定值、实际值及状态信息,在 TIA Portal 创建工艺对象时自动创建工艺数据块,可以使用用户程序访问工艺数据块的数据。

通过运动控制指令,可以在工艺对象上执行所需的功能,运动控制指令符合 PLCopen 标准。运动控制指令和工艺对象数据块可代表工艺对象的编程接口,在用户程序中,可使用运动控制指令传送工艺对象的运动,也可以通过运动控制指令的输出参数跟踪工艺对象运行中的作业状态,还可使用工艺数据块在运行期间访问工艺对象的状态信息以及更改特定的组态参数。

驱动装置可以确保轴的运动,在 TIA Portal 中需要将其集成到硬件组态中,在用户程序中执行运动控制工作时,工艺对象用于控制驱动装置并读取编码器的值。

3.2 电子齿轮同步

电子齿轮同步分为相对电子齿轮同步与绝对电子齿轮同步,对于 S7-1500 系列 PLC,其中 1500 CPU 仅具备相对电子齿轮同步功能,而 1500T CPU 则具备绝对电子齿轮同步功能。

3.2.1 电子齿轮运动控制向导

不管使用的是相对电子齿轮同步功能还是绝对电子齿轮同步功能,在 TIA Portal 中进行电子齿轮运动控制功能组态的向导是相同的。通常情况下,进行电子齿轮同步控制时应进行同步轴工艺对象的组态,首先同步轴工艺对象包含定位轴工艺对象的全部功能,使其作为一个定位轴独立运行,同时同步轴也可以跟随引导轴的运动控制,引导轴和同步跟随轴之间的同步关系通过同步操作功能来指定。同步轴工艺对象的基本操作原理如图 3-2 所示。

同步轴工艺对象组态步骤与《运动控制系统应用指南》一书中介绍的运动轴工艺对象组态步骤相同,首先需要新建一个 TIA Portal 项目;然后进行硬件的组态及网络拓扑组态;再进行引导轴的工艺对象组态,引导轴可以为一个实轴,也可以为一个虚轴。最后进行同步轴工艺对象的组态。

如图 3-3 所示,新建一个同步轴工艺对象。

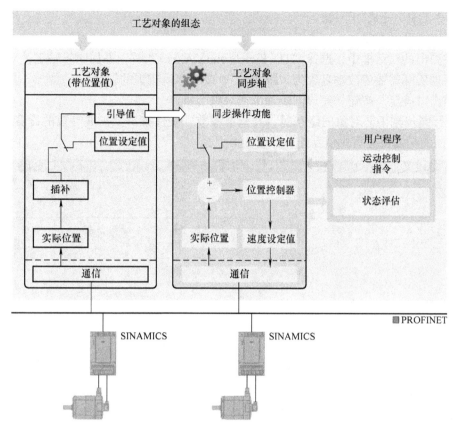

图 3-2 同步轴工艺对象的基本操作原理

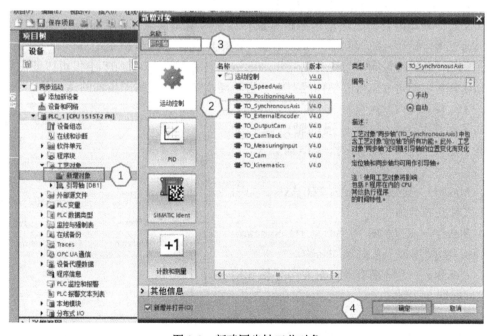

图 3-3 新建同步轴工艺对象

在图 3-3 中，完成如下操作：

① 双击"新增对象"。

② 在弹出的对话框中，选择"TO_SynchronousAxis V4.0"，添加同步轴工艺对象。

③ 根据实际需要修改轴名称为"跟随轴"，或为容易辨识的轴名称。

④ 单击"确定"按钮，完成同步轴工艺对象的新建。

在进行同步轴工艺对象的组态时，其基本参数、硬件接口及扩展参数的设置与定位轴相同，不同的是需要进行主值互连，如图 3-4 所示。

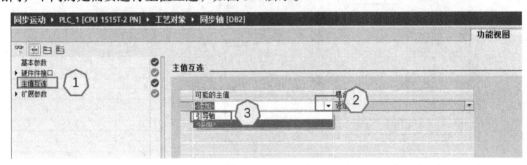

图 3-4　组态主值互连

在图 3-4 中，完成如下操作：

① 在工艺对象的"组态"属性中，双击"主值互连"。

② 单击下拉箭头。

③ 选择"引导轴"，当有多个轴时，选择对应的主值，可以添加多个主值。

3.2.2　电子齿轮运动控制指令

由于电子齿轮同步分为相对电子齿轮同步和绝对电子齿轮同步，在进行同步轴组态时无法加以区分，因此需要通过运动控制指令进行区别。电子齿轮运动控制指令有 MC_GearIn（相对电子齿轮同步指令）和 MC_GearInPos（绝对电子齿轮同步指令）。对于 S7-1500 CPU 仅能使用相对电子齿轮同步指令控制同步轴的运动，而对于 S7-1500T 不仅可以使用相对电子齿轮同步指令，同时也可以使用绝对电子齿轮同步指令来控制同步轴的运动。

1. MC_GearIn 指令

该子程序可在引导轴与跟随轴之间起动相对电子齿轮同步，其程序指令结构如图 3-5 所示。

• Master：其数据类型为 TO_Axis，为引导轴工艺对象的名称。

• Slave：其数据类型为 TO_Synchro-nousAxis，为同步轴工艺对象的名称。

• Execute：上升沿有效，触发引导轴和同步轴之间的同步运动。

• RatioNumerator：齿轮比的分子，其值可以为正数也可以为负数，但不能为 0。正数表

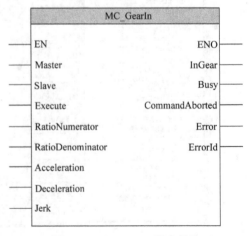

图 3-5　MC_GearIn 指令结构

示引导轴和同步轴同向运行，负数表示引导轴和同步轴反向运行。

- RatioDenominator：齿轮比的分母，其值仅能为正数。
- Acceleration：加速度。>0，按照命令设定的加速度执行；=0，不允许；<0，按照工艺对象组态的加速度执行。
- Deceleration：减速度。>0，按照命令设定的减速度执行；=0，不允许；<0，按照工艺对象组态的减速度执行。
- Jerk：加速度和减速度的变化率。>0，按照命令设定的变化率执行；=0，按照梯形速度曲线执行；<0，按照工艺对象组态的变化率执行。
- InGear：同步运行已经建立。
- Busy：命令正在执行。
- CommandAborted：命令被取消。
- Error：命令出错。
- ErrorId：命令出错代码。

2. MC_GearInPos 指令

该子程序可在引导轴与跟随轴之间起动绝对电子齿轮同步，其程序指令结构如图 3-6 所示。

- Master：其数据类型为 TO_Axis，为引导轴工艺对象的名称。
- Slave：其数据类型为 TO_SynchronousAxis，为同步轴工艺对象的名称。
- Execute：上升沿有效，触发引导轴和同步轴之间的同步运动。
- RatioNumerator：齿轮比的分子，其值可以为正数也可以为负数，但不能为 0。正数表示引导轴和同步轴同向运行，负数表示引导轴和同步轴反向运行。
- RatioDenominator：齿轮比的分母，其值仅能为正数。
- MasterSyncPosition：引导轴的同步位置值。
- SlaveSyncPosition：跟随轴的同步位置值。

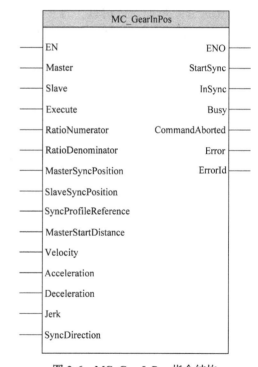

图 3-6 MC_GearInPos 指令结构

- SyncProfileReference：同步类型。=0，使用动态参数进行同步；=1，使用引导值距离进行同步。
- MasterStartDistance：引导轴的引导值距离，仅在 SyncProfileReference=0 时有效。
- Velocity：速度，仅在 SyncProfileReference=0 时有效。>0，按照命令设定的速度执行；=0，不允许；<0，按照工艺对象组态的速度执行。
- Acceleration：加速度。>0，按照命令设定的加速度执行；=0，不允许；<0，按照

工艺对象组态的加速度执行。

- Deceleration：减速度。>0，按照命令设定的减速度执行；=0，不允许；<0，按照工艺对象组态的减速度执行。
- Jerk：加速度和减速度的变化率。>0，按照命令设定的变化率执行；=0，按照梯形速度曲线执行；<0，按照工艺对象组态的变化率执行。
- SyncDirection：同步运动的方向，适用与模态轴。=1，同步期间，跟随轴只能沿着正方向运动；=2，同步期间，跟随轴只能沿着负方向运动；=3，同步期间，跟随轴允许更改运动方向。
- StartSync：跟随轴将与引导轴进行同步运动。
- InSync：跟随轴已同步并与引导轴按定义的电子凸轮曲线同步运动。
- Busy：命令正在执行。
- CommandAborted：命令被取消。
- Error：命令出错。
- ErrorId：命令出错代码。

在进行同步控制的时候，需要分别对引导轴进行使能、复位、停止、回参考点等操作。编写如图 3-7 所示的同步控制逻辑。

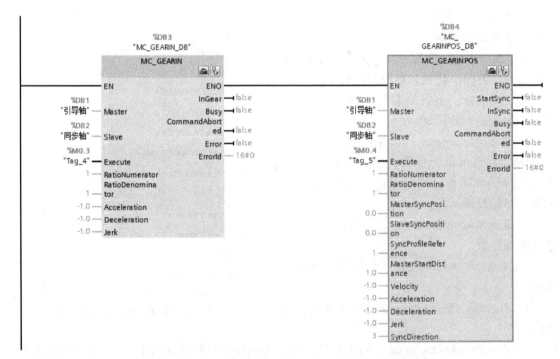

图 3-7　相对电子齿轮同步和绝对电子齿轮同步控制逻辑

执行相对电子齿轮同步运动，得到如图 3-8 所示的引导轴和同步轴的速度和位置曲线；执行绝对电子齿轮同步运动，得到如图 3-9 所示的引导轴和同步轴的速度和位置曲线。

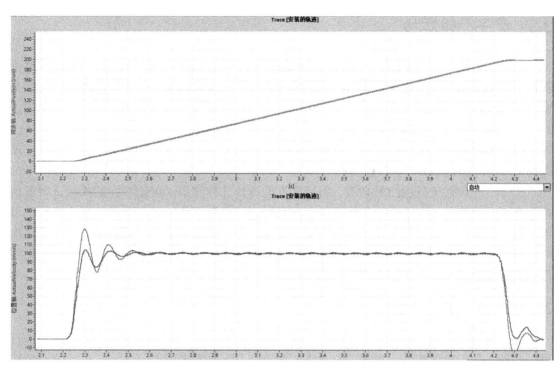

图 3-8 相对电子齿轮同步的引导轴和同步轴的速度和位置曲线

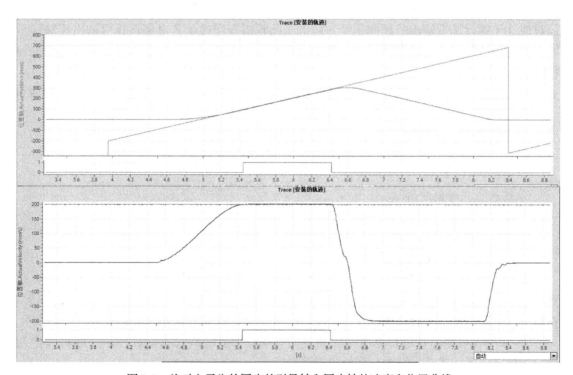

图 3-9 绝对电子齿轮同步的引导轴和同步轴的速度和位置曲线

3.3　电子凸轮同步

传统的机械凸轮是由凸轮、从动件和机架三部分组成。机械凸轮是一种不规则的机械部件，其输出驱动从动件依据机械凸轮的形状动作，通常其输出与输入之间的关系为非常复杂的非线性关系，即当输入为一个恒定速度时，其输出为不等速、不连续、不规则的运动，不同的产品需要更换不同的机械凸轮，且存在机械磨损。而电子凸轮是利用构造的凸轮曲线来模拟机械凸轮，以达到与机械凸轮相同的输入输出关系，不同的产品仅需改变不同的电子凸轮曲线，可不更改任何机械部件。

电子凸轮相对于机械凸轮来说，机械部件的设计非常简单，可使相同的机械设备灵活地生产不同的产品，电子凸轮曲线不仅在产品调试阶段随意修改，而且在产品成型后也可以进行修改，大大地降低了设备的机械复杂程度，使设备更加柔性，同时免去了产品更换时进行机械凸轮的更换过程，大大地提高了设备的生产效率和使用寿命，因此电子凸轮在现代机械设备制造业中应用越来越广泛。

3.3.1　电子凸轮运动控制向导

为了使用电子凸轮的功能，需要在 TIA Portal 软件中运用电子凸轮运动控制向导进行电子凸轮工艺对象的组态。电子凸轮工艺对象定义了一个传输函数 $y=f(x)$，通过这个传输函数描述凸轮曲线的输入输出关系，同一个电子凸轮工艺对象可以多次使用。图 3-10 为电子凸轮工艺对象的基本操作原理。

从电子齿轮的基本操作原理和电子凸轮的基本操作原理可以看出，电子齿轮运动直接经过线性比例计算后输出控制同步轴，而电子凸轮需要经过工艺对象运算后输出控制同步轴。当电子凸轮工艺对象为线性时，其输出就与电子齿轮相同，可以认为电子齿轮是一种特殊的电子凸轮。

在使用工艺对象前，应进行工艺对象的组态，如图 3-11 所示，在新建了一个引导轴和一个同步轴后，新建一个电子凸轮工艺对象。

在图 3-11 中，完成如下操作：

① 在"项目树"中，双击"工艺对象"下的"新增对象"。

② 选择"TO_Cam"工艺对象。

③ 修改工艺对象的名称。

④ 单击"确定"按钮，完成电子凸轮工艺对象的新建工作。

组态电子凸轮曲线，如图 3-12 所示。

在图 3-12 中，完成如下操作：

① 采用图形编辑器进行电子凸轮曲线的编辑。在图形编辑器中，以图形方式编辑曲线。可以添加、编辑和删除元素。最多可以创建 4 个彼此堆叠且采用同步横坐标的图形，在这些图中显示设定曲线以及位置、速度、加速度和加加速度的曲线。

② 采用表格编辑器进行电子凸轮曲线的编辑。所有曲线元素均在该表格编辑器中列出，可以对现有元素进行编辑、添加和删除操作。

③ 在"属性"窗口，对曲线元素的属性进行设置。首先需要选中需要设置的元素，然后对其属性进行对应的设置。

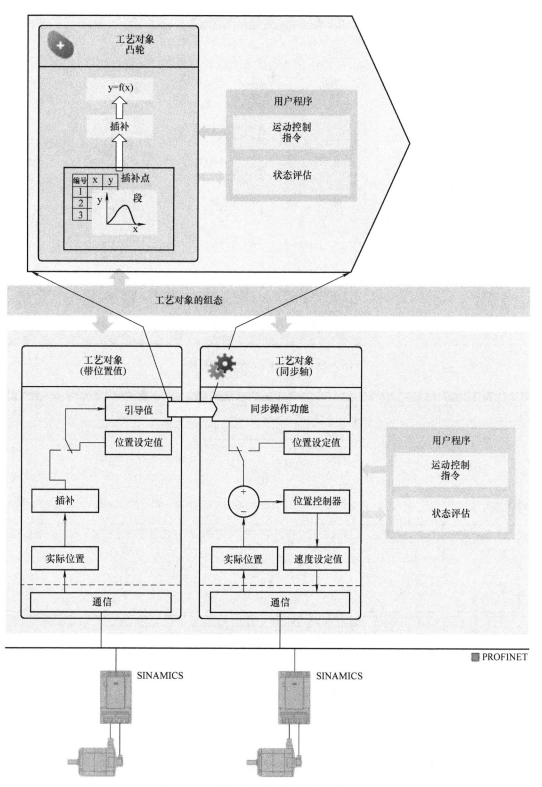

图 3-10 电子凸轮工艺对象的基本操作原理

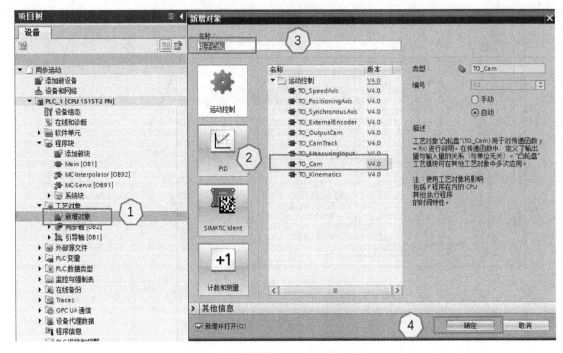

图 3-11　新建电子凸轮工艺对象

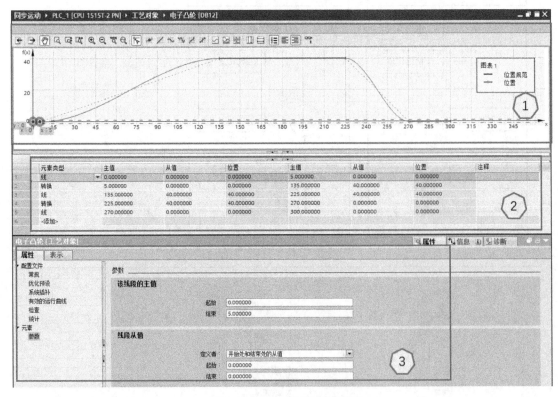

图 3-12　组态电子凸轮曲线

曲线元素可以为点、点组、线、正弦、多项式、反正弦和过渡部分等。当采用图形编辑器对电子凸轮曲线进行编辑时,可以在表格编辑器中显示对应的元素值;当采用表格编辑器对电子凸轮曲线进行编辑时,可以在图形编辑器中显示对应的图形。

3.3.2 电子凸轮运动控制指令

该子程序可在引导轴与跟随轴之间起动相对电子凸轮同步,其程序指令结构如图 3-13 所示。

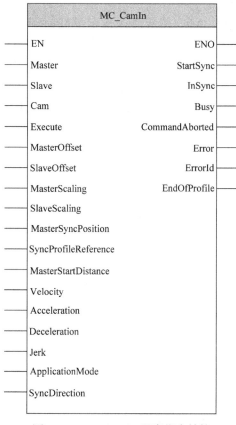

图 3-13 MC_CamIn 程序指令结构

- Master:其数据类型为 TO_Axis,为引导轴工艺对象的名称。
- Slave:其数据类型为 TO_SynchronousAxis,为同步轴工艺对象的名称。
- Cam:其数据类型为 TO_Cam,为电子凸轮轴工艺对象的名称。
- Execute:上升沿有效,触发引导轴和同步轴之间的同步运动。
- MasterOffset:电子凸轮引导值的偏移量。
- SlaveOffset:电子凸轮跟随值的偏移量。
- MasterScaling:缩放电子凸轮的引导值。
- SlaveScaling:缩放电子凸轮的跟随值。
- MasterSyncPosition:相对于电子凸轮起始位置,同步操作必须完成的位置值,必须介于电子凸轮的引导值范围内。
- SyncProfileReference:同步类型。=0,使用动态参数进行同步;=1,使用引导值距离进行同步；=2，直接同步。

- MasterStartDistance：同步过程中引导轴的引导值距离，仅在 SyncProfileReference=1 时有效。
- Velocity：速度，仅在 SyncProfileReference=0 时有效。>0，按照命令设定的速度执行；=0，不允许；<0，按照工艺对象组态的速度执行。
- Acceleration：加速度。>0，按照命令设定的加速度执行；=0，不允许；<0，按照工艺对象组态的加速度执行。
- Deceleration：减速度。>0，按照命令设定的减速度执行；=0，不允许；<0，按照工艺对象组态的减速度执行。
- Jerk：加速度和减速度的变化率。>0，按照命令设定的变化率执行；=0，按照梯形速度曲线执行；<0，按照工艺对象组态的变化率执行。
- ApplicationMode：电子凸轮的应用模式。=0，非循环模式；=1，循环模式；=2，循环附加模式。
- SyncDirection：同步运动的方向，适用与模态轴。=1，同步期间，跟随轴只能沿着正方向运动；=2，同步期间，跟随轴只能沿着负方向运动；=3，同步期间，跟随轴允许更改运动方向。
- StartSync：跟随轴将与引导轴进行同步运动。
- InSync：跟随轴已同步并与引导轴按定义的电子凸轮曲线同步运动。
- Busy：命令正在执行。
- CommandAborted：命令被取消。
- Error：命令出错。
- ErrorId：命令出错代码。
- EndOfProfile：电子凸轮已执行完毕。

3.4 测量输入

在传送带的应用中，当物体经过某个传感器时，需要快速精确地读出物体的当前位置，以便于后续进行精确定位，此时需要使用测量输入的功能，与同步轴、定位轴或外部位置编码器一起进行同步通信。

3.4.1 测量输入运动控制向导

测量输入处发生变化时，测量输入工艺对象将采集轴或外部编码器的实际位置，其基本操作原理如图 3-14 所示。

测量可以分为一次性测量和周期性测量两种类型，其中一次性测量最多采集边沿信号的两个测量值，而在周期性测量中，每个位置控制周期内最多采集边沿信号的两个测量值，周期性测量会继续循环进行测量直到结束测量命令。

在使用测量输入前需要建立一个测量输入工艺对象，如图 3-15 所示。一个测量输入工艺对象只能分配给一个定位轴、同步轴或外部编码器，但是一个定位轴、同步轴或外部编码器可以有多个测量输入工艺对象。

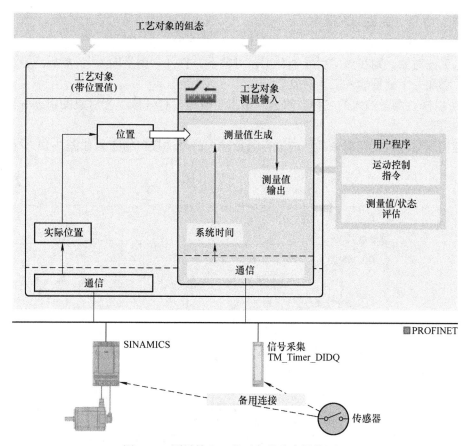

图 3-14　测量输入工艺对象的基本操作原理

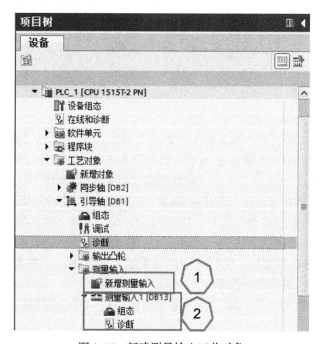

图 3-15　新建测量输入工艺对象

在图 3-15 中, 完成如下操作:

① 在对应的工艺轴下, 新建一个测量输入工艺对象。例如需要给"引导轴"添加一个测量输入工艺对象, 则在该"引导轴"工艺对象下, 打开"测量输入", 然后双击"新增测量输入"添加一个测量输入工艺对象。

② 可以修改测量输入的名称。双击"组态"按钮, 打开该工艺对象的组态画面进行测量输入的组态。

新建完测量输入工艺对象后, 应进行测量输入的硬件接口组态, 如图 3-16 所示。

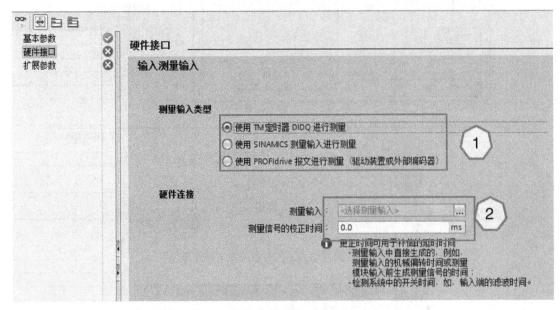

图 3-16　硬件接口组态

在图 3-16 中, 完成如下操作:

① 选择"测量输入类型"。测量输入可以有 3 种类型, 分别为"使用 TM 定时器 DIDQ 进行测量""使用 SINAMICS 测量输入进行测量"和"使用 PROFIdrive 报文进行测量(驱动装置或外部编码器)"。其中"使用 TM 定时器 DIDQ 进行测量"需要单独组态 TM 定时器模块, 否则无法选择该方式;"使用 SINAMICS 测量输入进行测量"需要所选用的 SINAMICS 驱动器本身具备测量输入端口;"使用 PROFIdrive 报文进行测量"需要将驱动器中的测量输入分配到对应的报文当中。

② 选择好测量输入类型后, 选择对应的测量输入硬件地址, 并根据要补偿测量信号中可能的延时时间设置"测量信号的校正时间"。

组态扩展参数。要调整系统侧定义的激活时间, 可以输入附加的激活时间, 如图 3-17 所示。

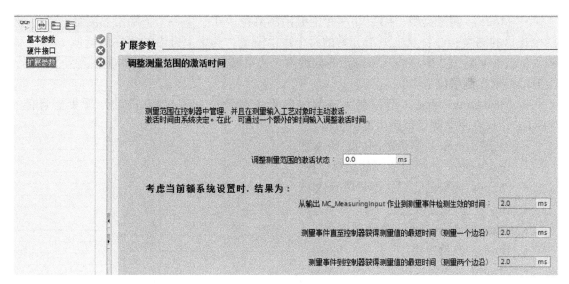

图 3-17　组态扩展参数

3.4.2　测量输入运动控制指令

采用不同的测量输入运动控制指令区分测量输入类型为一次性测量还是周期性测量。其中一次性测量的测量输入运动控制指令为 MC_MeasuringInput，周期性测量的测量输入运动控制指令为 MC_MeasuringInputCyclic，测量输入工艺对象的中止指令为 MC_Abort-MeasuringInput。

1. MC_MeasuringInput 指令

该指令用于进行一次性测量，通过检测测量输入的一个或两个边沿，将相应的工艺对象轴或外部编码器的位置分配给测量事件，测量结果在指令块以及工艺对象数据块中显示并可以在用户程序中进行进一步的处理。其指令结构如图 3-18 所示。

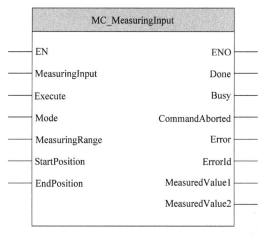

图 3-18　MC_MeasuringInput 指令结构

- MeasuringInput：测量输入的工艺对象。
- Execute：上升沿时执行一次测量输入。

- Mode：测量类型。=0：下一个上升沿的测量；=1：下一个下降沿的测量；=2：下两个边沿的测量；=3：从上升沿开始的两个边沿测量，其中上升沿的值在测量值 1 中，下降沿的值在测量值 2 中；=4：从下降沿开始的两个边沿测量，其中下降沿的值在测量值 1 中，上升沿的值在测量值 2 中。

- MeasuringRange：是否在一定范围内采集测量值。=FALSE：始终采集测量值；=TRUE：仅在采集测量范围内的测量值。

- StartPosition：测量范围的起始位置。
- EndPosition：测量范围的结束位置。
- Done：测量已完成，测量值有效。
- Busy：测量正在进行中。
- CommandAborted：测量已中止。
- Error：测量出错。
- ErrorId：错误代码。
- MeasuredValue1：测量值 1
- MeasuredValue2：测量值 2，仅在两个边沿测量模式下有效。

测量输入的逻辑时序如图 3-19 所示。

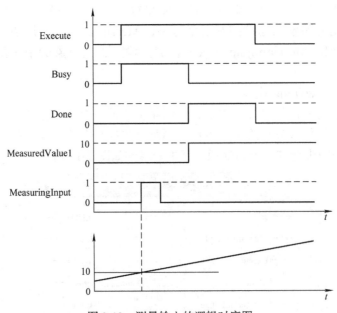

图 3-19　测量输入的逻辑时序图

该逻辑时序图显示了模式为一次上升沿测量的结果。在测量输入的上升沿时，检测到当前轴的位置为 10，在程序执行完成的同时，将测量的位置值输出到测量值 1 中。

2. MC_MeasuringInputCyclic 指令

该指令用于进行循环测量，通过检测测量输入的一个或两个边沿，将相应的工艺对象轴或外部编码器的位置分配给测量事件，测量结果在指令块以及工艺对象数据块中显示并可以在用户程序中进行进一步的处理。其指令结构如图 3-20 所示。

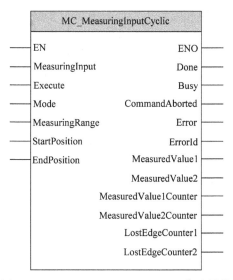

图 3-20　MC_MeasuringInputCyclic 指令结构

- Mode：测量类型。=0：下一个上升沿的测量；=1：下一个下降沿的测量；=2：下两个边沿的测量。
- MeasuredValue1Counter：第 1 个测量值的计数值。
- MeasuredValue2Counter：第 2 个测量值的计数值。
- LostEdgeCounter1：第 1 个测量值采集的周期时间内，缺失边沿的计数值。
- LostEdgeCounter2：第 2 个测量值采集的周期时间内，缺失边沿的计数值。

对于模式 0，其测量计数值和缺失边沿计数值如图 3-21 所示。图 3-21 中，在第 N+1 周期时，第 1 个测量值的计数值和第 2 个测量值的计数值分别为 6，且第 1 个测量采集的周期内缺失边沿的计数值和第 2 个测量采集的周期内缺失边沿的计数值均为 0；在第 N+2 和第 N+6 周期时，有两个上升沿信号，则第 1 个测量值的计数值和第 2 个测量值的计数值分别加 1，没有上升沿缺失；在第 N+3 周期内，没有上升沿，保持不变；在第 N+4 和第 N+5 周期内，仅有 1 个上升沿，则第 1 个测量值的计数值加 1，其余保持不变；在第 N+7 和第 N+9 周期内分别有 3 个上升沿，则第 1 个测量值的计数值和第 2 个测量值的计数值分别加 1，并且第 1 个测量采集的周期内缺失边沿的计数值和第 2 个测量采集的周期内缺失边沿的计数值也分别加 1；在第 N+8 和第 N+10 周期内，仅有 1 个上升沿，则第 1 个测量值的计数值加 1，第 1 个测量采集的周期内缺失边沿的计数值清零，其余保持不变。

执行周期时钟 T0 测量输入	N	N+1	N+2	N+3	N+4	N+5	N+6	N+7	N+8	N+9	N+10
Measuring Input											
MeasuredValue1Counter	...	6	7	7	8	9	9	10	11	12	13
LostEdgeCounter1	...	0	0	0	0	0	0	1	0	1	0
MeasuredValue2Counter	...	6	7	7	7	7	7	8	8	9	9
LostEdgeCounter2	...	0	0	0	0	0	0	1	1	1	1

图 3-21　模式 0 的计数值逻辑

对于模式 1，其测量计数值和缺失边沿计数值如图 3-22 所示。

执行周期时钟 T0 测量输入	N	N+1	N+2	N+3	N+4	N+5	N+6	N+7	N+8	N+9	N+10
Measuring Input											
MeasuredValue1Counter	...	6	7	8	9	10	10	11	11	12	13
LostEdgeCounter1	...	0	0	0	1	0	0	1	1	1	0
MeasuredValue2Counter	...	6	7	7	8	8	8	9	9	10	10
LostEdgeCounter2	...	0	0	0	1	1	1	1	1	1	1

图 3-22　模式 1 的计数值逻辑

对于模式 2，其测量计数值和缺失边沿计数值如图 3-23 所示。

执行周期时钟 T0 测量输入	N	N+1	N+2	N+3	N+4	N+5	N+6	N+7	N+8	N+9	N+10
Measuring Input											
MeasuredValue1Counter	...	6	7	7	8	9	9	10	11	12	13
LostEdgeCounter1	...	0	2	2	0	0	0	3	0	4	0
MeasuredValue2Counter	...	6	7	8	8	9	10	11	12	13	14
LostEdgeCounter2	...	0	2	0	0	0	0	3	0	4	0

图 3-23　模式 2 的计数值逻辑

3. MC_AbortMeasuringInput 指令

该指令用于中止一次性测量或周期性测量，其指令结构如图 3-24 所示。

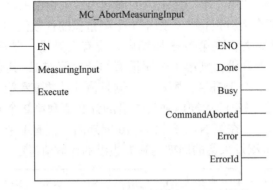

图 3-24　MC_AbortMeasuringInput 指令结构

Execute 的上升沿开始执行该指令，用于中止正在执行中的一次性测量或周期性测量指令。

3.5　凸轮输出

在某些应用中，当物体的位置到达某个位置时，需要快速输出一个信号，用于起动生产线上的其他动作，此时可以使用凸轮输出功能。

3.5.1 凸轮输出运动控制向导

根据轴或外部编码器的位置，输出一个开关信号，该信号可以在用户程序中使用，也可以直接输出到数字量输出模块中。凸轮输出工艺对象的基本操作原理如图 3-25 所示。

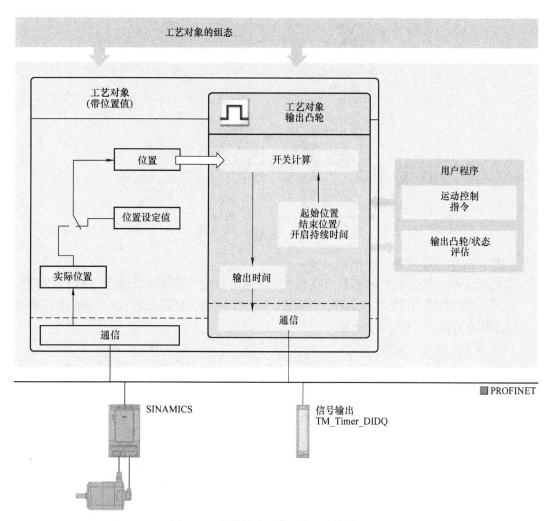

图 3-25 凸轮输出工艺对象基本操作原理

凸轮的宽度可以根据距离进行设定，也可以根据时间进行设定。一个凸轮输出工艺对象只能分配给一个定位轴、同步轴或外部编码器，但是一个定位轴、同步轴或外部编码器可以有多个凸轮输出工艺对象。

在使用凸轮输出前需要首先新建一个凸轮输出工艺对象，如图 3-26 所示。

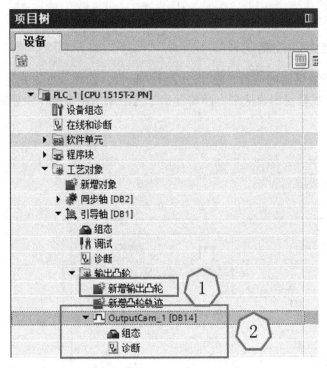

图 3-26　新建凸轮输出工艺对象

在图 3-26 中，完成如下操作：

① 在对应的工艺轴工艺对象下，双击"新增输出凸轮"新建一个输出凸轮工艺对象。

② 可以修改新建的工艺对象名称，并双击"组态"按钮，打开凸轮工艺对象的组态界面。

组态基本参数，如图 3-27 所示。

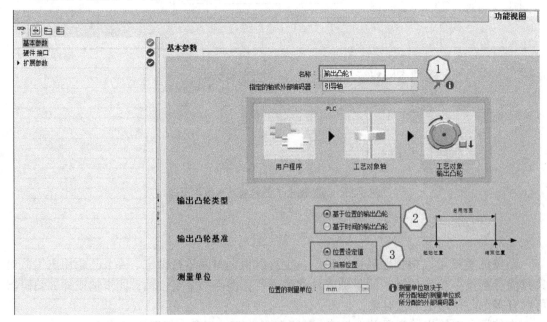

图 3-27　组态基本参数

在图 3-27 中，完成如下操作：

① 修改凸轮输出工艺对象的名称。

② 选择"输出凸轮类型"。凸轮输出有基于位置的和基于时间的两种类型，选择"基于位置的输出凸轮"时，当该工艺轴位置到达起始位置时，凸轮输出，当该工艺轴位置到达结束位置时，凸轮关闭；选择"基于时间的输出凸轮"时，当该工艺轴位置到达起始位置时，凸轮开始输出，指定的时间到达后，凸轮关闭。

③ 选择"输出凸轮基准"。用于选择工艺对象中的位置计算基准为"位置设定值"还是当前位置。组态硬件接口，如图 3-28 所示。

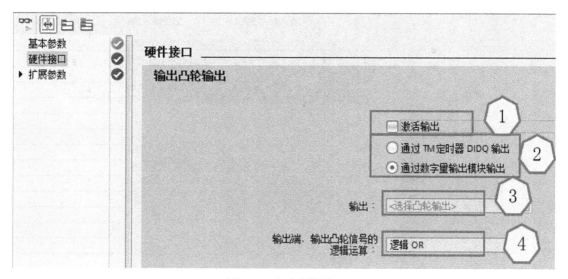

图 3-28　组态硬件接口

在图 3-28 中，完成如下操作：

①"激活输出"，生成的凸轮开关输出信号可以直接输出到数字量输出接口中。

② 选择凸轮输出的方式，其输出可以选择"通过 TM 定时器 DIDQ 输出"或者"通过数字量输出模块输出"。

③ 选择输出的硬件地址。

④ 选择输出端、输出凸轮信号的逻辑运算，可以为"逻辑 OR"或者"逻辑 AND"。

组态扩展参数，如图 3-29 所示。

在图 3-29 中，完成如下操作：

① 组态"激活时间"和"停用时间"，该"激活时间"和"停用时间"仅适用于基于位置的输出凸轮。

② 组态滞后值，用于防止输出凸轮开关状态发生意外更改，在使用参考工艺轴实际位置的输出凸轮值时，该滞后值的设置应大于 0。

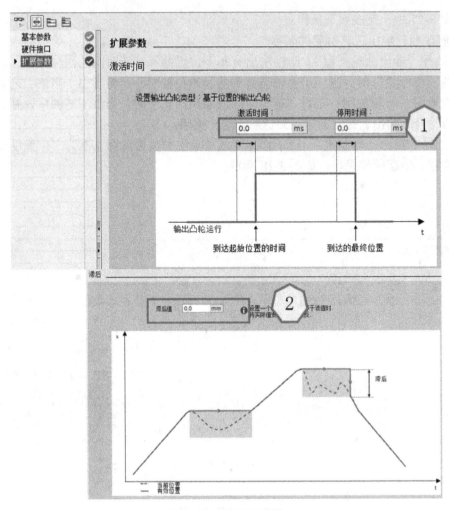

图 3-29　组态扩展参数

3.5.2　凸轮输出运动控制指令

在用户程序中，采用 MC_OutputCam 指令控制凸轮输出，其指令结构如图 3-30 所示。

- OutputCam：凸轮输出工艺对象。
- Enable：凸 轮 输 出 是 否 被 禁 用。=FALSE，凸轮输出被禁用；=TRUE，凸轮输出正在处理。
- OnPosition：凸轮输出的起始位置。
- OffPosition：凸轮输出的结束位置。
- Duration：基于时间的凸轮输出的开启持续时间，单位为毫秒。
- Mode：凸轮输出模式。=1，凸轮输出未反向；=2，凸轮输出反向；=3，在 Enable=TRUE

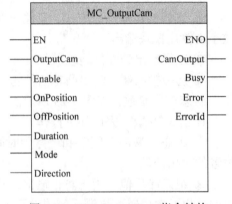

图 3-30　MC_OutputCam 指令结构

时，凸轮输出始终激活。

- Direction：凸轮的激活方向。=1，正方向；=2，负方向；=3，双向。
- CamOutput：凸轮输出。
- Busy：凸轮输出指令处于激活状态。
- Error：凸轮输出出错。
- ErrorId：错误代码。

通过设定 OnPosition 和 OffPosition 这两个参数确定凸轮输出为基于距离的输出方式，即位置值到达 OnPosition 参数值时开启凸轮输出，到达 OffPosition 参数值时关闭凸轮输出；而通过设定 OnPosition 和 Duration 这两个参数确定凸轮输出为基于时间的输出方式，即位置值到达 OnPosition 参数值时开启凸轮输出，输出的时间宽度为 Duration 参数所设定的时间。在用户程序中，对于一个凸轮输出工艺对象只能调用一次该指令，不能调用多次，当需要对一个轴或外部编码器同时进行不同的输出时，可以对该轴或外部编码器组态不同的凸轮输出工艺对象，从而调用该指令进行输出控制，其时序如图 3-31 所示。

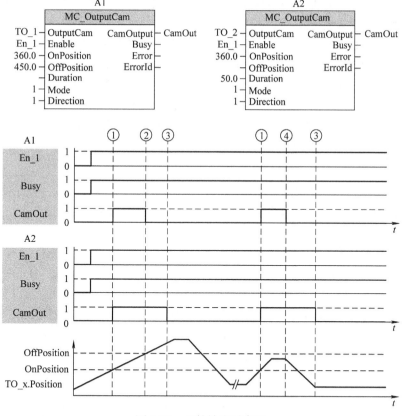

图 3-31　凸轮输出时序图

在图 3-31 中，A1 为基于距离的输出凸轮，A2 为基于时基的输出凸轮。对于 A1 所控制的凸轮输出 1，其在位置①处，凸轮输出开启，而当位置到达②处或者位置在④处进行反向时关闭；对于 A2 所控制的凸轮输出 2，其在位置①处，凸轮输出开启，而到③处时间到达时关闭。

第4章 SINAMICS V90伺服驱动器的应用技巧

4.1 SIMATIC S7-200 SMART 脉冲输出指令控制 SINAMICS V90 PTI 伺服驱动器

SIMATIC S7-200 SMART CPU 不仅可以通过运动控制向导生成运动轴的控制程序控制 SINAMICS V90 PTI 伺服控制器，也可以通过指令的方式直接输出脉冲控制 SINAMICS V90 PTI 伺服驱动器。于是在用户程序中很方便地进行运动控制参数的修改，特别是可以立即关断脉冲输出，很适合应用在 PLC 检测到某信号或者某条件满足时伺服控制系统需要立即停止的场合，而向导生成的运动控制指令需要依据组态的减速或者急停曲线进行停车，其不能立即停止脉冲的输出。

SIMATIC S7-200 SMART PLC 可以通过 PLS 指令输出脉冲串给 SINAMICS V90 PTI 伺服驱动器，伺服驱动器根据接收到的脉冲数量和频率，驱动伺服电动机运行到目标位置。脉冲输出指令 PLS 可以控制 3 路高速脉冲输出，其 PLC 物理地址为 Q0.0、Q0.1 和 Q0.3，脉冲串输出可以选择 PTO 功能和 PWM 功能，当控制伺服驱动器时，需要选择 PTO 功能，PTO 允许用户控制方波（占空比为 50%）输出的频率和脉冲数量。PLS 指令的结构如图 4-1 所示。

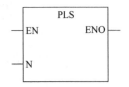

图 4-1 PLS 指令结构

N 参数为脉冲输出的物理地址，=0：脉冲输出到 Q0.0 中；=1：脉冲输出到 Q0.1；=2：脉冲输出到 Q0.3。PLS 指令需要进行上升沿或下降沿触发。

对于每个脉冲输出均指定特殊存储器（SM）单元用于存储如下数据：1 个 PTO 状态字节（8 位）、1 个控制字节（8 位）、1 个周期时间或频率（16 位无符号值）、1 个脉冲宽度（16 位无符号值）及 1 个脉冲计数值（32 位无符号值），在用户程序中使用 PLS 启用脉冲输出，通过控制字和状态字控制脉冲输出数量和频率并监控脉冲的状态。当 Q0.0、Q0.1 或 Q0.3 被 PLS 指令使用后，则这 3 个输出点不能被其他用户程序使用；当 Q0.0、Q0.1 或 Q0.3 被运动控制向导使用后，则不能被 PLS 指令使用。

对于每个脉冲串，其状态字见表 4-1。

表 4-1 状态字

Q0.0	Q0.1	Q0.3	状态位
SM66.4	SM76.4	SM566.4	=0：PTO 无错误；=1：PTO 因错误而中止
SM66.5	SM76.5	SM566.5	=0：未禁用 PTO 包络；=1：禁用 PTO 包络
SM66.6	SM76.6	SM566.6	=0：PTO 无溢出；=1：PTO 溢出
SM66.7	SM76.7	SM566.7	=0：PTO 运行中；=1：PTO 空闲

对于每个脉冲串，其控制字见表 4-2。

表 4-2　控制字

Q0.0	Q0.1	Q0.3	控制位
SM67.0	SM77.0	SM567.0	=0：PTO 脉冲频率不更新 =1：PTO 脉冲频率更新
SM67.1	SM77.1	SM567.1	PWM 更新脉冲宽度时间
SM67.2	SM77.2	SM567.2	=0：PTO 脉冲计数值不更新 =1：PTO 脉冲计数值更新
SM67.3	SM77.3	SM567.3	PWM 时基
SM67.4	SM77.4	SM567.4	保留
SM67.5	SM77.5	SM567.5	=0：PTO 单段操作 =1：PTO 多段操作
SM67.6	SM77.6	SM567.6	=0：选择 PWM 模式 =1：选择 PTO 模式
SM67.7	SM77.7	SM567.7	=0：不使能 PTO =1：使能 PTO

单段操作，首先应更新对应的 SM 存储器的值，然后执行 PLS 指令。当第一个脉冲串正在输出时，可以向 SM 寄存器中存入第二个脉冲串的值，此时第一个脉冲串输出完成后，开始输出第二个脉冲串，之后可以重复这个过程，设置下一个脉冲串的特性。若第一个脉冲串还未输出完成，紧接着发送了第二个脉冲串的值和第三个脉冲串的值，会导致 PTO 溢出。

多段操作，该功能可以用来自定义用户包络表，PLC 从 V 存储器中自动读取每个脉冲串的特性值。该模式使用 SM 单元的控制字、状态字和包络表的起始 V 存储器偏移量。每段包络表包含 32 位起始频率、32 位结束频率和 32 位脉冲计数值，包络表的格式见表 4-3。执行 PLS 指令时，PTO 生成器会自动将频率从起始频率线性提高或降低到结束频率，在脉冲数量达到指定的脉冲数时，立即装载下一段数据，直到包络结束。每段持续时间应大于 500μs，如果持续时间太短，CPU 可能没有足够的时间计算下一个 PTO 的值，此时会导致 PTO 溢出。

表 4-3　包络表格式

字节偏移量	段号	内容
0	—	包络表段的数量，可以设置为 1~255
1	1 段	起始频率
5	—	结束频率
9	—	脉冲数量
13	2 段	起始频率
17	—	结束频率
21	—	脉冲数量
依此类推		

段数量不得为 0，否则会导致 PTO 出错；包络表中的段数量和值必须按顺序存储在 V

区，不在该存储区内的值将不能被执行。

对于每个脉冲串，其他存储器含义见表 4-4。

表 4-4　其他存储器

Q0.0	Q0.1	Q0.3	其他存储器
SMW68	SMW78	SMW568	PTO 频率值，1~65535Hz
SMW70	SMW80	SMW570	PWM 脉冲宽度
SMD72	SMD82	SMD572	PTO 脉冲计数值，1~2147483647
SMB166	SMB176	SMB576	正在执行多段 PTO 的段号
SMW168	SMW178	SMW578	包络表的起始单元（相对 V0 的字节偏移） 仅限多段 PTO 操作

通过修改脉冲输出对应的 SM 存储区中的值，然后执行 PLS 指令修改脉冲的输出特性，任何时候都可以修改控制字的位 7 为 0 禁止脉冲串的输出，禁止脉冲串输出后，对应的 PLC 输出点恢复为普通输出点。

新建一个 SMART 项目，并按图 4-2 编写用户程序，控制 Q0.1 发脉冲串。

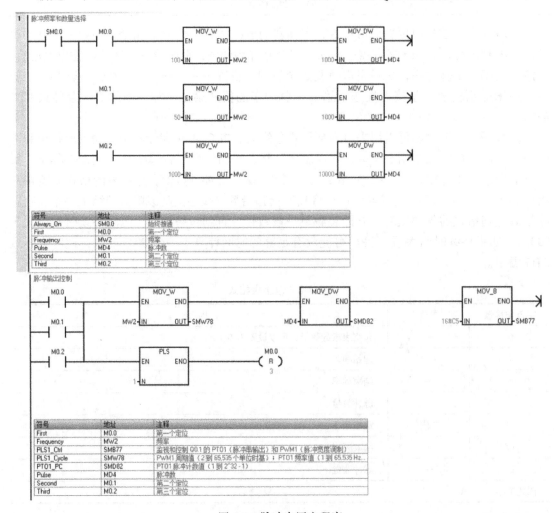

图 4-2　脉冲串用户程序

用户程序中，当设置 M0.0=1 时，将脉冲频率设置为 100，脉冲数量设置为 1000 并送入 SM 存储区中，执行 PLS 指令发脉冲；当设置 M0.1=1 时，将脉冲频率设置为 50，脉冲数量设置为 1000 并送入 SM 存储区中，执行 PLS 指令发脉冲；当设置 M0.2=1 时，将脉冲频率设置为 1000，脉冲数量设置为 10000 并送入 SM 存储区中，执行 PLS 指令发脉冲。

PTO 的多段操作对于控制脉冲型伺服驱动器都很实用，可以通过带有包络表的脉冲串通过简单的加速、匀速和减速控制脉冲型伺服驱动器实现定位。

如图 4-3 所示的运动曲线。第 1 段，匀加速运动，频率从 2kHz 升到 10kHz，运行 2000 个脉冲；第 2 段，匀速运动，频率为 10kHz，运行 34000 个脉冲；第 3 段，匀减速运动，频率从 10kHz 降到 2kHz，运行 4000 个脉冲。

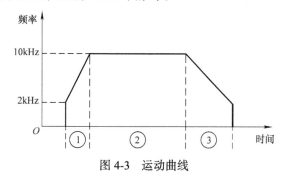

图 4-3 运动曲线

根据图示的曲线及要求，可以定义一个 3 段的包络表，V 存储区的起始地址为 0，见表 4-5。

表 4-5 包络表

地址	值	内容
VB0	3	包络表段的数量
VD1	2000	起始频率
VD5	10000	结束频率
VD9	2000	脉冲数量
VD13	10000	起始频率
VD17	10000	结束频率
VD21	34000	脉冲数量
VD25	10000	起始频率
VD29	2000	结束频率
VD33	4000	脉冲数量

新建一个 SMART 项目，并按图 4-4 编写用户程序。

通过设置 M4.4=1 起动包络表运行，此时的控制字为 16#C0，并且需要设置 SMW178

为包络表的 V 区起始地址, 通过状态字 SM76.7 可以监控 PLC 是否在发脉冲, 并且通过状态字 SMB176 监控 PLC 正在执行哪段包络表。

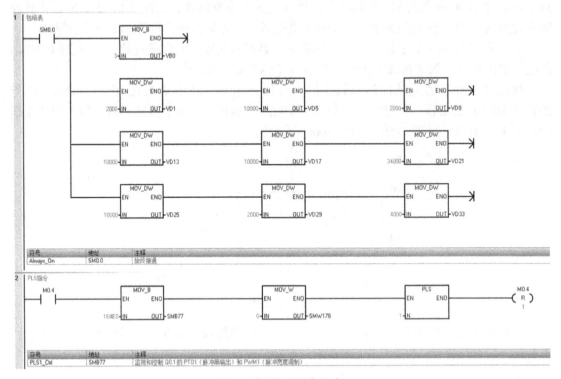

图 4-4 包络表用户程序

4.2 基于 HSP 的 SIMATIC S7-1200 PLC 与 SINAMICS V90 PN 伺服驱动器的通信控制

从 TIA Portal V16 开始, SINAMICS V90 PN 伺服驱动器的 HSP 也可以支持 SIMATIC S7-1200 PLC, 因此可以在同一个 TIA Portal 项目中, 不仅进行 PLC 的组态, 也可以进行该项目所使用的 SINMICS V90 PN 伺服驱动器的组态, 同一个项目的所有数据在同一个项目文件夹下, 方便查看和管理。对于 SINAMICS V90 PN 伺服驱动器中 HSP 所包含的标准报文类型中, SIMATIC S7-1200 PLC 不支持报文类型 5 和报文类型 105, 其他报文都可以正常使用。通常来说, 报文类型 1 和报文类型 2 不带编码器的反馈, 仅能用于速度控制; 报文类型 3 带有编码器的反馈, 可以用于速度控制和位置控制; 报文类型 102 带有编码器的反馈, 可以用于速度控制, 但不能用于位置控制, 其带有转矩减少的功能, 可以用于需要控制伺服电动机输出转矩的应用。

4.2.1 SIMATIC S7-1200 PLC 与 SINAMICS V90 PN 伺服驱动器的硬件组态

新建一个 TIA Portal 项目, 添加 SIMATIC S7-1200 PLC 的 CPU 到项目中, 如图 4-5 所示。

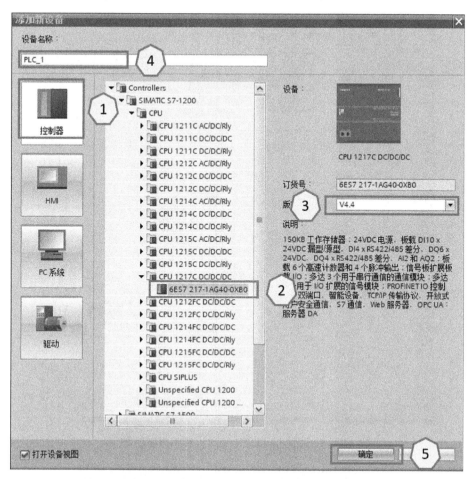

图 4-5 添加 SIMATIC S7-1200 PLC 的 CPU

在图 4-5 中，完成如下操作：

① 在"添加新设备"的弹出界面中，选择"控制器"。

② 在列表中找到对应的 CPU 的订货号。

③ 选择该 CPU 固件的正确版本号。

④ 根据实际需要，可以修改 CPU 的设备名称，当组态下载到 CPU 后，设备名称可以自动修改。

⑤ 完成后单击"确定"按钮，完成新添加新设备。

按图 4-6 所示添加 SINAMICS V90 PN 伺服驱动器。

在图 4-6 中，完成如下操作：

① 切换到"网络视图"界面。

② 在"硬件目录"下，在"Drives & starters"→"SINAMICS drives"→"SINAMICS V90 PN"目录下找到对应订货号的 SINAMICS V90 PN 伺服驱动器。

③ 选择正确的伺服驱动器固件版本号，并将其拖拽到网络视图中完成 SINAMICS V90 PN 伺服驱动器的添加。

按图 4-7 所示组态 SINAMICS V90 PN 伺服驱动器的 PROFINET 通信网络。

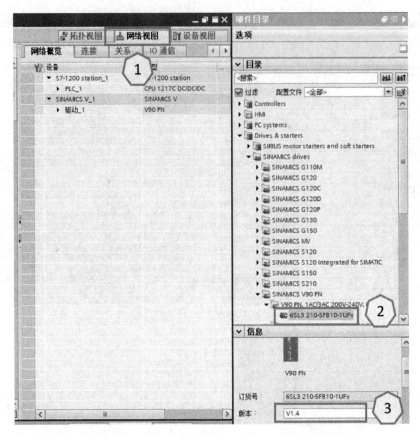

图 4-6　添加 SINAMICS V90 PN 伺服驱动器

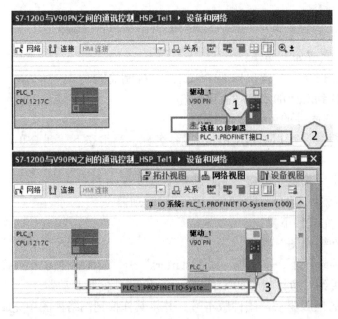

图 4-7　组态 SINAMICS V90 PN 伺服驱动器的 PROFINET 通信网络

在图 4-7 中，完成如下操作：

① 单击"未分配"。

② 在弹出的"选择 IO 控制器"选项中，选择"PLC_1.PROFINET 接口 _1"。

③ 显示 PROFINET 通信网络。

按图 4-8 所示，组态 SINAMICS V90 PN 伺服驱动器的设备名称。

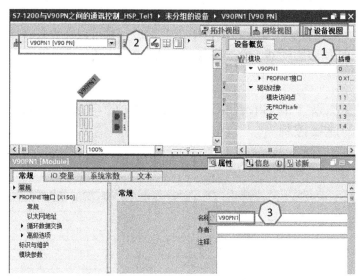

图 4-8　组态 SINAMICS V90 PN 伺服驱动器的设备名称

在图 4-8 中，完成如下操作：

① 切换到"设备视图"。

② 在下拉菜单中找到对应的 SINAMICS V90 PN 伺服驱动器。

③ 在该伺服驱动器的属性页的"常规"选项中，修改设备名称。应注意的是此处 PLC 组态的设备名称应与伺服驱动器上的实际设备名称相同，否则会造成 PROFINET 通信故障。

按图 4-9 组态 SINAMICS V90 PN 伺服驱动器的参数。

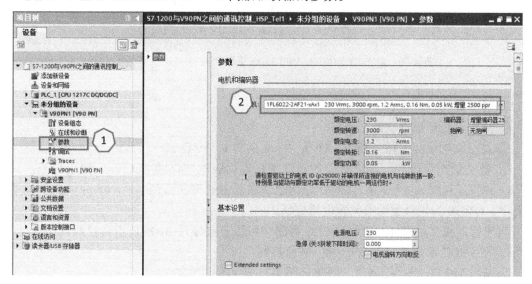

图 4-9　组态 SINAMICS V90 PN 伺服驱动器的参数

在图 4-9 中，完成如下操作：

① 在"项目树"下，找到"未分组的设备"中对应的 SINAMICS V90 PN 伺服驱动器，双击"参数"选项，打开参数组态界面。

② 根据 SINAMICS V90 PN 伺服驱动器所连接的实际伺服电动机型号，在下拉列表中选择正确的伺服电动机。

组态完 PLC、伺服驱动器及其 PROFINET 通信后，就可以在设备视图中，找到对应的 SINAMICS V90 PN 伺服驱动器，在其属性中组态 PROFINET 通信报文，并编写控制程序进行控制。

4.2.2 基于报文类型 1 的 SIMATIC S7-1200 PLC 与 SINAMICS V90 PN 伺服驱动器的通信控制

如图 4-10 所示，组态 SINAMICS V90 PN 伺服驱动器与 PLC 之间的通信报文。

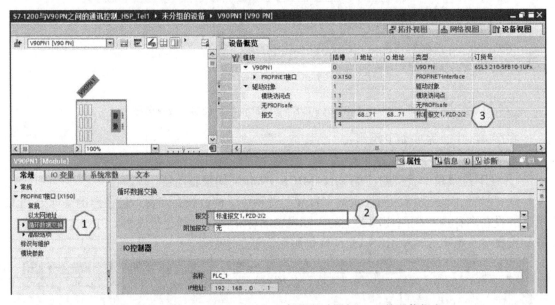

图 4-10　组态 SINAMICS V90 PN 伺服驱动器与 PLC 的通信报文

在图 4-10 中，完成如下操作：

① 单击"循环数据交换"选项。

② 在报文选项的下拉列表中，选择"标准报文 1，PZD-2/2"。

③ 报文组态完成后，可以在设备概览中看到伺服驱动器的 PLC 输入输出地址，其中 IW68 为伺服驱动器的状态字，IW70 为伺服驱动器的速度实际值，QW68 为伺服驱动器的控制字，QW70 为伺服驱动器的速度给定值。

对于标准报文类型 1，在用户 PLC 程序中可以直接使用 MOVE 指令控制伺服驱动器，也可以采用 PLC 库函数"SinaSpeed"进行控制。

当采用 MOVE 指令控制时，新建如图 4-11 所示的变量表。

编写图 4-12 所示的用户程序。

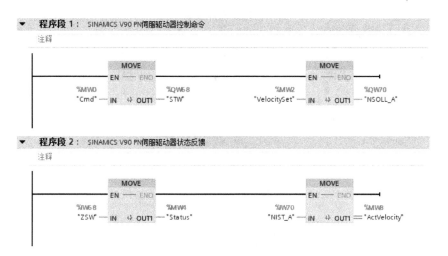

		名称	数据类型	地址	保持	从 H...	从 H...	在 H...	注释
1		Cmd	Word	%MW0		✓	✓	✓	伺服驱动器控制命令
2		STW	Word	%QW68		✓	✓	✓	控制命令输出
3		VelocitySet	Word	%MW2		✓	✓	✓	速度设定值
4		NSOLL_A	Word	%QW70		✓	✓	✓	速度设定输出
5		ZSW	Word	%IW68		✓	✓	✓	状态反馈
6		Status	Word	%MW4		✓	✓	✓	伺服驱动器状态值
7		NIST_A	Word	%IW70		✓	✓	✓	速度反馈
8		ActVelocity	Word	%MW8		✓	✓	✓	实际速度值
9		<新增>				✓	✓	✓	

图 4-11　新建变量表

图 4-12　MOVE 指令控制用户程序

在进行控制时，首先将伺服驱动器控制命令 MW0 设置为十六进制数 047E。其正转的控制命令为十六进制数 047F，反转的控制命令为十六进制数 0C7F。对于速度设定值，当 MW2 为十六进制数 4000 时，此时的速度为伺服驱动器的输出速度为参数 P2000 中对应的速度值。编译下载 PLC 程序并运行控制伺服驱动器，如图 4-13 所示。

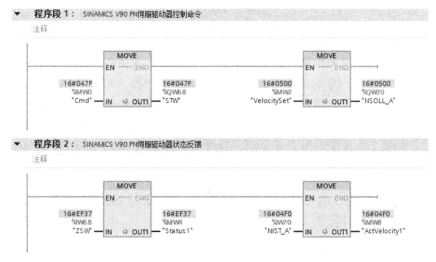

图 4-13　PLC 程序运行控制伺服驱动器

当采用库函数 "SinaSpeed" 进行控制时，新建如图 4-14 所示的变量表。

名称	数据类型	地址	保持	从 H...	从 H...	在 H...	注释
EnableAxis	Bool	%M10.0	☐	☑	☑	☑	伺服驱动器使能
AckError	Bool	%M10.1	☐	☑	☑	☑	伺服驱动器复位
SpeedSp	Real	%MD12	☐	☑	☑	☑	伺服驱动器速度给定
AxisEnabled	Bool	%M10.2	☐	☑	☑	☑	伺服驱动器已使能
Lockout	Bool	%M10.3	☐	☑	☑	☑	伺服驱动器禁止开启
ActVelocity	Real	%MD16	☐	☑	☑	☑	伺服驱动器实际速度
Error	Bool	%M10.4	☐	☑	☑	☑	存在故障
Status	Word	%MW18	☐	☑	☑	☑	函数状态字
DiagId	Word	%MW20	☐	☑	☑	☑	通信扩展状态

图 4-14　新建变量表

在用户程序中，调用 "SinaSpeed" 库函数，并按图 4-15 编写用户程序。

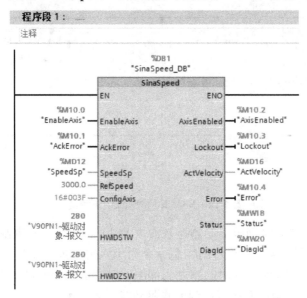

图 4-15　SinaSpeed 用户程序

当伺服驱动器出现故障后，可以通过 AckError 命令进行故障复位，通过 EnableAxis 命令使能伺服驱动器，伺服驱动器使能后，若改变 SpeedSp 的值就可以改变伺服驱动器所驱动的伺服电动机的转速。编译下载 PLC 程序控制伺服驱动器，如图 4-16 所示。

对于报文类型 2，其控制方式与报文类型 1 相似，不同的地方为报文类型 1 的速度输出为 1 个字，速度给定的输出为十六进制数 4000 时对应伺服驱动器中参数 P2000 所设定的速度；而报文类型 2 的速度输出为 2 个字，速度给定的输出为十六进制数 40000000 时对应伺服驱动器中参数 P2000 所设定的速度。

4.2.3　基于报文类型 3 的 SIMATIC S7-1200 PLC 与 SINAMICS V90 PN 伺服驱动器的通信控制

对于报文类型 3，若系统工作在速度模式下，其控制方式与报文类型 2 相同，若系统工作在位置模式下，则需要使用工艺对象，然后采用运动控制指令进行位置控制。

如图 4-17 所示，组态 SINAMICS V90 PN 伺服驱动器与 PLC 之间的通信报文。

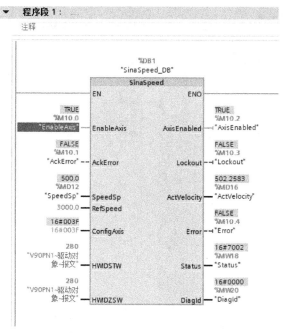

图 4-16　运行 SinaSpeed 程序

图 4-17　组态 SINAMICS V90 PN 伺服驱动器与 PLC 之间的通信报文

在图 4-17 中，完成如下操作：

① 单击"循环数据交换"选项。

② 在报文选项的下拉列表中，选择"标准报文 3，PZD-5/9"。

③ 报文组态完成后，可以在设备概览中看到伺服驱动器的 PLC 输入输出地址。

如图 4-18 所示，新增一个位置轴的工艺对象。

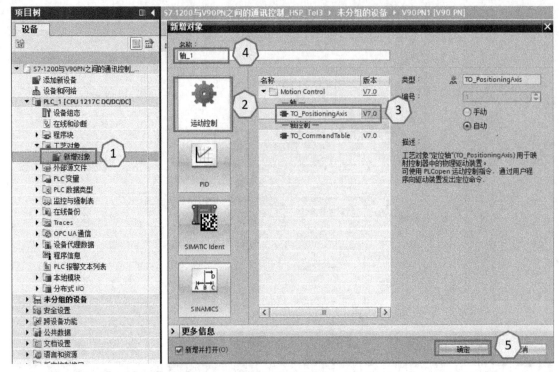

图 4-18　新增一个位置轴的工艺对象

在图 4-18 中，完成如下操作：

① 在"项目树"下的"工艺对象"选项中，双击"新增对象"。

② 在弹出的界面中，选择"运动控制"。

③ 选择运动控制轴下的位置轴选项。

④ 根据需要可以修改轴的名称。

⑤ 单击"确定"按钮，添加位置轴的工艺对象。

在工艺对象组态界面中，修改驱动器接口为"PROFIdrive"，如图 4-19 所示。

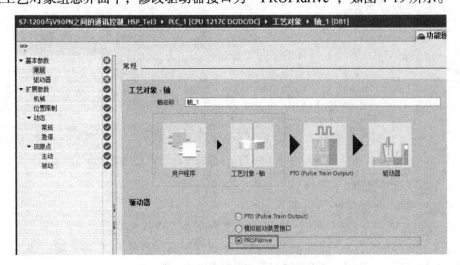

图 4-19　修改工艺对象的驱动器接口

组态驱动器，如图 4-20 所示。

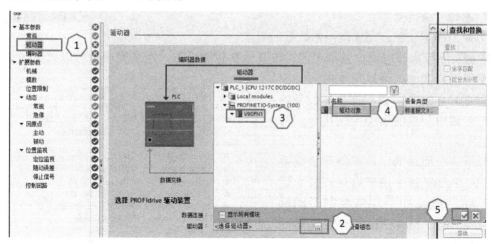

图 4-20　组态驱动器

在图 4-20 中，完成如下操作：

① 在工艺对象组态界面中，选择"驱动器"进行驱动器的组态。

② 单击驱动器后的扩展按钮。

③ 在弹出的界面中，找到对应的 SINAMICS V90 PN 伺服驱动器。

④ 选择"驱动对象"。

⑤ 单击☑按钮。

组态编码器数据，如图 4-21 所示。

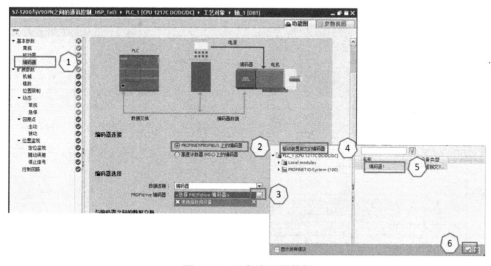

图 4-21　组态编码器数据

在图 4-21 中，完成如下操作：

① 在工艺对象组态界面中，选择"编码器"进行编码器数据的组态。

② 编码器连接选择"PROFINET/PROFIBUS 上的编码器"。

③ 单击"PROFIdrive 编码器"后的扩展按钮。

④ 在弹出的编码器选择界面中，选择"驱动装置报文的编码器"。

⑤ 选择"编码器 1"。

⑥ 单击确定按钮，完成编码器数据的组态。

根据实际要求，完成位置轴工艺对象其他参数的组态。组态完成后可以调用运动控制指令控制该位置轴。可以使用的运动控制指令如图 4-22 所示，根据机械设备的运行工艺调用相应的运动控制指令编写用户程序。

对于一个简单的定位控制至少需要包括 MC_Power 指令用于启动或禁止运动轴，MC_Home 指令用来控制运动轴回参考点，MC_MoveAbsolute 控制运动轴运行到固定位置，程序示例如图 4-23 所示。在实际的应用中，根据机械设备的工作流程需要使用 MC_Halt 指令停止

Motion Control		V7.0
MC_Power	启动/禁用轴	V7.0
MC_Reset	确认错误、重新启动工艺对象	V7.0
MC_Home	归位轴、设置起始位置	V7.0
MC_Halt	暂停轴	V7.0
MC_MoveAbsolute	以绝对方式定位轴	V7.0
MC_MoveRelative	以相对方式定位轴	V7.0
MC_MoveVelocity	以预定义速度移动轴	V7.0
MC_MoveJog	以"点动"模式移动轴	V7.0
MC_CommandTable	按移动顺序运行轴作业	V7.0
MC_ChangeDynamic	更改轴的动态设置	V7.0
MC_WriteParam	写入工艺对象的参数	V7.0
MC_ReadParam	读取工艺对象的参数	V7.0

图 4-22　可以使用的运动控制指令

运动轴，MC_Reset 指令复位伺服驱动器或轴工艺对象的报警，MC_MoveRelative 指令控制运动轴的相对定位，MC_MoveJog 指令控制运动轴的正反向点动运行，或 MC_MoveVelocity 指令控制运动轴以恒定速度连续运行。

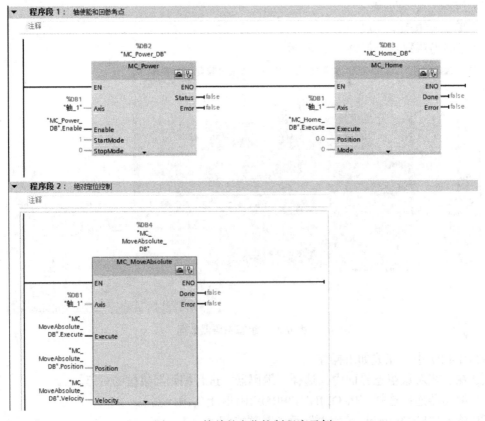

图 4-23　简单的定位控制程序示例

编译下载 PLC 程序并运行控制伺服驱动器，如图 4-24 所示。首先使能伺服驱动器，由于进行绝对定位控制，因此需要执行回参考点，最后执行绝对定位控制，到达位置后，定位完成信号"Done"输出。

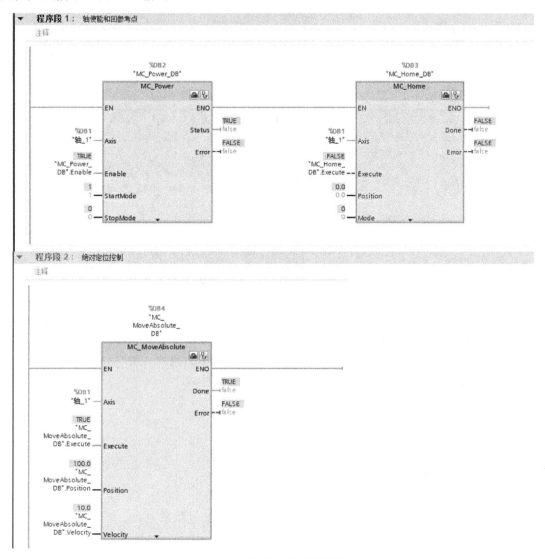

图 4-24 定位控制伺服驱动器

4.2.4 基于报文类型 102 的 SIMATIC S7-1200 PLC 与 SINAMICS V90 PN 伺服驱动器的通信控制

如图 4-25 所示，组态 SINAMICS V90 PN 伺服驱动器与 PLC 之间的通信报文。

在图 4-25 中，完成如下操作：

① 单击"循环数据交换"选项。

② 在报文选项的下拉列表中，选择"西门子报文 102，PZD-6/10"。

③ 报文组态完成后，可以在设备概览中看到伺服驱动器的 PLC 输入输出地址。

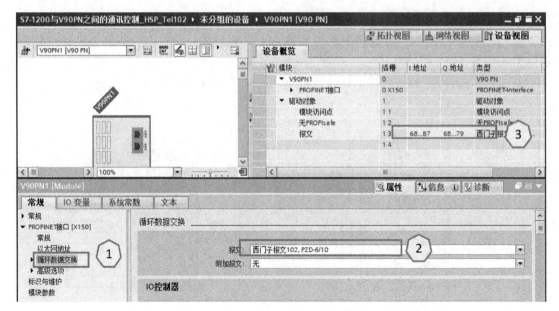

图 4-25   组态 SINAMICS V90 PN 伺服驱动器与 PLC 的通信报文

对于报文 102 的速度控制可以采用 MOVE 指令控制或者编写用户功能块来实现。在某些收放卷的应用中，若采用 SIMATIC S7-1200 PLC 和 SINAMICS V90 PN 伺服驱动器报文类型 102 实现速度控制转矩限幅的功能，即速度环饱和，采用转矩限幅限制伺服驱动器的输出转矩以达到输出目标转矩的目的，因此认为转矩输出值就是转矩限幅值，此时就需要使用报文类型 102 中的转矩减少控制字（MOMRED），该控制字为百分比信号，即十六进制数 4000 对应 100%。

伺服驱动器实际输出的转矩值见式（4-1）。

$$T_{OUT} = (1-x) \cdot \lambda \cdot T_N \qquad (4-1)$$

式中 T_{OUT} ——伺服驱动器输出到伺服电动机上的转矩；

$\quad\quad x$ ——转矩减少的百分比；

$\quad\quad \lambda$ ——伺服驱动器参数中所设定的伺服电动机的过载系数；

$\quad\quad T_N$ ——伺服电动机的额定转矩。

由 PLC 输出到伺服驱动器转矩减少控制字中的值见式（4-2）。

$$y = Int(x \cdot 16384) \qquad (4-2)$$

式中 y ——PLC 输出到伺服驱动器转矩减少控制字中的值；

$\quad$ Int ——对计算结果进行取整的函数；

$\quad\quad x$ ——转矩减少的百分比。

在实际的应用中，通常伺服驱动器的输出转矩允许的最大值设定为转矩值，也可以设定为伺服电动机额定转矩的百分比。

当伺服驱动器的输出转矩允许的最大值设定为转矩值时，PLC 输出到伺服驱动器的转矩减小控制字的数值见式（4-3）。

$$y = \mathrm{Int}\left[\left(1 - \frac{T_{\mathrm{Set}}}{\lambda \cdot T_{\mathrm{N}}}\right) \cdot 16384\right] \qquad (4\text{-}3)$$

式中　T_{Set}——伺服驱动器的输出转矩大小。

当伺服驱动器的输出转矩大小设定为伺服电动机额定转速的百分比时，PLC 输出到伺服驱动器的转矩减小控制字的数值见式（4-4）。

$$y = \mathrm{Int}[(1 - \frac{a}{\lambda}) \cdot 16384] \qquad (4\text{-}4)$$

式中　a——伺服电动机额定转速的百分比。

在用户程序中，可以新建一个函数进行计算，其函数输入输出如图 4-26 所示。

图 4-26　新建一个函数计算

编写如图 4-27 所示的计算代码。

```
 1   #Error := FALSE;
 2 ⊟IF #Mode = FALSE THEN
 3 ⊟    IF #Factor <= 0.0 OR #Factor > 3.0 THEN
 4           #Error := TRUE;
 5           RETURN;
 6       END_IF;
 7 ⊟    IF #SetPoint < 0.0 OR #SetPoint > #Factor * #Tn THEN
 8           #Error := TRUE;
 9           RETURN;
10       END_IF;
11 ⊟    IF #Tn <= 0.0 THEN
12           #Error := TRUE;
13           RETURN;
14       END_IF;
15       #Setting := REAL_TO_INT(16384.0 * (1 - #SetPoint / (#Factor * #Tn)));
16   ELSE
17 ⊟    IF #Factor <= 0.0 OR #Factor > 3.0 THEN
18           #Error := TRUE;
19           RETURN;
20       END_IF;
21 ⊟    IF #SetPoint<0.0 OR #SetPoint>#Factor THEN
22           #Error := TRUE;
23           RETURN;
24       END_IF;
25       #Setting := REAL_TO_INT(16384.0 * (1 - #SetPoint / #Factor));
26   END_IF;
```

图 4-27　计算代码

首先应判断输入给定值的类型为转矩值还是伺服电动机额定转矩的百分比，从而判断是采用式（4-3）还是式（4-4）进行计算。计算前，还应判断输入的参数是否正确，若不正确，则报错退出函数。SINAMICS V90 伺服驱动器的过载系数为 3 倍过载，因此需要判断过载系数的设定值必须大于 0 而小于等于 3，否则报警参数输出错误。对于输入类型为转矩值时，还应判断输入值必须大于 0，且小于过载系数与伺服电动机额定转矩的积，同时伺服电动机额定转矩必须大于 0。对于输入类型为伺服电动机额定转矩百分比时，还需要判断输入值必须大于 0，且小于过载系数。在用户程序中调用该函数，以额定转矩为 0.16N·m 的伺服电动机为例，编写如图 4-28 所示的程序。

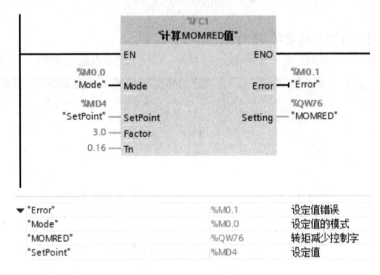

图 4-28　转矩减少控制字用户程序

编译下载 PLC 程序并运行，起动伺服电动机，设定转矩输入值 MD4=0.12，如图 4-29 所示。

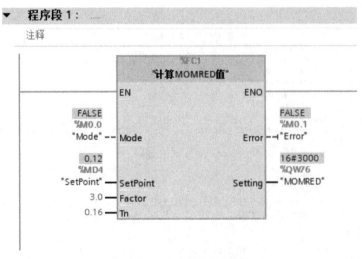

图 4-29　PLC 转矩减速输出

此时逐步增大伺服电动机的负载，使伺服电动机的实际转速小于设定转速，从而保证速度环饱和，记录伺服驱动器的实际输出转矩如图 4-30 所示。

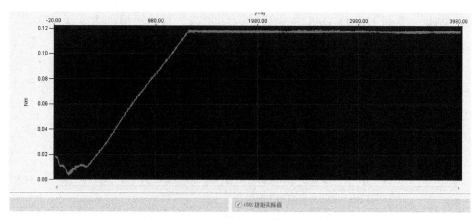

图 4-30   伺服驱动器的实际输出转矩

随着负载的增加，伺服驱动器的输出转矩也逐步增加，到达输出转矩为 0.12N·m 后，继续增加负载，伺服电动机的实际速度将变得小于给定速度，由于速度环存在积分器，其逐步饱和，速度环输出的转矩给定值逐步加大，由于转矩限幅的作用，伺服驱动器的实际输出转矩被限制在 0.12N·m。此时可以监控到 PLC 输出变量 QW76=16#3000。

4.3 SIMATIC PLC 与 SINAMICS V90 PN 伺服驱动器的周期性通信

所谓周期性通信，就是 SIMATIC PLC 在每个周期都对 SNAMICS V90 PN 伺服驱动器进行控制并接收其状态反馈，即向伺服驱动器发送控制字控制伺服驱动器的动作，接收伺服驱动器的状态字分析伺服驱动器的状态。由于组态 SINAMICS V90 PN 伺服驱动器的报文类型后，PLC 都会给该报文类型的控制字和状态字分配相同长度的输入输出地址，在用户程序中可以采用 MOVE 指令直接读写该输入输出地址，使用起来不够简洁，特别是对于复杂结构的报文类型及其需要控制多个伺服驱动器的时候，MOVE 指令将会更加复杂。当采用 SIMATIC S7-1200 PLC 或 SIMATIC S7-1500 PLC 与 SINAMICS V90 PN 伺服驱动器进行通信控制时，采用通信指令 "DPRD_DAT" 可以一致性读一个或多个字节的伺服驱动器状态字的操作，或采用通信指令 "DPWR_DAT" 可以一致性写一个或多个字节的伺服驱动器控制字的操作，该指令只需要知道伺服驱动器所采用报文类型的 ID 号，而不需要知道其对应的 PLC 输入输出地址，指令结构简单，同时还能保证数据的一致性，特别适合用于编写特定的用户功能块控制伺服驱动器。

4.3.1 DPRD_DAT 指令

通过 "DPRD_DAT" 指令一致性读取 SINAMICS V90 PN 伺服驱动器中的状态字。其指令结构如图 4-31 所示。

LADDR：伺服驱动器组态的报文类型的硬件标识符。由该硬件标识符不仅可以得到需要读取的数据的地址，还可以知道需要读取的数据的长度，其值可以在系统常量中找到。

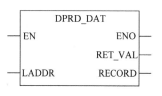

图 4-31   DPRD_DAT 指令结构

RET_VAL：执行 DPRD_DAT 指令后的返回状态，其返回值的含义见表 4-6，为十六进制数。

表 4-6　返回值的含义（一）

返回值	含义
0000	未发生错误
8090	尚未组态指定硬件标识的模块，或者忽略了有关一致性数据长度的限制，或者尚未在参数 LADDR 处，将硬件标识指定为一个地址
8092	不支持 RECORD 参数中的数据类型
8093	对于在 LADDR 中指定的硬件标识符，没有可从中读取一致性数据的 PROFINET IO 设备
80A0	访问伺服驱动器时检测到访问错误
80B1	参数 RECORD 指定的数据长度小于所组态的报文类型状态字的长度
80C0	还未开始读取数据

RECORD：读取到的目标数据值。目标数据的长度至少应与所选 SINAMICS V90 PN 伺服驱动器所组态的报文类型的状态字长度相同。

4.3.2　DPWR_DAT 指令

通过"DPWR_DAT"指令一致性写入 SINAMICS V90 PN 伺服驱动器中的控制字。其指令结构如图 4-32 所示。

LADDR：伺服驱动器组态的报文类型的硬件标识符。由该硬件标识符不仅可以得到需要写入的数据地址，还可以知道需要写入的数据长度，其值可以在系统常量中找到。

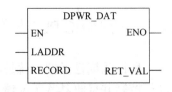

图 4-32　DPWR_DAT 指令结构

RECORD：写入到伺服驱动器的源数据值。源数据的长度至少应与所选 SINAMICS V90 PN 伺服驱动器所组态的报文类型的控制字长度相同。

RET_VAL：执行 DPWR_DAT 指令后的返回状态，其返回值的含义见表 4-7，为十六进制数。

表 4-7　返回值的含义（二）

返回值	含义
0000	未发生错误
8090	尚未组态指定硬件标识的模块，或者忽略了有关一致性数据长度的限制，或者尚未在参数 LADDR 处，将硬件标识指定为一个地址
8092	不支持 RECORD 参数中的数据类型
8093	对于在 LADDR 中指定的硬件标识符，没有可从中读取一致性数据的 PROFINET IO 设备
80A1	访问伺服驱动器时检测到访问错误
80B1	参数 RECORD 指定的源数据长度小于所组态的报文类型控制字的长度
80C1	还未开始写入数据

4.3.3　基于报文类型 111 的 SIMATIC PLC 与 SINAMICS V90 PN 伺服驱动器的通信控制

报文类型 111 属于 SINAMICS V90 PN 伺服驱动器基本定位控制模式下的报文，SINAMICS V90 PN 伺服驱动器的 HSP 中不含该报文，需要使用 SINAMICS V90 PN 伺服驱动器的 GSD 文件进行 PLC 项目的组态，采用 BOP 或调试软件 V-ASSISTANT 进行伺服驱动器的调试。可以采用标准库"SINA_Pos"控制报文类型为 111 的伺服驱动器，也可以采用周期性通信指令编写用户库控制报文类型为 111 的伺服驱动器。

新建一个 TIA Portal 项目，添加 PLC 和 SINAMICS V90 PN 伺服驱动器到项目中，并组态其 PROFINET 通信，如图 4-33 所示。

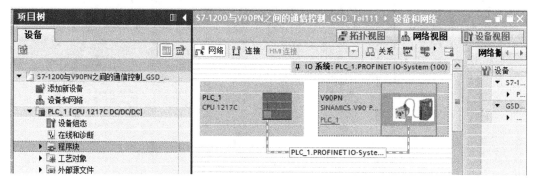

图 4-33　组态项目的 PROFINET 通信

在设备视图中，组态 SINAMICS V90 PN 伺服驱动器的属性及其报文类型，如图 4-34 所示。

图 4-34　组态伺服驱动器的属性及报文类型

在图 4-34 中，完成如下操作：

① 切换到"设备视图"。

② 在下拉列表中，选择需要组态的 SINAMICS V90 PN 伺服驱动器。

③ 根据实际需要修改设备名称。

④ 在硬件目录中，添加报文类型 111 到项目中。

⑤ 报文添加后，伺服驱动器控制字和状态字的 PLC 输入输出地址。

添加一个功能块，并组态如图 4-35 所示的输入输出。

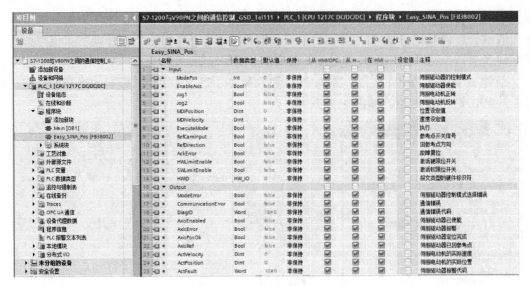

图 4-35　组态输入输出

组态该功能块的静态变量和临时变量，如图 4-36 所示。

	名称	数据类型	默认值	保持	从 HMI/OPC...	从 H...	在 HMI...	设定值	注释
4	■ <新增>								
5	▼ Static								
6	▼ sxSendBuf	Struct		非保持	✓	✓	✓		
7	■ STW1	Word	16#04...	非保持	✓	✓	✓		
8	■ EPosSTW1	Word	16#0	非保持	✓	✓	✓		
9	■ EPosSTW2	Word	16#0	非保持	✓	✓	✓		
10	■ STW2	Word	16#0	非保持	✓	✓	✓		
11	■ OverrideV	Word	16#40...	非保持	✓	✓	✓		
12	■ Position	DWord	16#0	非保持	✓	✓	✓		
13	■ Velocity	DWord	16#0	非保持	✓	✓	✓		
14	■ OverrideA	Word	16#40...	非保持	✓	✓	✓		
15	■ OverrideD	Word	16#40...	非保持	✓	✓	✓		
16	■ Reserve	Word	16#0	非保持	✓	✓	✓		
17	▼ sxRecvBuf	Struct		非保持	✓	✓	✓		
18	■ ZSW1	Word	16#0	非保持	✓	✓	✓		
19	■ EPosZSW1	Word	16#0	非保持	✓	✓	✓		
20	■ EPosZSW2	Word	16#0	非保持	✓	✓	✓		
21	■ ZSW2	Word	16#0	非保持	✓	✓	✓		
22	■ MELDW	Word	16#0	非保持	✓	✓	✓		
23	■ Position	DWord	16#0	非保持	✓	✓	✓		
24	■ Velocity	DWord	16#0	非保持	✓	✓	✓		
25	■ ErrorNr	Word	16#0	非保持	✓	✓	✓		
26	■ WarnNr	Word	16#0	非保持	✓	✓	✓		
27	■ Reserve	Word	16#0	非保持	✓	✓	✓		
28	▼ Temp								
29	■ piRetSFC	Int							
30	■ ▶ swSendBuf	Array[0..11] of Word							
31	■ ▶ swRecvBuf	Array[0..11] of Word							
32	▼ Constant								

图 4-36　组态静态变量和临时变量

编写程序逻辑如下：
```
// 判断伺服驱动器的控制模式。
#ModeError := FALSE;
IF #ModePos> 7 OR #ModePos< 1 THEN
        #ModeError := true;
ELSE
        #ModeError := false;
END_IF;

// 转换输入的位置给定和速度给定的数据类型，将长整形数据转换为双字
#sxSendBuf.Position := DINT_TO_DWORD(#MDIPosition);
#sxSendBuf.Velocity := DINT_TO_DWORD(#MDIVelocity);

// 将库的输入命令送到控制字中
#sxSendBuf.STW1.%X7 := #AckError;
#sxSendBuf.EPosSTW2.%X9 := #RefDirection;
#sxSendBuf.EPosSTW2.%X2 := #RefCamInput;
#sxSendBuf.EPosSTW2.%X15 := #HWLimitEnable;
#sxSendBuf.EPosSTW2.%X14 := #SWLimitEnable;
#sxSendBuf.STW1.%X0 := #EnableAxis;

// 根据不同的伺服驱动器控制模式，修改其对应的控制字

IF #ModeError = FALSE THEN

        // 相对定位模式
        IF #ModePos = 1 THEN
                #sxSendBuf.STW1.%X8 := false;
                #sxSendBuf.STW1.%X9 := FALSE;
                #sxSendBuf.STW1.%X11 := FALSE;
                #sxSendBuf.EPosSTW1.%X8 := FALSE;
                #sxSendBuf.EPosSTW1.%X15 := TRUE;
                #sxSendBuf.STW1.%X6 := #ExecuteMode;

        // 绝对定位模式
        ELSIF #ModePos = 2 THEN
                #sxSendBuf.STW1.%X8 := false;
                #sxSendBuf.STW1.%X9 := FALSE;
                #sxSendBuf.STW1.%X11 := FALSE;
```

```
        #sxSendBuf.EPosSTW1.%X8 := TRUE;
        #sxSendBuf.EPosSTW1.%X15 := TRUE;
        #sxSendBuf.STW1.%X6 := #ExecuteMode;

// 回参考点模式
ELSIF #ModePos = 4 THEN
        #sxSendBuf.STW1.%X8 := false;
        #sxSendBuf.STW1.%X9 := FALSE;
        #sxSendBuf.STW1.%X11 := #ExecuteMode;
        #sxSendBuf.EPosSTW1.%X8 := FALSE;
        #sxSendBuf.EPosSTW1.%X15 := FALSE;
        #sxSendBuf.STW1.%X6 := FALSE;

// 点动模式
ELSIF #ModePos=7 THEN
        IF #Jog1 = true AND #Jog2 = false THEN
                #sxSendBuf.STW1.%X8 := #Jog1;
        ELSIF #Jog1 = false AND #Jog2 = true THEN
        #sxSendBuf.STW1.%X9 := #Jog2;
        ELSE
        #sxSendBuf.STW1.%X8 := false;
        #sxSendBuf.STW1.%X9 := FALSE;
        END_IF;
        #sxSendBuf.STW1.%X11 := FALSE;
        #sxSendBuf.EPosSTW1.%X8 := FALSE;
        #sxSendBuf.EPosSTW1.%X15 := FALSE;
        #sxSendBuf.STW1.%X6 := FALSE;

// 输入模式不正确
ELSE
        #sxSendBuf.STW1.%X8 := false;
        #sxSendBuf.STW1.%X9 := FALSE;
        #sxSendBuf.STW1.%X11 := FALSE;
        #sxSendBuf.EPosSTW1.%X8 := FALSE;
        #sxSendBuf.EPosSTW1.%X15 := FALSE;
        #sxSendBuf.STW1.%X6 := FALSE;
        END_IF;
    END_IF;
```

```
// 将控制字传送到通信数据发送缓存区
#swSendBuf[0] := #sxSendBuf.STW1;
#swSendBuf[1] := #sxSendBuf.EPosSTW1;
#swSendBuf[2] := #sxSendBuf.EPosSTW2;
#swSendBuf[3] := #sxSendBuf.STW2;
#swSendBuf[4] := #sxSendBuf.OverrideV;
#swSendBuf[5] := #sxSendBuf.Position.%W1;
#swSendBuf[6] := #sxSendBuf.Position.%W0;
#swSendBuf[7] := #sxSendBuf.Velocity.%W1;
#swSendBuf[8] := #sxSendBuf.Velocity.%W0;
#swSendBuf[9] := #sxSendBuf.OverrideA;
#swSendBuf[10] := #sxSendBuf.OverrideD;
#swSendBuf[11] := #sxSendBuf.Reserve;

// 发送控制字到伺服驱动器
#piRetSFC := DPWR_DAT(LADDR := #HWID, RECORD := #swSendBuf);
#DiagID := INT_TO_WORD(#piRetSFC);

// 若控制字成功发送到伺服驱动器后，读取伺服驱动器的状态字
IF #piRetSFC = 0 THEN

        // 读取伺服驱动器的状态字
        #CommunicationError := FALSE;
        #piRetSFC := DPRD_DAT(LADDR := #HWID, RECORD => #swRecvBuf);
        #DiagID := INT_TO_WORD(#piRetSFC);

        // 若成功读取伺服驱动器的状态字，则将其状态输出到缓存区
        IF #piRetSFC<> 0 THEN
                #CommunicationError := TRUE;
                #sxRecvBuf.ZSW1 := W#16#0;
                #sxRecvBuf.EPosZSW1 := W#16#0;
                #sxRecvBuf.EPosZSW2 := W#16#0;
                #sxRecvBuf.ZSW2 := W#16#0;
                #sxRecvBuf.MELDW := W#16#0;
                #sxRecvBuf.Position := DW#16#00;
                #sxRecvBuf.Velocity := DW#16#00;
                #sxRecvBuf.ErrorNr := W#16#0;
                #sxRecvBuf.WarnNr := W#16#0;
                #sxRecvBuf.Reserve := W#16#0;
```

```
        ELSE
                #CommunicationError := FALSE;
                #sxRecvBuf.ZSW1 := #swRecvBuf[0];
                #sxRecvBuf.EPosZSW1 := #swRecvBuf[1];
                #sxRecvBuf.EPosZSW2 := #swRecvBuf[2];
                #sxRecvBuf.ZSW2 := #swRecvBuf[3];
                #sxRecvBuf.MELDW := #swRecvBuf[4];
                #sxRecvBuf.Position.%W1 := #swRecvBuf[5];
                #sxRecvBuf.Position.%W0 := #swRecvBuf[6];
                #sxRecvBuf.Velocity.%W1 := #swRecvBuf[7];
                #sxRecvBuf.Velocity.%W0 := #swRecvBuf[8];
                #sxRecvBuf.ErrorNr := #swRecvBuf[9];
                #sxRecvBuf.WarnNr := #swRecvBuf[10];
                #sxRecvBuf.Reserve := #swRecvBuf[11];
        END_IF;
    ELSE
                #CommunicationError := TRUE;
    END_IF;

    // 状态输出
    #AxisEnabled := #sxRecvBuf.ZSW1.%X2;
    #AxisError := #sxRecvBuf.ZSW1.%X3;
    #AxisPosOk := #sxRecvBuf.ZSW1.%X10;
    #AxisRef := #sxRecvBuf.ZSW1.%X11;
    #ActVelocity := DWORD_TO_DINT(#sxRecv
Buf.Velocity);
    #ActPosition := DWORD_TO_DINT(#sxRecv
Buf.Position);
    #ActFault := #sxRecvBuf.ErrorNr;
```

该功能块的结构如图 4-37 所示。

相对定位模式可以通过伺服驱动器相对定位功能来实现,其采用伺服驱动器的内部位置控制器实现相对位置控制。进行相对定位控制需要将运行模式选择参数 ModePos 设置为 1 并且已处于使能的状态,伺服轴不必回零或绝对编码器可以处于未被校正的状态。在相对定位中,运动方向由位置设定值 MDIPosition 中所设置值的正负确定。通过输入信号 ExecuteMode 的上升沿触发定位运动,到达目标位置后输出定位完成信号,对

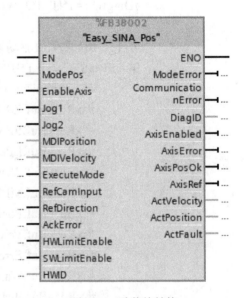

图 4-37　功能块结构

于正在运行中的相对定位运动再次触发,则执行新的命令。其控制时序图如图 4-38 所示。

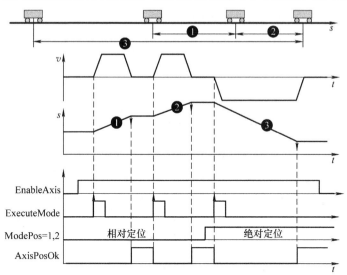

图 4-38　定位控制时序图

绝对定位模式可以通过伺服驱动器绝对定位功能实现,其采用伺服驱动器的内部位置控制器实现绝对位置控制。进行绝对定位控制需要将运行模式选择参数 ModePos 设置为 2 并且已处于使能的状态,伺服轴必须已回零或绝对编码器处于已被校正的状态。在绝对定位中,运动方向按照最短路径运行至目标位置。通过输入信号 ExecuteMode 的上升沿触发定位运动,到达目标位置后输出定位完成信号,对于正在运行中的绝对定位运动再次触发,则执行新的命令。

主动回参考点允许轴按照预设的回零速度及方式沿着正向或反向进行回参考点操作,激活伺服驱动器的主动回参考点,需要将运行模式选择参数 ModePos 设置为 4 并且已处于使能的状态,参考点挡块需要连接到 PLC 的输入点并连接到 RefCamInput 中。通过 ExecuteMode 的上升沿触发回参考点运动,且在回参考点过程中,该信号需要一直保持到高电平,否则会出现回参考点不成功现象。其控制时序图如图 4-39 所示。

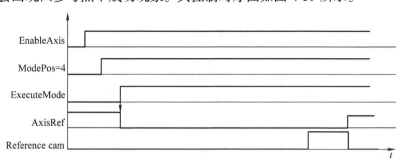

图 4-39　主动回参考点控制时序图

按指定速度点动运行可以通过驱动的 Jog 点动功能实现,需要将运行模式选择参数 ModePos 设置为 7 并且已处于使能的状态,伺服轴不必回参考点或绝对值编码器不必处于已校正的状态,点动速度在伺服驱动器中设置,速度的倍率参数对点动速度进行控制,其控制时序图如图 4-40 所示。

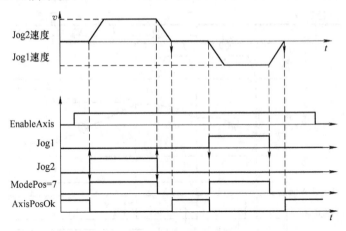

图 4-40 指定速度点动控制时序图

比较该功能块及"Sina_Pos"功能块，发现该功能块功能简单，程序量少，使用周期性通信指令 DPWR_DAT 写伺服驱动器的控制字，使用周期性通信指令 DPRD_DAT 读伺服驱动器的状态字。这个示例不仅演示了周期性通信指令控制 SINAMICS V90 PN 伺服驱动器的应用方法，同时也可以给用户一个启发，即当某些功能块不能满足实际应用需求的时候，可以编写自己特有的功能块进行伺服驱动器的控制，或者修改原有的功能块以满足伺服驱动器的控制要求。

在 OB1 中，调用"Easy_SINA_Pos"库，并按如图 4-41 所示编写程序。

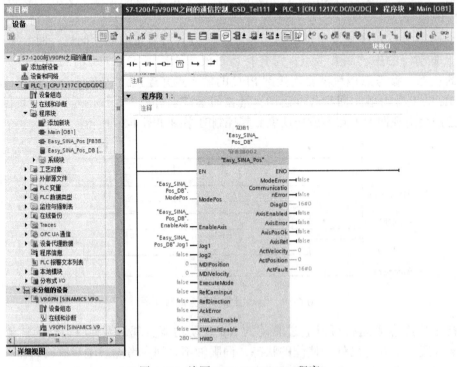

图 4-41 编写 Easy_SINA_Pos 程序

编译下载 PLC 程序，并运行控制伺服驱动器点动，如图 4-42 所示。

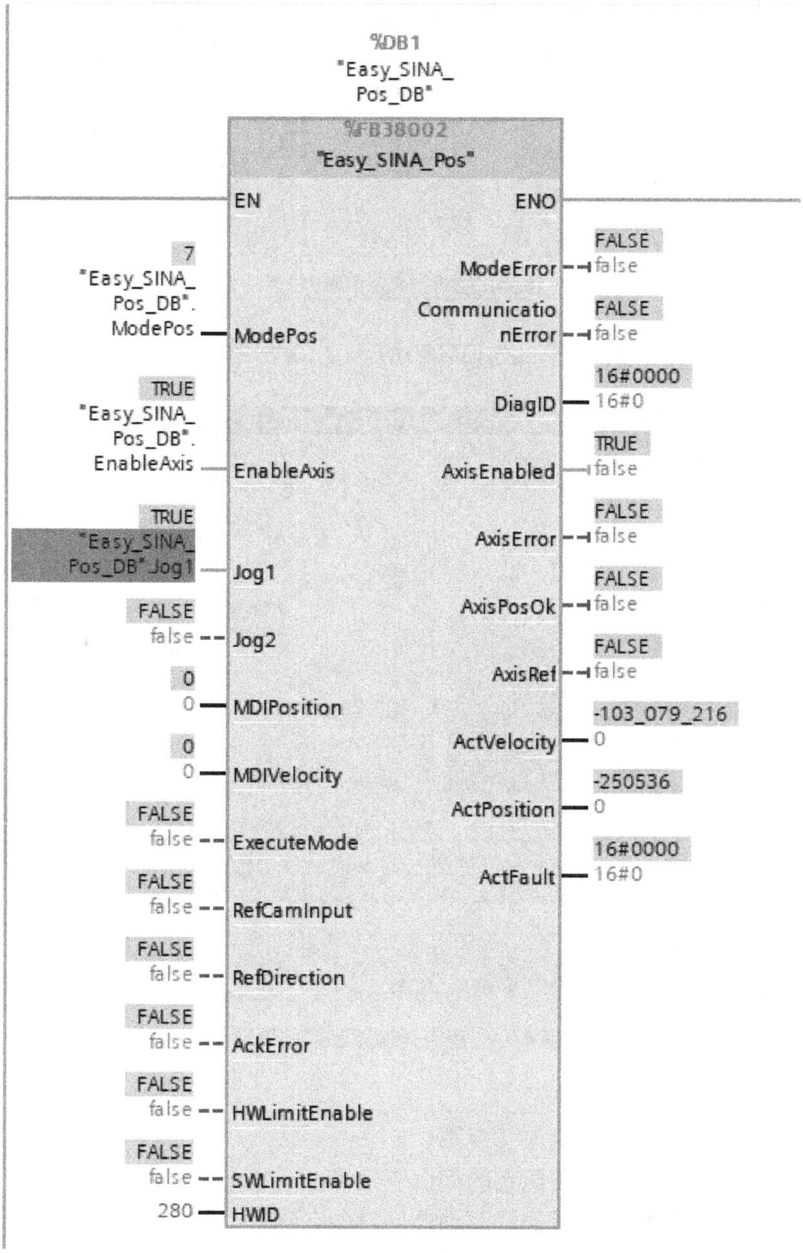

图 4-42　运行程序点动控制伺服驱动器

4.3.4　基于基本定位器工艺对象的 SINAMICS V90 PN 伺服驱动器的通信控制

采用基本定位器工艺对象控制 SINAMICS V90 PN 伺服驱动器，首先应组态一个 TIA Portal 项目，添加 SIMATIC S7-1200 PLC 或 SIMATIC S7-1500 PLC，并添加一个 SINAMICS V90 PN 伺服驱动器，组态通信网络，使 PLC 与伺服驱动器在同一个 PROFINET 网络，如图 4-43 所示。

如图 4-44 所示，组态伺服驱动器的属性。

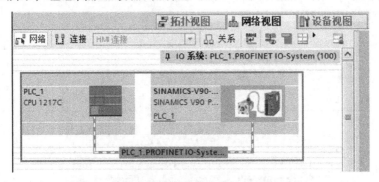

图 4-43　组态伺服驱动器及 PROFINET 网络

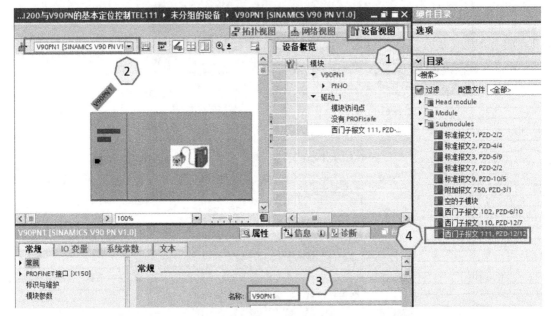

图 4-44　组态伺服驱动器的属性

在图 4-44 中，完成如下操作：

① 单击"设备视图"切换到设备视图。

② 在下拉列表中，找到需要组态的伺服驱动器。

③ 在属性页中，按需要修改伺服驱动器的设备名称。

④ 添加伺服驱动器的报文类型为"西门子报文 111，PZD-12/12"。

在用户程序中，调用"TO_BasicPos"指令，如图 4-45 所示。该指令的结构、其输入输出的类型、功能均与功能块"SINA_Pos"相同。

在图 4-45 中，完成如下操作：

① 在指令的工艺指令选项下，找到 SINAMICS 驱动器所采用的基本定位器指令"TO_BasicPos"，并将其拖拽到用户程序中。

② 单击组态按钮进行工艺对象的组态。

③ 单击诊断按钮进行工艺对象的诊断。

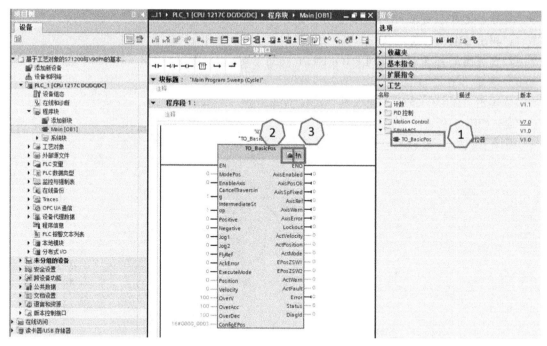

图 4-45　调用"TO_BasicPos"指令

单击组态按钮，在弹出的组态界面中进行组态，如图 4-46 所示。

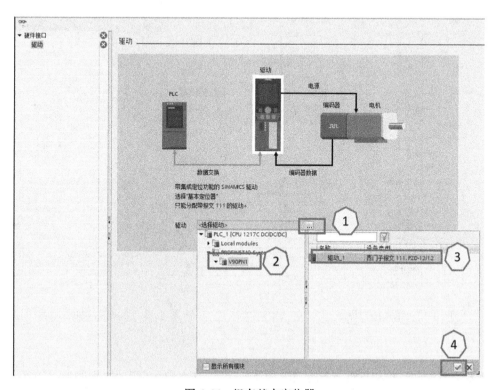

图 4-46　组态基本定位器

在图 4-46 中，完成如下操作：

① 单击驱动后的扩展按钮。

② 在弹出的界面中，找到 PROFINET 网络下对应的 SINAMICS V90 PN 伺服驱动器。

③ 选择 "驱动_1"。

④ 单击 "确认" 按钮，完成基本定位器的组态。

编写如图 4-47 所示的用户程序。

编译下载程序到 PLC，并运行程序控制伺服驱动器，如图 4-48 所示。

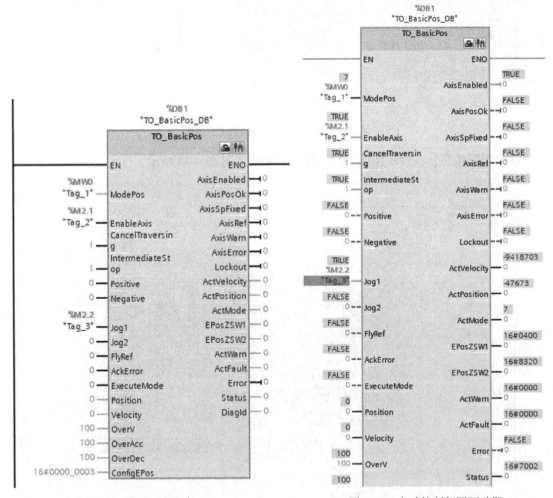

图 4-47 编写用户程序　　　　　　图 4-48 点动控制伺服驱动器

单击诊断按钮，可以在线诊断如图 4-49 所示的 "基本定位器" "二进制信号" 及 "Sina-Pos 状态"。

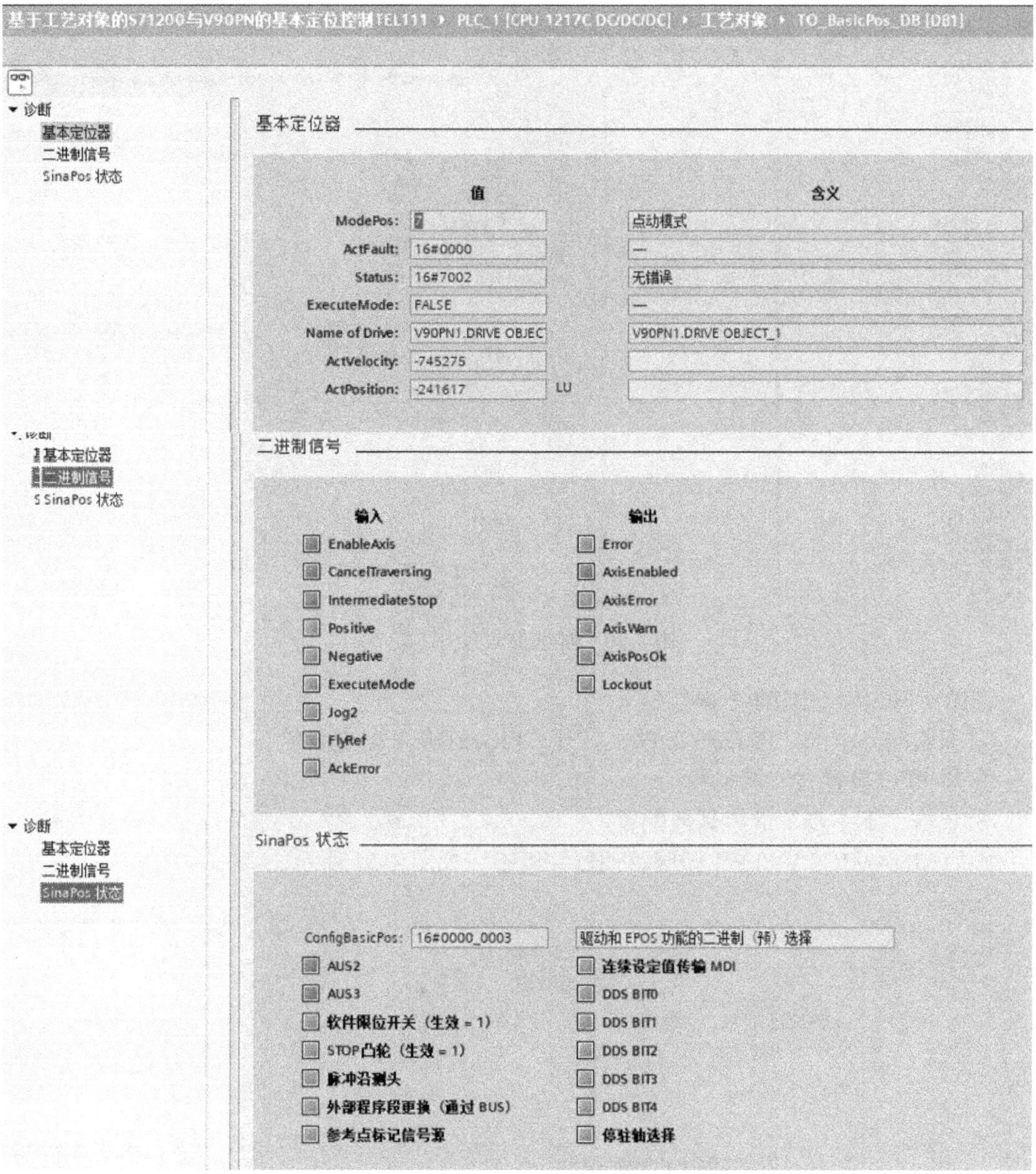

图 4-49　诊断信息

4.3.5　基于报文类型 1 的 SIMATIC S7-200 SMART PLC 与 SINAMICS V90 PN 伺服驱动器的通信控制

SIMATIC S7-200 SMART PLC 通过报文类型 1 可以控制 SINAMICS V90 PN 伺服驱动器工作在速度模式，可以采用 MOVE 指令直接控制伺服驱动器的控制字和速度给定并接收伺服驱动器的状态字和实际速度，也可以采用 SINA_SPEED 库控制伺服驱动器。

首先应新建一个项目，并组态 SIMATIC S7-200 SMART PLC 的 CPU 为正确的类型。然后新建一个 PROFINET 向导，如图 4-50 所示。

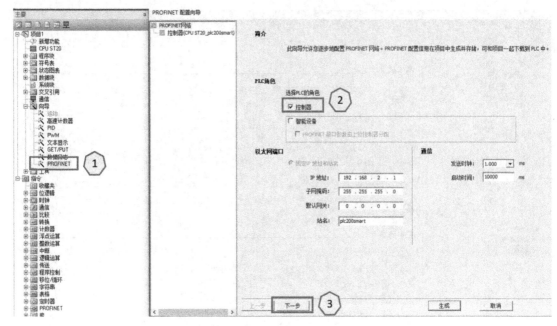

图 4-50　新建 PROFINET 向导

在图 4-50 中，完成如下操作：

① 双击向导下的 "PROFINET"，打开 "PROFINET 配置向导"。

② 将 PLC 设置为 "控制器"。

③ 单击 "下一步" 继续其他配置。

添加 SINAMICS V90 PN 伺服驱动器并组态，如图 4-51 所示。

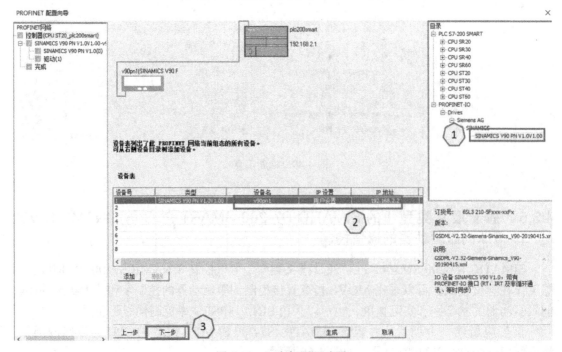

图 4-51　组态伺服驱动器

在图 4-51 中，完成如下操作：

① 在硬件目录中找到"SINAMICS V90 PN V1.0 V1.00"伺服驱动器，并将其拖拽到设备表中。

② 按要求修改设备名称及其 IP 地址。

③ 单击"下一步"继续其他配置。

组态伺服驱动器的报文类型，如图 4-52 所示。

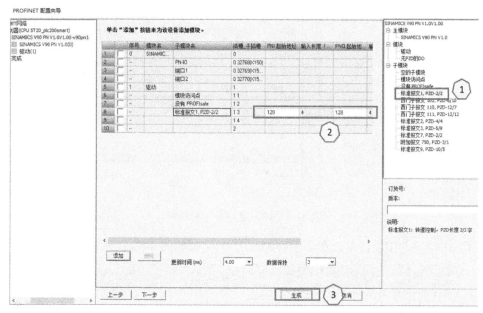

图 4-52 组态报文类型

在图 4-52 中，完成如下操作：

① 在"子模块"中找到"标准报文 1，PZD-2/2"，并将其拖拽到第 8 行中。

② 组态完报文类型后，可以得到其 PLC 的输入输出起始地址及其长度，其中起始地址可以手动修改。

③ 单击"生成"按钮，完成 PROFINET 的配置。

新建如图 4-53 所示的符号表。

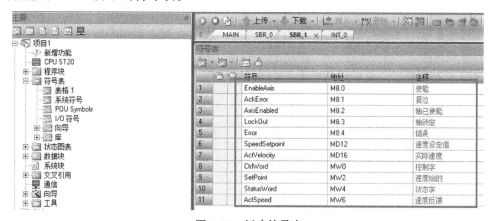

图 4-53 新建符号表

采用 MOVE 指令，在子程序 SBR_0 中编写如图 4-54 所示的用户程序。

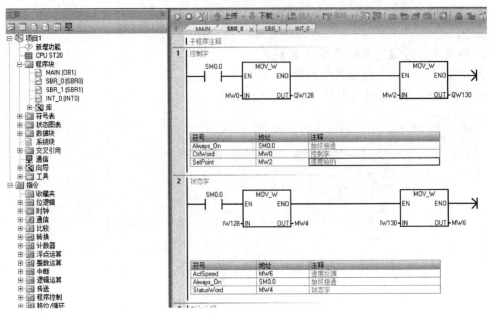

图 4-54   MOVE 指令用户程序

采用 SINA_SPEED 指令，在子程序 SBR_1 中编写如图 4-55 所示的用户程序。

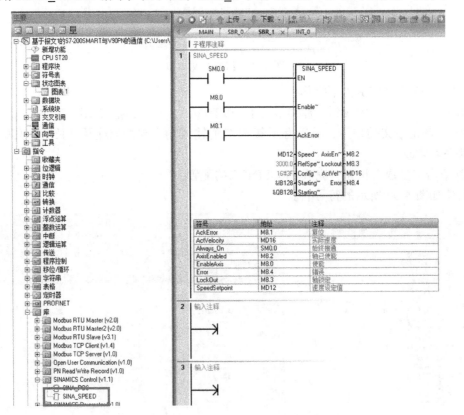

图 4-55   SINA_SPEED 指令用户程序

如图 4-56 所示，给 SINA_SPEED 指令分配 PLC 地址。

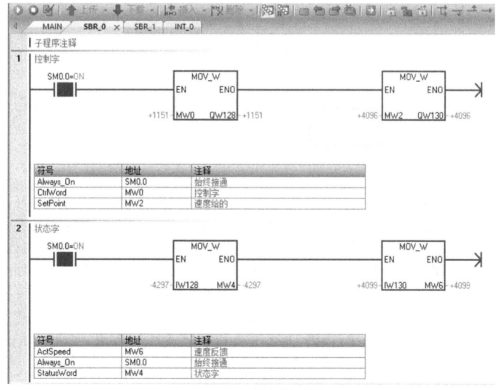

图 4-56　分配 PLC 地址

在图 4-56 中，完成如下操作：

① 在"项目 1"下的"符号表"中，找到"库"下的"SINAMICS Control(v1.1)"并双击打开。

② 设置库的 PLC 地址，地址分配后，在用户程序中尽量避免使用自动给库分配的 PLC 地址，以免由于 PLC 地址错误赋值后产生误动作。

调用 SBR_0 控制 SINAMICS V90 PN 伺服驱动器，得到如图 4-57 所示的运行状态。

图 4-57　MOVE 指令的运行状态

调用 SBR_1 控制 SINAMICS V90 PN 伺服驱动器，得到如图 4-58 所示的运行状态。

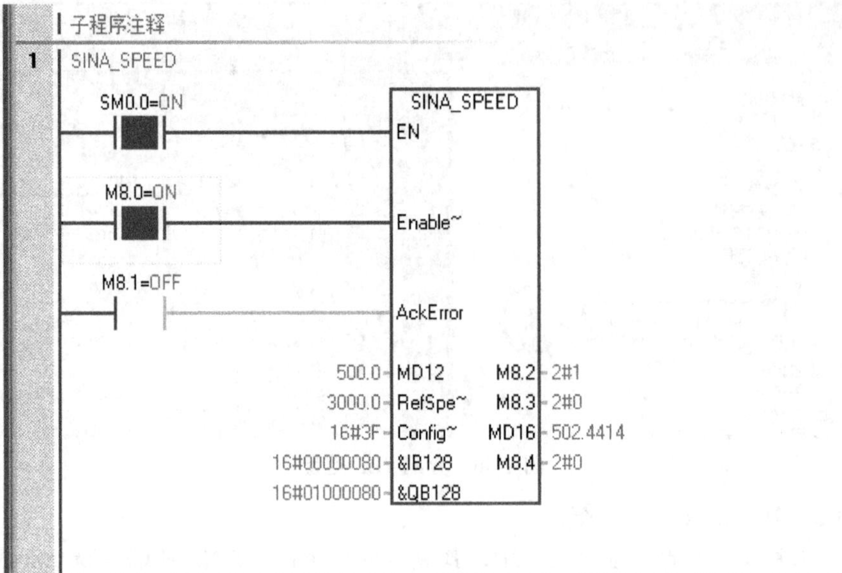

符号	地址	注释
AckError	M8.1	复位
ActVelocity	MD16	实际速度
Always_On	SM0.0	始终接通
AxisEnabled	M8.2	轴已使能
EnableAxis	M8.0	使能
Error	M8.4	错误
LockOut	M8.3	轴锁定
SpeedSetpoint	MD12	速度设定值

图 4-58 SINA_SPEED 指令的运行状态

4.4 SIMATIC PLC 与 SINAMICS V90 PN 伺服驱动器的非周期通信

所谓非周期通信，顾名思义即不需要每个循环周期都进行数据读写的通信控制，通常用于在 PROFINET 通信的空余时间内读写 SINAMICS V90 PN 伺服驱动器中参数值，具备 PROFINET 通信的 SIMATIC 控制器均可以与 SINAMICS V90 PN 伺服驱动器进行非周期性通信，可以采用 WRREC 指令传送伺服驱动器所需要执行的非周期任务，RDREC 指令读取伺服驱动器接收到的非周期任务执行结果，采用功能块“SinaPara”进行伺服驱动器最多 16 个参数的非周期读写操作，采用功能块“SinaParaS”进行伺服驱动器单个参数的非周期读写操作，还可以采用 LAcycCom 库函数进行单个或多个参数的非周期读写操作。SIMATIC PLC 与 SINAMICS V90 PN 伺服驱动器间的非周期通信可以在任何报文类型下进行，PLC 与伺服驱动器之间的数据传送长度最大只能为 240 个字节。

4.4.1 基于 WRREC 和 RDREC 指令的 SIMATIC S7-1200 PLC 与 SINAMICS V90 PN 伺服驱动器间的非周期通信

WRREC 指令用于 SIMATIC S7-1200 PLC 或 SIMATIC S7-1500 PLC 与 SINAMICS V90

PN 伺服驱动器之间进行非周期通信时的写任务操作，其指令结构如图 4-59 所示。

REQ：写请求命令，每个 PLC 扫描周期为 1 时执行写操作，通常采用上升沿。

ID：SINAMICS V90 PN 伺服驱动器组态的报文类型对应的硬件标识符。

INDEX：数据记录编号，对于 SINAMICS V90 PN 伺服驱动器来说，该值为 47。

RECORD：需要写到伺服驱动器中的任务数据源。

LEN：需要写到伺服驱动器中的数据长度，单位为字节，其值应大于 RECORD 数据源的长度，通常隐藏，可以不进行编程。

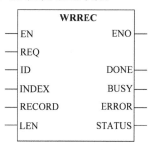

图 4-59　WRREC 指令结构

DONE：数据已写入到伺服驱动器中。

BUSY：数据写入还未完成。

ERROR：数据写入出错。

STATUS：WRREC 指令执行状态。

RDREC 指令用于 SIMATIC S7-1200 PLC 或 SIMATIC S7-1500 PLC 与 SINAMICS V90 PN 伺服驱动器之间进行非周期通信时的读反馈状态操作，其指令结构如图 4-60 所示。

REQ：读请求命令，每个 PLC 扫描周期为 1 时执行读操作，通常采用上升沿。

ID：SINAMICS V90 PN 伺服驱动器组态的报文类型对应的硬件标识符。

INDEX：数据记录编号，对于 SINAMICS V90 PN 伺服驱动器来说，该值为 47。

MLEN：要读取并需要记录的最大数据长度，单位为字节。

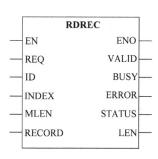

图 4-60　RDREC 指令结构

RECORD：读取伺服驱动器中的数据后的存放地址。

VALID：已经收到了伺服驱动器的有效数据反馈。

BUSY：数据读取未完成。

ERROR：数据读取出错。

STATUS：RDREC 指令执行状态。

LEN：已读取到的数据信息的长度。

对于 SIMATIC PLC 与 SINAMICS V90 PN 伺服驱动器之间的写操作，可以直接将需要写入伺服驱动器的数据命令通过 WRREC 指令传输到伺服驱动器中即可，当 PLC 完成与伺服驱动器之间的数据写入后，可以采用 RDREC 指令读取伺服驱动器对于本次写入操作的执行结果，也可以直接在伺服驱动器 BOP 中找到对应的参数进行确认。但是对于 SIMATIC PLC 与 SINAMICS V90 PN 伺服驱动器之间的读操作，并非直接采用 RDREC 指令进行读取，PLC 首先需要通过 WRREC 指令将要读取的伺服驱动器参数命令写入到伺服驱动器中，伺服驱动器接收到该任务后，将 PLC 需要的数据准备好并给 PLC 反馈信号，PLC 接收到该信号后，需要执行 RDREC 指令读取伺服驱动器所准备好的数据。对于单次任务完整的传输过程如图 4-61 所示。

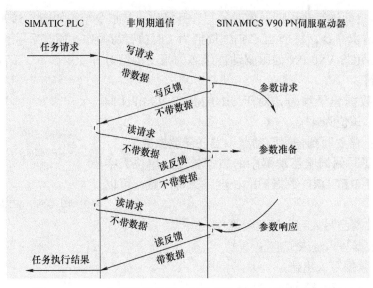

图 4-61 PLC 与伺服驱动器之间的单次任务完整的传输过程

以 SIMATIC S7-1200 PLC 为例使用 WRREC 和 RDREC 两个指令对 SINAMICS V90 PN 伺服驱动器中的参数进行非周期读写。首先需要创建一个 TIA Portal 项目并组态 SIMATIC S7-1200 PLC 及报文类型为 3 的 SINAMICS V90 PN 伺服驱动器，同时需要将 PLC 与伺服驱动器组态到同一个 PROFINET 网络中。

创建如图 4-62 所示的 PLC 变量表。

	名称	数据类型	地址	注释
1	WriteReq	Bool	%M10.0	写请求
2	WriteReqPosEdge	Bool	%M10.1	写请求上升沿
3	WriteDone	Bool	%M10.2	写完成
4	WriteBusy	Bool	%M10.3	写正忙
5	WriteError	Bool	%M10.4	写错误
6	WriteStatus	DWord	%MD12	写状态
7	ReadReq	Bool	%M20.0	读请求
8	ReadReqPosEdge	Bool	%M20.1	读请求上升沿
9	ReadValid	Bool	%M20.2	读有效
10	ReadBusy	Bool	%M20.3	读正忙
11	ReadError	Bool	%M20.4	读错误
12	ReadStatus	DWord	%MD22	读状态
13	ReadLength	UInt	%MW26	读数据长度
14	WriteDonePosEdge	Bool	%M10.5	写完成上升沿
15	ReadValidPosEdge	Bool	%M20.5	读有效上升沿
16	<新增>			

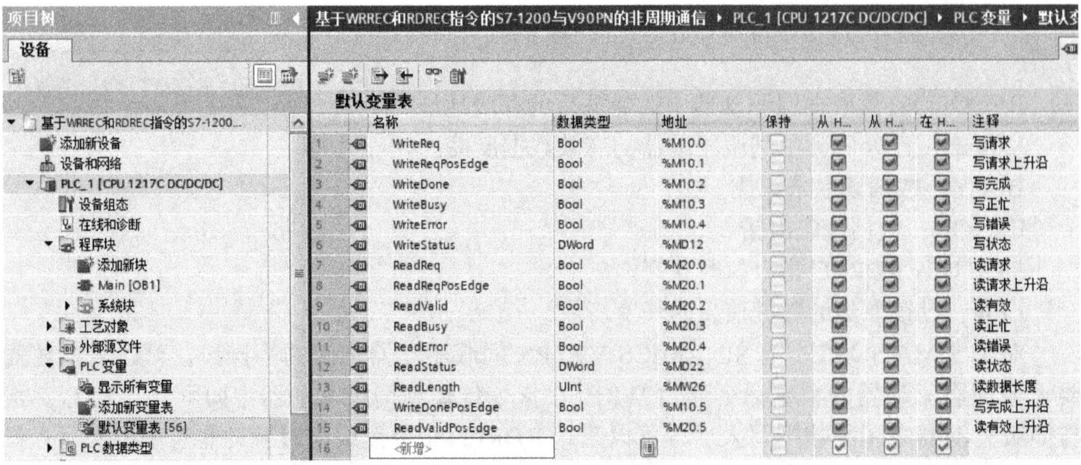

图 4-62 新建 PLC 变量表

编写如图 4-63 所示的写命令程序。MB100 到 MB139 为写入到伺服驱动器中的任务。

如图 4-64 所示，编写读命令程序。MB200 到 MB239 为读到的伺服驱动器执行完写入的任务后反馈回来的数据。

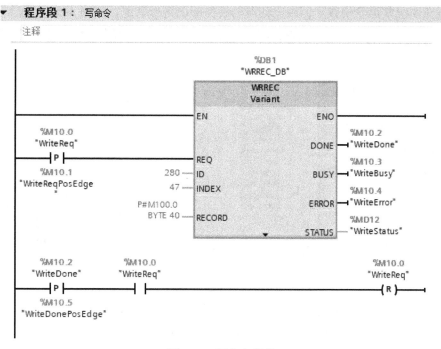

图 4-63　写命令程序

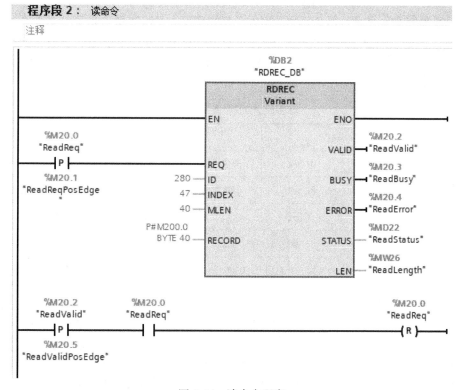

图 4-64　读命令程序

可以在系统常量表中找到伺服驱动器的硬件标识符的数值，如图 4-65 所示。

	PLC 变量		
	名称	数据类型	值
28	Local~Pulse_3	Hw_Pwm	267
29	Local~Pulse_4	Hw_Pwm	268
30	OB_Main	OB_PCYCLE	1
31	Local~PROFINET_IO-System	Hw_IoSystem	269
32	V90PN1~Proxy	Hw_SubModule	272
33	V90PN1~IODevice	Hw_Device	270
34	V90PN1~PN-IO	Hw_Interface	273
35	V90PN1~PN-IO~Port_1	Hw_Interface	274
36	V90PN1~PN-IO~Port_2	Hw_Interface	275
37	V90PN1~Head	Hw_SubModule	276
38	V90PN1~DRIVE_OBJECT_1	Hw_SubModule	277
39	V90PN1~DRIVE_OBJECT_1~Module_Access_Point	Hw_SubModule	278
40	V90PN1~DRIVE_OBJECT_1~without_PROFIsafe	Hw_SubModule	279
41	V90PN1~DRIVE_OBJECT_1~Standard_telegram_3_PZD_5_9	Hw_SubModule	280

图 4-65　系统常量表

在图 4-65 中，完成如下操作：

① 在"项目树"下的 PLC 变量选项中，双击"显示所有变量"。

② 切换到"系统常量"。

③ 找到对应的伺服驱动器的报文类型，可以得到该硬件标识符的值。

程序编辑完成后就可以进行编译下载到 SIMATIC PLC 中运行。

读取伺服驱动器中 P1121，P29020[0] 和 P29020[1] 中的数据，首先将读取的这 3 个参数的任务写入到 MB100~MB139 中，见表 4-8。从数据头可以看出本次任务为需要读取两个参数号的值，对第 1 个参数，只读其中一个索引中的参数值，而对于第 2 个参数，将读取从索引 0 开始的两个索引中的参数值。

表 4-8　读取参数的任务表

	字节 n		字节 $n+1$		PLC 地址
数据头	参考请求	01 hex	请求任务	01 hex	MW100=16#0101
	设备 ID 号	02 hex	参数数量	02 hex	MW102=16#0202
第 1 个参数	属性	10 hex	索引数量	00 hex	MW104=16#1000
	参数号 =0461 hex				MW106=16#0461
	第一个索引号 =0000 hex				MW108=16#0000
第 2 个参数	属性	10 hex	索引数量	02 hex	MW110=16#1002
	参数号 =715C hex				MW112=16#715C
	第一个索引号 =0000 hex				MW114=16#0000

将表 4-8 所示的任务传送到对应的 PLC 地址后，执行写请求命令，设置 M10.0=TRUE，待 WRREC 命令执行完，返回信号 M10.2=TRUE 时，如图 4-66 所示。

	i	名称	地址	显示格式	监视值	修改值
1			%MW100	十六进制	16#0101	
2			%MW102	十六进制	16#0202	
3			%MW104	十六进制	16#1000	
4			%MW106	十六进制	16#0461	
5			%MW108	十六进制	16#0000	
6			%MW110	十六进制	16#1002	
7			%MW112	十六进制	16#715C	
8			%MW114	十六进制	16#0000	
9			%MW116	十六进制	16#0000	
10			%MD118	浮点数	0.0	
11			%MW122	十六进制	16#0000	
12			%MW124	无符号十进制	0	
13			%MW126	无符号十进制	0	
14		"WriteReq"	%M10.0	布尔型	FALSE	
15		"WriteStatus"	%MD12	十六进制	16#0000_0000	

图 4-66 发送读任务到伺服驱动器

执行读请求命令,设置 M20.0=TRUE,待 RDREC 命令执行完,返回信号 M20.2=TRUE 时,可以得到见表 4-9 的伺服驱动器返回数据,如图 4-67 所示。

表 4-9 伺服驱动器返回数据

	字节 n		字节 $n+1$		PLC 地址
数据头	参考请求	01 hex	请求任务	01 hex	MW200=16#0101
	设备 ID 号	02 hex	参数数量	02 hex	MW202=16#0202
第 1 个参数	数据格式	08 hex	索引数量	01 hex	MW204=16#0801
	参数值 =1.0				MD206=1.0
第 2 个参数	数据格式	06 hex	索引数量	02 hex	MW210=16#0602
	索引 0 的参数值 =18				MW212=18
	索引 1 的参数值 =18				MW214=18

17			%MW200	十六进制	16#0101	
18			%MW202	十六进制	16#0202	
19			%MW204	十六进制	16#0801	
20			%MD206	浮点数	1.0	
21			%MW210	十六进制	16#0602	
22			%MW212	无符号十进制	18	
23			%MW214	无符号十进制	18	
24		"ReadReq"	%M20.0	布尔型	FALSE	
25		"ReadStatus"	%MD22	十六进制	16#0000_0000	

图 4-67 读取伺服驱动器的返回值

第 1 个参数返回了一个实数,而且返回的索引数量为 1。第 2 个参数返回了两个整形数据,分别对应该参数的索引 0 和索引 1 的值。

修改伺服驱动器的 P1121=2.0,P29020[0]=20 和 P29020[1]=21。首先将修改的这 3 个参数的任务写入到 MB100~MB139 中,见表 4-10。从数据头可以看出本次任务为需要修改两个参数值，对第 1 个参数，只修改其中一个索引中的参数值，而对于第 2 个参数，将修改从索引 0 开始的两个索引中的参数值。

表 4-10　修改参数的任务表

	字节 *n*		字节 *n*+1		PLC 地址
数据头	参考请求	01 hex	请求任务	02 hex	MW100=16#0102
	设备 ID 号	02 hex	参数数量	02 hex	MW102=16#0202
第 1 个参数	属性	10 hex	索引数量	01 hex	MW104=16#1001
	参数号 =0461 hex				MW106=16#0461
	第一个索引号 =0000 hex				MW108=16#0000
第 2 个参数	属性	10 hex	索引数量	02 hex	MW110=16#1002
	参数号 =715C hex				MW112=16#715C
	第一个索引号 =0000 hex				MW114=16#0000
第 1 个参数的目标值	数据类型	08 hex	索引数量	01 hex	MW116=16#0801
	参数修改的目标值 =2.0				MD118=2.0
第 2 个参数的目标值	数据类型	06 hex	索引数量	02 hex	MW122=16#0602
	索引 0 的目标值 =20				MW124=20
	索引 1 的目标值 =21				MW126=21

将表 4-10 所示的任务传送到对应的 PLC 地址后，执行写请求命令，设置 M10.0= TRUE，待 WRREC 命令执行完，返回信号 M10.2=TRUE 时，如图 4-68 所示。

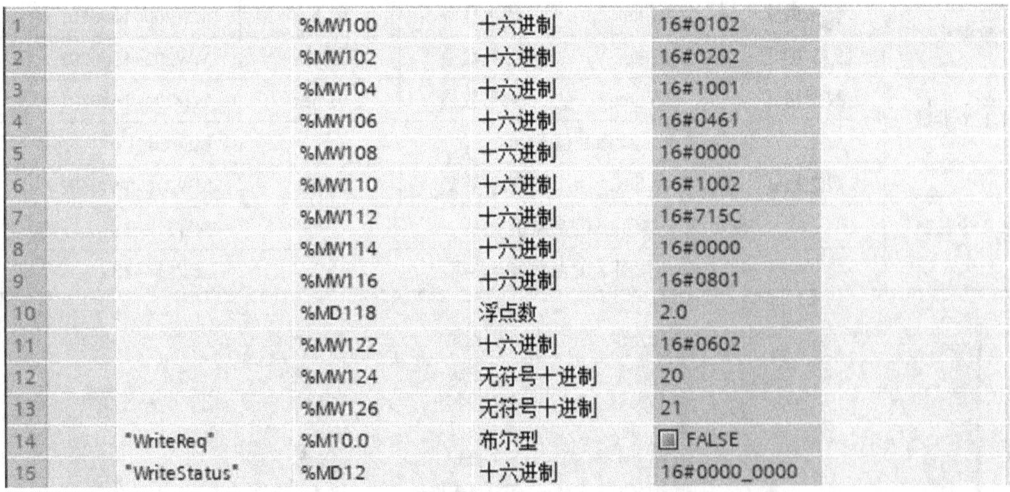

图 4-68　发送写任务到伺服驱动器

执行读请求命令，设置 M20.0=TRUE，待 RDREC 命令执行完，返回信号 M20.2= TRUE 时，可以得到见表 4-11 的伺服驱动器返回参数修改的状态，没有任何错误返回，参数修改成功，如图 4-69 所示。

表 4-11　伺服驱动器返回参数修改的状态

	字节 *n*		字节 *n*+1		PLC 地址
数据头	参考请求	01 hex	请求任务	01 hex	MW200=16#0102
	设备 ID 号	02 hex	参数数量	02 hex	MW202=16#0202

17		%MW200	十六进制	16#0102
18		%MW202	十六进制	16#0202
19		%MW204	十六进制	16#0801
20		%MD206	浮点数	1.0
21		%MW210	十六进制	16#0602
22		%MW212	无符号十进制	18
23		%MW214	无符号十进制	18
24	"ReadReq"	%M20.0	布尔型	☐ FALSE
25	"ReadStatus"	%MD22	十六进制	16#0000_0000
26	"ReadLength"	%MW26	无符号十进制	4

图 4-69　读取写任务的返回值

图 4-69 中可以看出，MW26=4，此次从伺服驱动器读到的数据长度为 4 字节，即 MW200 与 MW202，其余数据是上次从伺服驱动器中读到的数据，本次数据无效。

从上述可以看出，当使用 WRREC 和 RDREC 进行伺服驱动器参数读写时，程序简单，但是需要操作的两个指令的 RECORD 数据相当复杂，且不易理解，特别是当读写的数据数量较多，数据类型比较复杂时，两个指令的 RECORD 数据就更加复杂了。

4.4.2　基于 SinaPara 的 SIMATIC S7-1200 PLC 与 SINAMICS V90 PN 伺服驱动器的非周期通信

采用 SinaPara 功能块，调用 RDREC 指令和 WRREC 指令与 SINAMICS V90 PN 伺服驱动器进行非周期通信，可以一次性最多读或写 16 个驱动器参数，该功能块的指令结构如图 4-70 所示。

Start：执行任务时需要保证每个 PLC 扫描周期都为 1 时。

ReadWrite：=0 时，从伺服驱动器中读取参数值；=1 时，修改伺服驱动器中的参数值。

ParaNo：需要从伺服驱动器中读取或修改的参数数量，需要设置为 1~16。

AxisNo：多轴系统中的轴编号，对于 SINAMICS V90 PN 伺服驱动器来说，此处需要设置为 2。

hardwareId：SINAMICS V90 PN 伺服驱动器组态的报文类型所对应的硬件标识符。

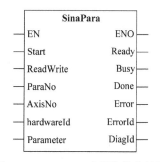

图 4-70　SinaPara 功能块指令结构

Parameter：该参数为 PLC 的输入输出接口，既可以将该参数的值传送到功能块中，该功能块也能修改该参数的值。该参数的数据结构为 16 个元素的一维数组，每个元素的数据类型为预先定好的用于 SinaPara 功能块的数据类型，包括：siParaNo 为参数号；siIndex 为参数索引号；srValue 为数据格式是浮点数的参数值；sdValue 为数据格式是双整形或双字的参数值；syFormat 为参数值的数据结构；swErrorNo 为错误代码。对于读取伺服驱动器参数值时，PLC 会根据伺服驱动器的返回值判断数据的格式，然后将其写入到 srValue 或 sdValue 中。但是对于修改伺服驱动器参数值时，在用户 PLC 程序中，用户需要判断其数据格式，然后将参数值分配到相应的 srValue 或 sdValue 中。

Ready：用于 LAcycCom 库。

Busy：正在处理伺服驱动器参数的读写操作。

Done：伺服驱动器参数的读写操作完成。

Error：故障。

ErrorId：故障代码。

DiagId：扩展的通信错误代码。

新建一个 TIA Portal 项目，并组态 SIMATIC S7-1200 PLC 及报文类型为 3 的 SIN-AMICS V90 PN 伺服驱动器，同时需要将 PLC 与伺服驱动器组态到同一个 PROFINET 网络中。新建如图 4-71 所示的变量表。

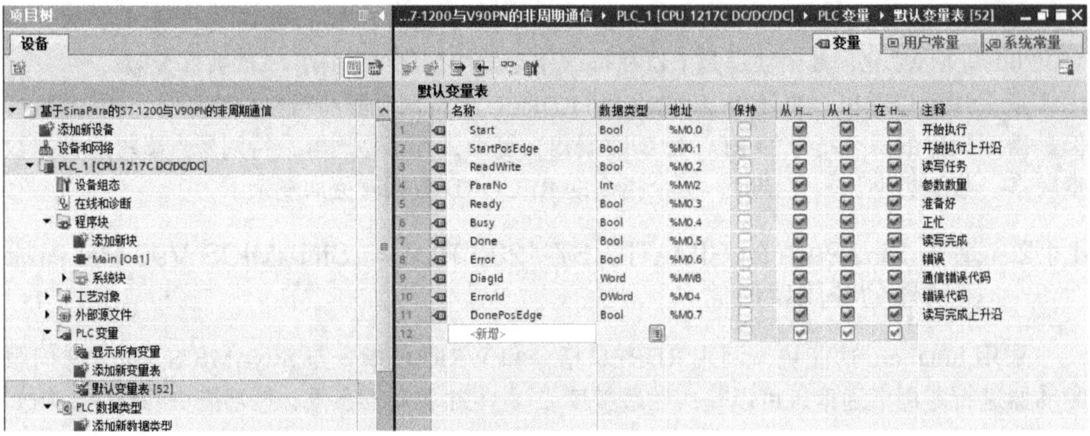

图 4-71　新建变量表

新建如图 4-72 所示的全局数据块，作为 Parameter 参数的接口。

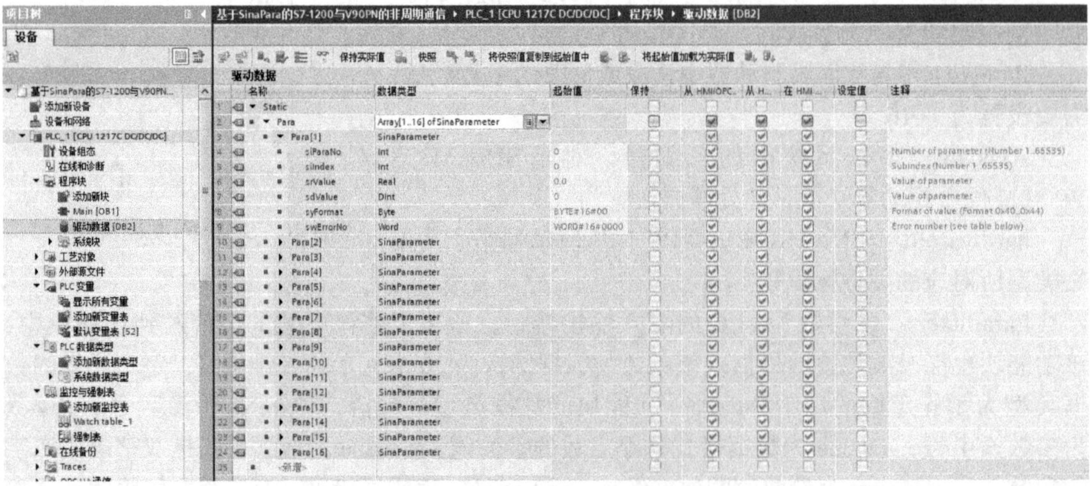

图 4-72　新建全局数据块

在指令→选件包→ SINAMICS 下找到 SinaPara 功能块，双击调用，并编写如图 4-73 所示的用户程序。

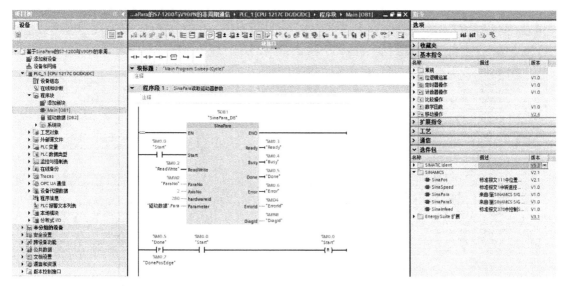

图 4-73　SinaPara 功能块用户程序

完成后编译下载到 PLC 中，运行 CPU，为了方便控制，新建如图 4-74 所示的 PLC 变量监控与强制表。

图 4-74　新建 PLC 变量监控与强制表

首先进行伺服驱动器中的 P1121、P29020[0] 和 P29020[1] 参数的读操作，将需要读的参数号、索引号、读写任务和参数数量写入 PLC 变量中，如图 4-75 所示。

将"Start"置为 1，开始读伺服驱动器中的参数，然后伺服驱动器返回如图 4-76 所示的数据。可以看出伺服驱动器中 P1121 的值为 1.0 且数据结构为浮点数，P29020[0] 中的值为 26 且数据结构为 16 位无符号数，P29020[1] 中的值为 26 且数据结构为 16 位无符号数，所有伺服驱动器返回的数据都保存在变量 srValue 中。

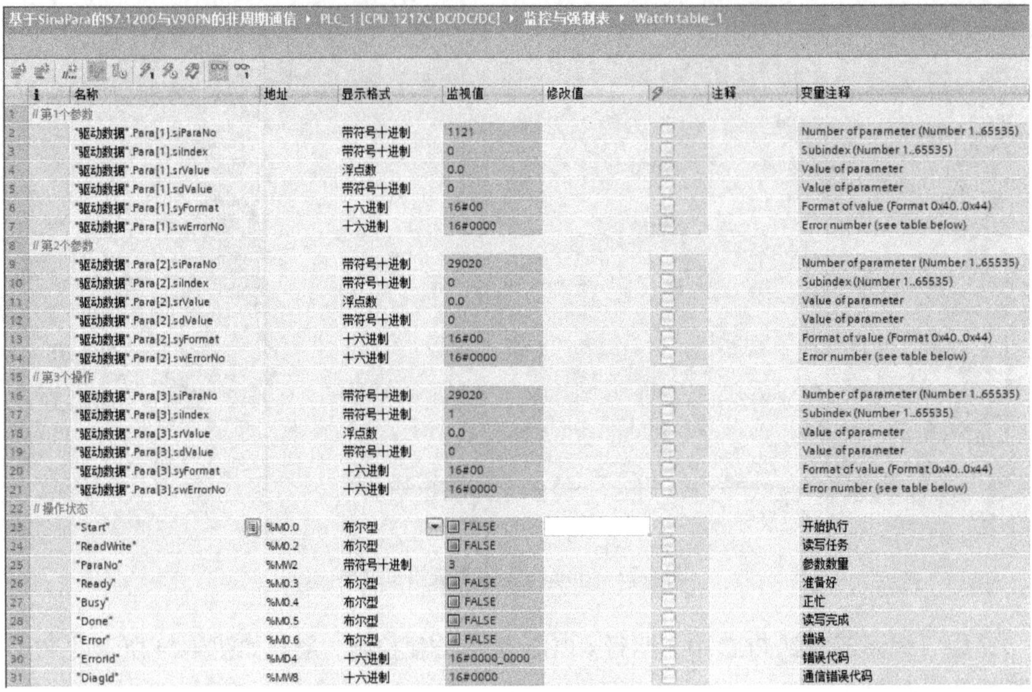

基于SinaPara的S7-1200与V90PN的非周期通信 ▸ PLC_1 [CPU 1217C DC/DC/DC] ▸ 监控与强制表 ▸ Watch table_1

	i	名称	地址	显示格式	监视值	修改值		注释	变量注释
1		//第1个参数							
2		"驱动数据".Para[1].siParaNo		带符号十进制	1121				Number of parameter (Number 1..65535)
3		"驱动数据".Para[1].siIndex		带符号十进制	0				Subindex (Number 1..65535)
4		"驱动数据".Para[1].srValue		浮点数	0.0				Value of parameter
5		"驱动数据".Para[1].sdValue		带符号十进制	0				Value of parameter
6		"驱动数据".Para[1].syFormat		十六进制	16#00				Format of value (Format 0x40..0x44)
7		"驱动数据".Para[1].swErrorNo		十六进制	16#0000				Error number (see table below)
8		//第2个参数							
9		"驱动数据".Para[2].siParaNo		带符号十进制	29020				Number of parameter (Number 1..65535)
10		"驱动数据".Para[2].siIndex		带符号十进制	0				Subindex (Number 1..65535)
11		"驱动数据".Para[2].srValue		浮点数	0.0				Value of parameter
12		"驱动数据".Para[2].sdValue		带符号十进制	0				Value of parameter
13		"驱动数据".Para[2].syFormat		十六进制	16#00				Format of value (Format 0x40..0x44)
14		"驱动数据".Para[2].swErrorNo		十六进制	16#0000				Error number (see table below)
15		//第3个操作							
16		"驱动数据".Para[3].siParaNo		带符号十进制	29020				Number of parameter (Number 1..65535)
17		"驱动数据".Para[3].siIndex		带符号十进制	1				Subindex (Number 1..65535)
18		"驱动数据".Para[3].srValue		浮点数	0.0				Value of parameter
19		"驱动数据".Para[3].sdValue		带符号十进制	0				Value of parameter
20		"驱动数据".Para[3].syFormat		十六进制	16#00				Format of value (Format 0x40..0x44)
21		"驱动数据".Para[3].swErrorNo		十六进制	16#0000				Error number (see table below)
22		//操作状态							
23		"Start"	%M0.0	布尔型	FALSE				开始执行
24		"ReadWrite"	%M0.2	布尔型	FALSE				读写任务
25		"ParaNo"	%MW2	带符号十进制	3				参数数量
26		"Ready"	%M0.3	布尔型	FALSE				准备好
27		"Busy"	%M0.4	布尔型	FALSE				正忙
28		"Done"	%M0.5	布尔型	FALSE				读写完成
29		"Error"	%M0.6	布尔型	FALSE				错误
30		"ErrorId"	%MD4	十六进制	16#0000_0000				错误代码
31		"DiagId"	%MW8	十六进制	16#0000				通信错误代码

图 4-75　写入读操作任务

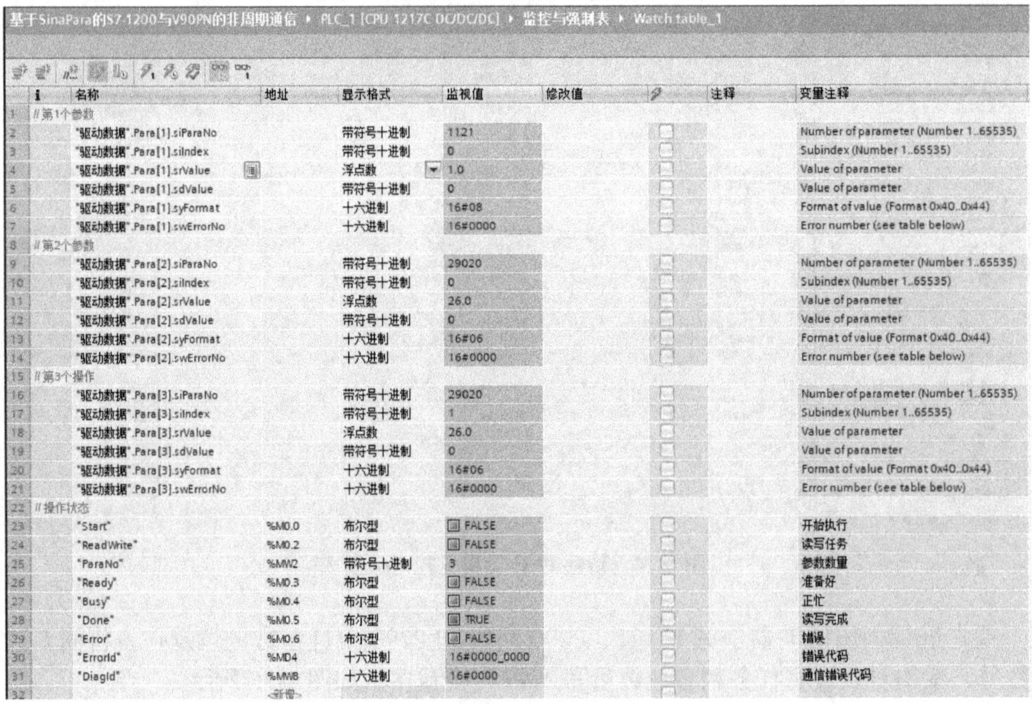

基于SinaPara的S7-1200与V90PN的非周期通信 ▸ PLC_1 [CPU 1217C DC/DC/DC] ▸ 监控与强制表 ▸ Watch table_1

	i	名称	地址	显示格式	监视值	修改值		注释	变量注释
1		//第1个参数							
2		"驱动数据".Para[1].siParaNo		带符号十进制	1121				Number of parameter (Number 1..65535)
3		"驱动数据".Para[1].siIndex		带符号十进制	0				Subindex (Number 1..65535)
4		"驱动数据".Para[1].srValue		浮点数	1.0				Value of parameter
5		"驱动数据".Para[1].sdValue		带符号十进制	0				Value of parameter
6		"驱动数据".Para[1].syFormat		十六进制	16#08				Format of value (Format 0x40..0x44)
7		"驱动数据".Para[1].swErrorNo		十六进制	16#0000				Error number (see table below)
8		//第2个参数							
9		"驱动数据".Para[2].siParaNo		带符号十进制	29020				Number of parameter (Number 1..65535)
10		"驱动数据".Para[2].siIndex		带符号十进制	0				Subindex (Number 1..65535)
11		"驱动数据".Para[2].srValue		浮点数	26.0				Value of parameter
12		"驱动数据".Para[2].sdValue		带符号十进制	0				Value of parameter
13		"驱动数据".Para[2].syFormat		十六进制	16#06				Format of value (Format 0x40..0x44)
14		"驱动数据".Para[2].swErrorNo		十六进制	16#0000				Error number (see table below)
15		//第3个操作							
16		"驱动数据".Para[3].siParaNo		带符号十进制	29020				Number of parameter (Number 1..65535)
17		"驱动数据".Para[3].siIndex		带符号十进制	1				Subindex (Number 1..65535)
18		"驱动数据".Para[3].srValue		浮点数	26.0				Value of parameter
19		"驱动数据".Para[3].sdValue		带符号十进制	0				Value of parameter
20		"驱动数据".Para[3].syFormat		十六进制	16#06				Format of value (Format 0x40..0x44)
21		"驱动数据".Para[3].swErrorNo		十六进制	16#0000				Error number (see table below)
22		//操作状态							
23		"Start"	%M0.0	布尔型	FALSE				开始执行
24		"ReadWrite"	%M0.2	布尔型	FALSE				读写任务
25		"ParaNo"	%MW2	带符号十进制	3				参数数量
26		"Ready"	%M0.3	布尔型	FALSE				准备好
27		"Busy"	%M0.4	布尔型	FALSE				正忙
28		"Done"	%M0.5	布尔型	TRUE				读写完成
29		"Error"	%M0.6	布尔型	FALSE				错误
30		"ErrorId"	%MD4	十六进制	16#0000_0000				错误代码
31		"DiagId"	%MW8	十六进制	16#0000				通信错误代码
32			<新增>						

图 4-76　伺服驱动器返回的数据

将伺服驱动值中的 P1121 修改为 2.0，P29020[0] 修改为 16 和 P29020[1] 修改为 18。首先将需要修改的参数号、索引号、参数值、读写认为和参数数量写入 PLC 变量中，如图 4-77 所示。

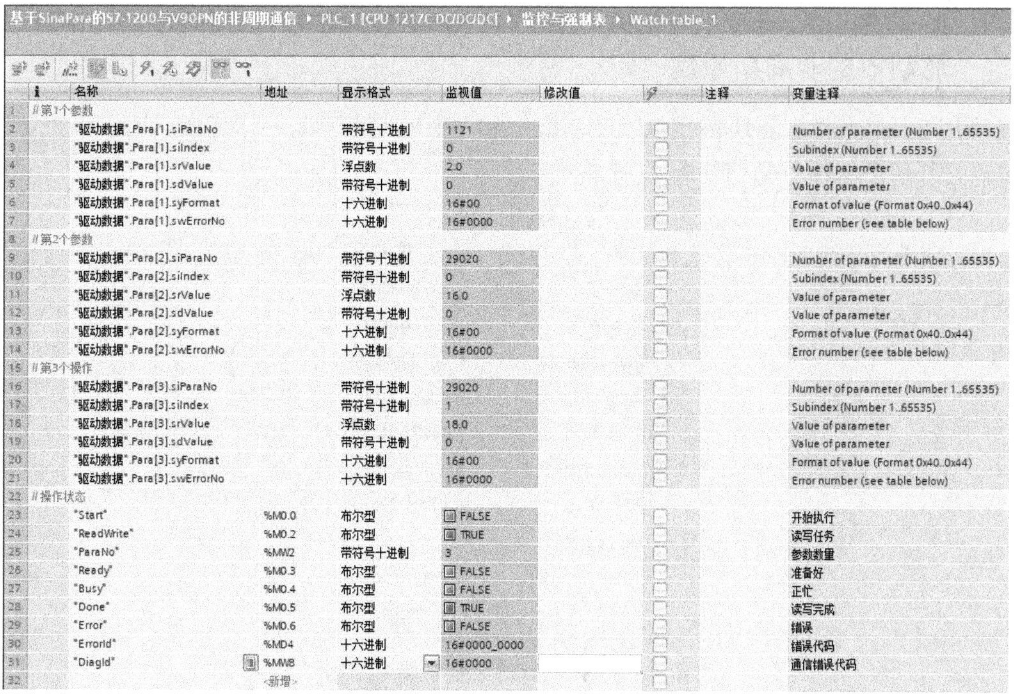

基于SinaPara的S7-1200与V90PN的非周期通信 ▸ PLC_1 [CPU 1217C DC/DC/DC] ▸ 监控与强制表 ▸ Watch table_1

	i	名称	地址	显示格式	监视值	修改值		注释	变量注释
1		// 第1个参数							
2		"驱动数据".Para[1].siParaNo		带符号十进制	1121				Number of parameter (Number 1..65535)
3		"驱动数据".Para[1].siIndex		带符号十进制	0				Subindex (Number 1..65535)
4		"驱动数据".Para[1].srValue		浮点数	2.0				Value of parameter
5		"驱动数据".Para[1].sdValue		带符号十进制	0				Value of parameter
6		"驱动数据".Para[1].syFormat		十六进制	16#00				Format of value (Format 0x40..0x44)
7		"驱动数据".Para[1].swErrorNo		十六进制	16#0000				Error number (see table below)
8		// 第2个参数							
9		"驱动数据".Para[2].siParaNo		带符号十进制	29020				Number of parameter (Number 1..65535)
10		"驱动数据".Para[2].siIndex		带符号十进制	0				Subindex (Number 1..65535)
11		"驱动数据".Para[2].srValue		浮点数	16.0				Value of parameter
12		"驱动数据".Para[2].sdValue		带符号十进制	0				Value of parameter
13		"驱动数据".Para[2].syFormat		十六进制	16#00				Format of value (Format 0x40..0x44)
14		"驱动数据".Para[2].swErrorNo		十六进制	16#0000				Error number (see table below)
15		// 第3个操作							
16		"驱动数据".Para[3].siParaNo		带符号十进制	29020				Number of parameter (Number 1..65535)
17		"驱动数据".Para[3].siIndex		带符号十进制	1				Subindex (Number 1..65535)
18		"驱动数据".Para[3].srValue		浮点数	18.0				Value of parameter
19		"驱动数据".Para[3].sdValue		带符号十进制	0				Value of parameter
20		"驱动数据".Para[3].syFormat		十六进制	16#00				Format of value (Format 0x40..0x44)
21		"驱动数据".Para[3].swErrorNo		十六进制	16#0000				Error number (see table below)
22		// 操作状态							
23		"Start"	%M0.0	布尔型	FALSE				开始执行
24		"ReadWrite"	%M0.2	布尔型	TRUE				读写任务
25		"ParaNo"	%MW2	带符号十进制	3				参数数量
26		"Ready"	%M0.3	布尔型	FALSE				准备好
27		"Busy"	%M0.4	布尔型	FALSE				正忙
28		"Done"	%M0.5	布尔型	TRUE				读写完成
29		"Error"	%M0.6	布尔型	FALSE				错误
30		"ErrorId"	%MD4	十六进制	16#0000_0000				错误代码
31		"DiagId"	%MW8	十六进制	16#0000				通信错误代码
32			<新增>						

图 4-77　写入修改任务

将“Start”置位 1 开始修改伺服驱动器的参数，然后在伺服驱动器中可以看到这 3 个参数已经被修改成了需要的值，同时可以看出伺服驱动器返回的参数将每个参数的数据结构修改为伺服驱动器中对应的数据结构，如图 4-78 所示。

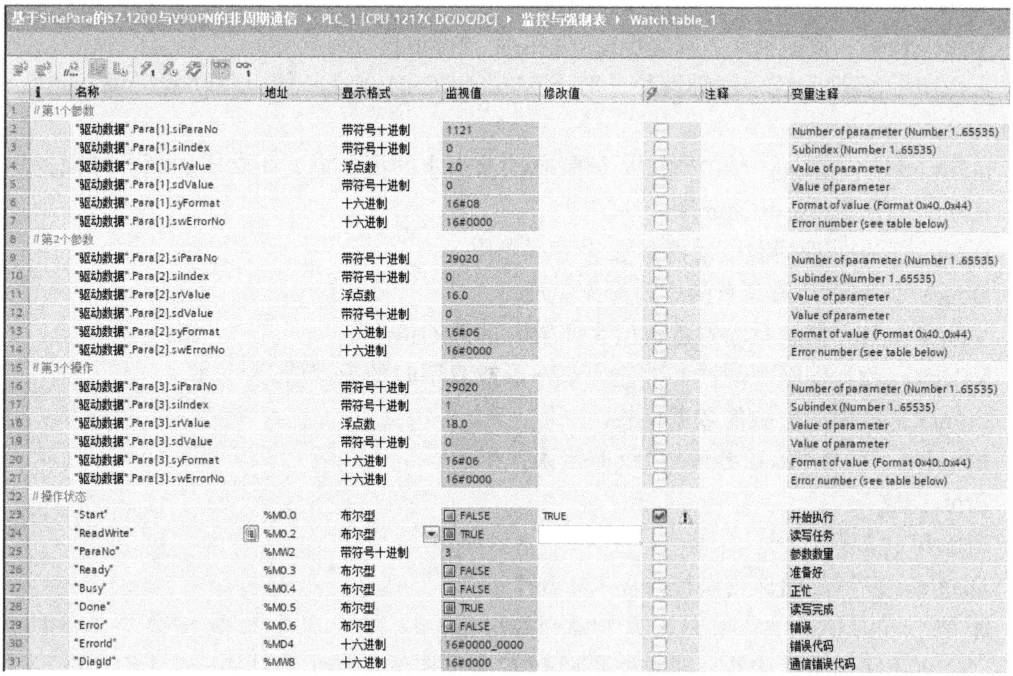

基于SinaPara的S7-1200与V90PN的非周期通信 ▸ PLC_1 [CPU 1217C DC/DC/DC] ▸ 监控与强制表 ▸ Watch table_1

	i	名称	地址	显示格式	监视值	修改值		注释	变量注释
1		// 第1个参数							
2		"驱动数据".Para[1].siParaNo		带符号十进制	1121				Number of parameter (Number 1..65535)
3		"驱动数据".Para[1].siIndex		带符号十进制	0				Subindex (Number 1..65535)
4		"驱动数据".Para[1].srValue		浮点数	2.0				Value of parameter
5		"驱动数据".Para[1].sdValue		带符号十进制	0				Value of parameter
6		"驱动数据".Para[1].syFormat		十六进制	16#08				Format of value (Format 0x40..0x44)
7		"驱动数据".Para[1].swErrorNo		十六进制	16#0000				Error number (see table below)
8		// 第2个参数							
9		"驱动数据".Para[2].siParaNo		带符号十进制	29020				Number of parameter (Number 1..65535)
10		"驱动数据".Para[2].siIndex		带符号十进制	0				Subindex (Number 1..65535)
11		"驱动数据".Para[2].srValue		浮点数	16.0				Value of parameter
12		"驱动数据".Para[2].sdValue		带符号十进制	0				Value of parameter
13		"驱动数据".Para[2].syFormat		十六进制	16#06				Format of value (Format 0x40..0x44)
14		"驱动数据".Para[2].swErrorNo		十六进制	16#0000				Error number (see table below)
15		// 第3个操作							
16		"驱动数据".Para[3].siParaNo		带符号十进制	29020				Number of parameter (Number 1..65535)
17		"驱动数据".Para[3].siIndex		带符号十进制	1				Subindex (Number 1..65535)
18		"驱动数据".Para[3].srValue		浮点数	18.0				Value of parameter
19		"驱动数据".Para[3].sdValue		带符号十进制	0				Value of parameter
20		"驱动数据".Para[3].syFormat		十六进制	16#06				Format of value (Format 0x40..0x44)
21		"驱动数据".Para[3].swErrorNo		十六进制	16#0000				Error number (see table below)
22		// 操作状态							
23		"Start"	%M0.0	布尔型	FALSE	TRUE	☑ !		开始执行
24		"ReadWrite"	%M0.2	布尔型	TRUE				读写任务
25		"ParaNo"	%MW2	带符号十进制	3				参数数量
26		"Ready"	%M0.3	布尔型	FALSE				准备好
27		"Busy"	%M0.4	布尔型	FALSE				正忙
28		"Done"	%M0.5	布尔型	TRUE				读写完成
29		"Error"	%M0.6	布尔型	FALSE				错误
30		"ErrorId"	%MD4	十六进制	16#0000_0000				错误代码
31		"DiagId"	%MW8	十六进制	16#0000				通信错误代码

图 4-78　伺服驱动器返回的数据

4.4.3 基于 SinaParaS 的 SIMATIC S7-1200 PLC 与 SINAMICS V90 PN 伺服驱动器的非周期通信

采用 SinaParaS 功能块调用 RDREC 指令和 WRREC 指令，一次仅能读或写 1 个驱动器参数，其功能块指令结构如图 4-79 所示。

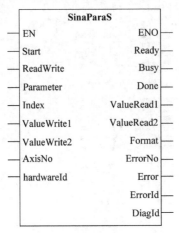

图 4-79　SinaParaS 功能块指令结构

Start：执行任务时应保证每个 PLC 扫描周期都为 1 时。

ReadWrite：=0 时，从伺服驱动器中读取参数值；=1 时，修改伺服驱动器中的参数值。

Parameter：需要读写的伺服器的参数号。

Index：参数的索引号。

ValueWrite1：数据格式为实数的参数修改值。

ValueWrite2：数据格式为双整形或双字的参数修改值。

AxisNo：多轴系统中的轴编号，对于 SINAMICS V90 PN 伺服驱动器来说，此处需要设置为 2。

hardwareId：SINAMICS V90 PN 伺服驱动器组态的报文类型所对应的硬件标识符。

Ready：用于 LAcycCom 库。

Busy：正在处理伺服驱动器参数的读写操作。

Done：伺服驱动器参数的读写操作完成。

ValueRead1：伺服驱动器参数值为实数时的返回值。

ValueRead2：伺服驱动器参数值为双整形或双字时的返回值。

Format：读取的参数的数据格式。

ErrorNo：符合 PROFIdrive 协议的错误代码

Error：故障。

ErrorId：故障代码。

DiagId：扩展的通信错误代码。

新建一个 TIA Portal 项目，并组态 SIMATIC S7-1200 PLC 及报文类型为 3 的 SIN-AMICS V90 PN 伺服驱动器，同时需要将 PLC 与伺服驱动器组态到同一个 PROFINET 网络中。新建变量表，如图 4-80 所示。

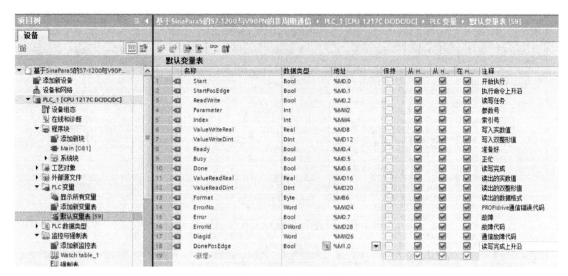

图 4-80　新建变量表

在指令→选件包→ SINAMICS 下找到 SinaParaS 功能块，双击调用，并编写用户程序，如图 4-81 所示。

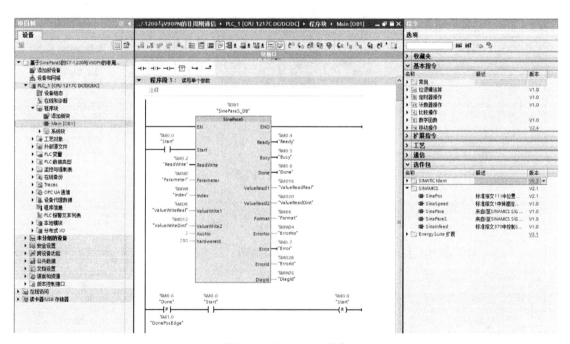

图 4-81　SinaParaS 程序

完成后，编译下载到 PLC 中，运行 CPU，为了方便控制，新建 PLC 变量监控与强制表，如图 4-82 所示。

首先以读写 P1121 为例。按图 4-83 所示，将需要读 P1121 的命令写入 PLC 中。

将"Start"置位 1，开始读伺服驱动器的数据，返回如图 4-84 所示的值，驱动器中 P1121 的值为 1.0 且数据格式为浮点数。

图 4-82 新建 PLC 变量监控与强制表

i	名称	地址	显示格式	监视值	修改值	🔧	注释	变量注释
1	//控制字							
2	"Start"	%M0.0	布尔型	▣ FALSE		☐		开始执行
3	"ReadWrite"	%M0.2	布尔型	▣ FALSE		☐		读写任务
4	"Parameter"	%MW2	带符号十进制	▼ 1121		☐		参数号
5	"Index"	%MW4	带符号十进制	0		☐		索引号
6	"ValueWriteReal"	%MD8	浮点数	0.0		☐		写入实数值
7	//状态字							
8	"ValueReadReal"	%MD16	浮点数	0.0		☐		读出的实数值
9	"ValueReadDint"	%MD20	带符号十进制	0		☐		读出的双整形值
10	"Format"	%MB6	十六进制	16#00		☐		读出的数据格式
11	"Ready"	%M0.4	布尔型	▣ FALSE		☐		准备好
12	"Busy"	%M0.5	布尔型	▣ FALSE		☐		正忙
13	"Done"	%M0.6	布尔型	▣ FALSE		☐		读写完成
14	"Error"	%M0.7	布尔型	▣ FALSE		☐		故障
15	"ErrorNo"	%MW24	十六进制	16#0000		☐		PROFIdrive通信错误代码
16	"DiagId"	%MW26	十六进制	16#0000		☐		通信故障代码
17	"ErrorId"	%MD28	十六进制	16#0000_0000		☐		故障代码

图 4-83 读 P1121 的命令

i	名称	地址	显示格式	监视值	修改值	🔧	注释	变量注释
1	//控制字							
2	"Start"	%M0.0	布尔型	▼ ▣ FALSE		☐		开始执行
3	"ReadWrite"	%M0.2	布尔型	▣ FALSE		☐		读写任务
4	"Parameter"	%MW2	带符号十进制	1121		☐		参数号
5	"Index"	%MW4	带符号十进制	0		☐		索引号
6	"ValueWriteReal"	%MD8	浮点数	0.0		☐		写入实数值
7	//状态字							
8	"ValueReadReal"	%MD16	浮点数	1.0		☐		读出的实数值
9	"ValueReadDint"	%MD20	带符号十进制	0		☐		读出的双整形值
10	"Format"	%MB6	十六进制	16#08		☐		读出的数据格式
11	"Ready"	%M0.4	布尔型	▣ FALSE		☐		准备好
12	"Busy"	%M0.5	布尔型	▣ FALSE		☐		正忙
13	"Done"	%M0.6	布尔型	▣ TRUE		☐		读写完成
14	"Error"	%M0.7	布尔型	▣ FALSE		☐		故障
15	"ErrorNo"	%MW24	十六进制	16#0000		☐		PROFIdrive通信错误代码
16	"DiagId"	%MW26	十六进制	16#0000		☐		通信故障代码
17	"ErrorId"	%MD28	十六进制	16#0000_0000		☐		故障代码

图 4-84 伺服驱动器返回 P1121 的值

按图 4-85 所示，将 P1121 的浮点数修改为 2.0 的命令写入 PLC 中。

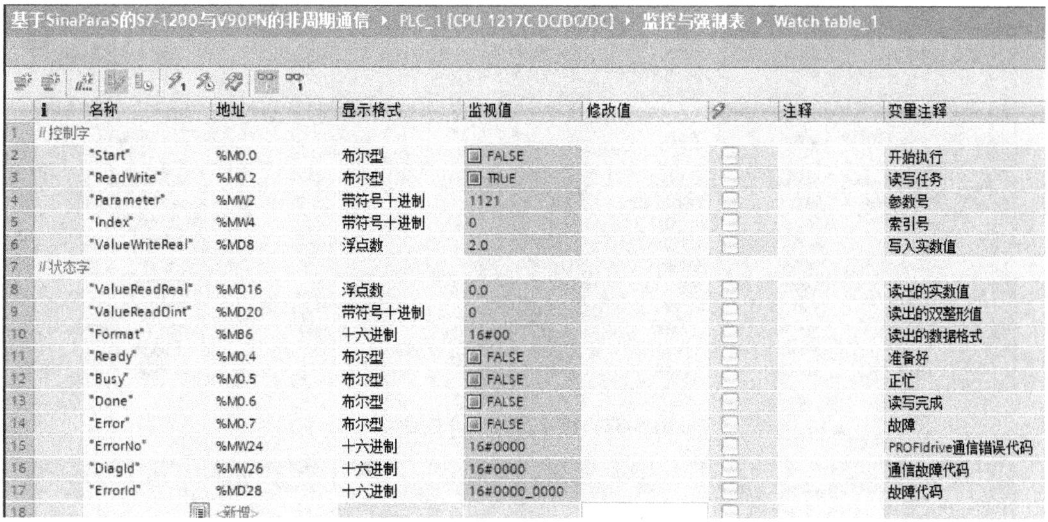

基于SinaParaS的S7-1200与V90PN的非周期通信 ▸ PLC_1 [CPU 1217C DC/DC/DC] ▸ 监控与强制表 ▸ Watch table_1

	i	名称	地址	显示格式	监视值	修改值		注释	变量注释
1	//控制字								
2		"Start"	%M0.0	布尔型	FALSE				开始执行
3		"ReadWrite"	%M0.2	布尔型	TRUE				读写任务
4		"Parameter"	%MW2	带符号十进制	1121				参数号
5		"Index"	%MW4	带符号十进制	0				索引号
6		"ValueWriteReal"	%MD8	浮点数	2.0				写入实数值
7	//状态字								
8		"ValueReadReal"	%MD16	浮点数	0.0				读出的实数值
9		"ValueReadDint"	%MD20	带符号十进制	0				读出的双整形值
10		"Format"	%MB6	十六进制	16#00				读出的数据格式
11		"Ready"	%M0.4	布尔型	FALSE				准备好
12		"Busy"	%M0.5	布尔型	FALSE				正忙
13		"Done"	%M0.6	布尔型	FALSE				读写完成
14		"Error"	%M0.7	布尔型	FALSE				故障
15		"ErrorNo"	%MW24	十六进制	16#0000				PROFIdrive通信错误代码
16		"DiagId"	%MW26	十六进制	16#0000				通信故障代码
17		"ErrorId"	%MD28	十六进制	16#0000_0000				故障代码
18			<新增>						

图 4-85　修改 P1121 的命令

将“Start”置位 1，开始修改伺服驱动器的数据，完成后，返回如图 4-86 所示的值，驱动器中 P1121 的值被修改为 2.0 且返回数据格式为浮点数。

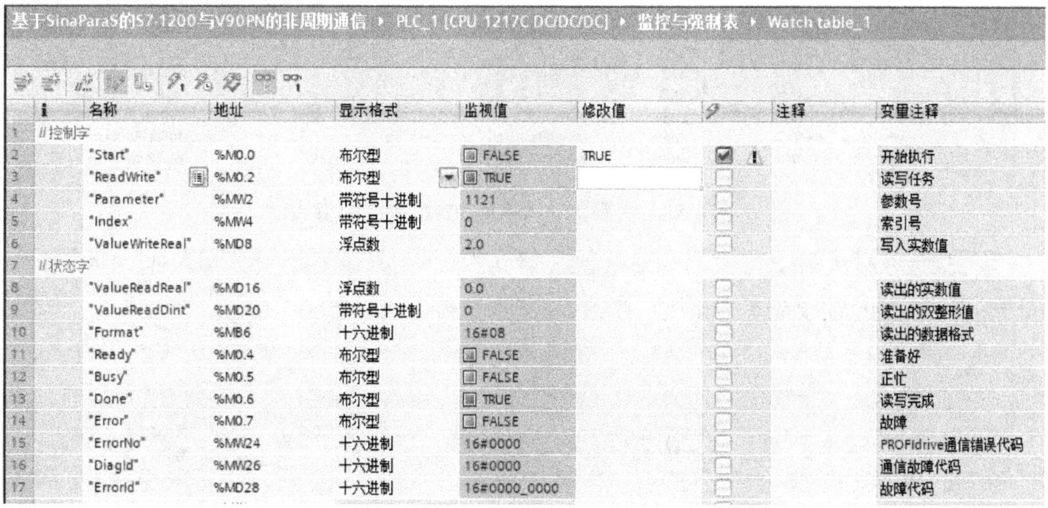

基于SinaParaS的S7-1200与V90PN的非周期通信 ▸ PLC_1 [CPU 1217C DC/DC/DC] ▸ 监控与强制表 ▸ Watch table_1

	i	名称	地址	显示格式	监视值	修改值		注释	变量注释
1	//控制字								
2		"Start"	%M0.0	布尔型	FALSE	TRUE	!		开始执行
3		"ReadWrite"	%M0.2	布尔型	TRUE				读写任务
4		"Parameter"	%MW2	带符号十进制	1121				参数号
5		"Index"	%MW4	带符号十进制	0				索引号
6		"ValueWriteReal"	%MD8	浮点数	2.0				写入实数值
7	//状态字								
8		"ValueReadReal"	%MD16	浮点数	0.0				读出的实数值
9		"ValueReadDint"	%MD20	带符号十进制	0				读出的双整形值
10		"Format"	%MB6	十六进制	16#08				读出的数据格式
11		"Ready"	%M0.4	布尔型	FALSE				准备好
12		"Busy"	%M0.5	布尔型	FALSE				正忙
13		"Done"	%M0.6	布尔型	TRUE				读写完成
14		"Error"	%M0.7	布尔型	FALSE				故障
15		"ErrorNo"	%MW24	十六进制	16#0000				PROFIdrive通信错误代码
16		"DiagId"	%MW26	十六进制	16#0000				通信故障代码
17		"ErrorId"	%MD28	十六进制	16#0000_0000				故障代码

图 4-86　伺服驱动器 P1121 返回值

再次以读写 P29020[1] 为例。按图 4-87 所示，将需要读 P29020[1] 的命令写入 PLC 中。

将“Start”置位 1，开始读伺服驱动器的数据，返回如图 4-88 所示的值，驱动器中 P29020[1] 的值为 26 且数据格式为 16 位无符号数。

按图 4-89 所示，将 P29020[1] 修改为 18 的命令写入 PLC 中。

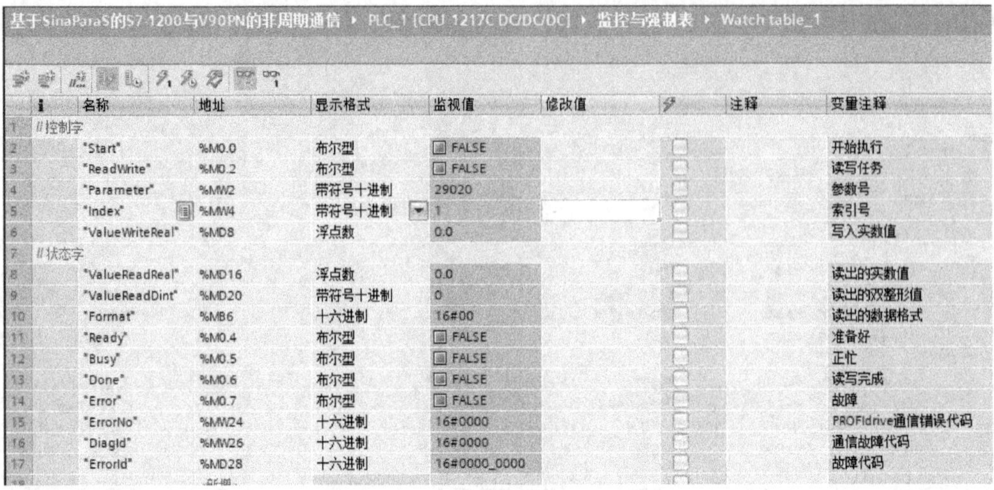

图 4-87　读 P29020[1] 的命令

图 4-88　伺服驱动器返回 P29020[1] 的值

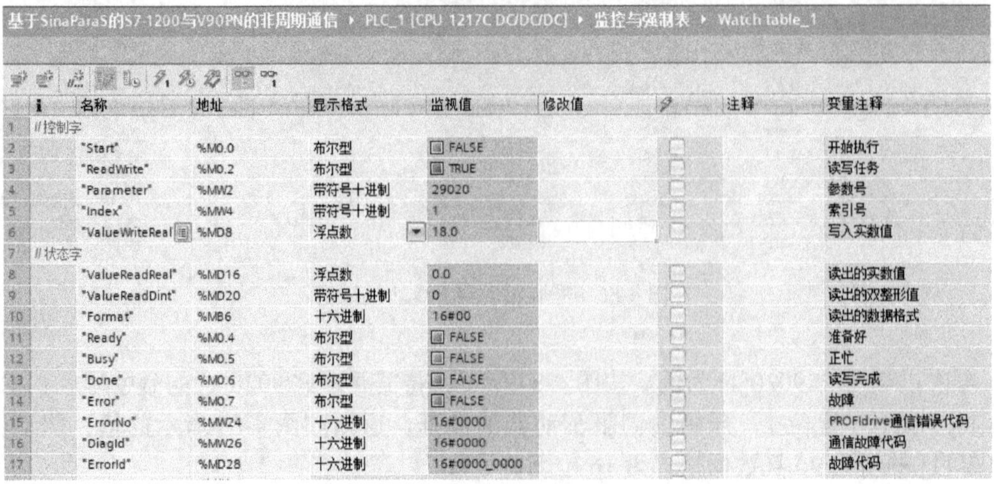

图 4-89　修改 P29020[1] 的命令

将"Start"置位 1，开始修改伺服驱动器的数据，完成后，返回如图 4-90 所示的值，驱动器中 P29020[1] 的值被修改为 18.0 且返回数据格式为 16 位无符号数。

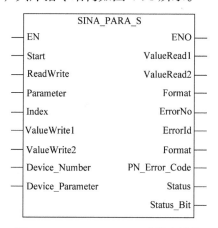

图 4-90　伺服驱动器 P29020[1] 返回值

4.4.4　基于 SINA_PARA_S 的 SIMATIC S7-200 SMART PLC 与 SINAMICS V90 PN 伺服驱动器的非周期通信

SIMATIC S7-200 SMART PLC 不仅可以与 SINAMICS V90 PN 伺服驱动器进行周期性通信控制伺服驱动器工作在速度模式或者位置模式，也可以与 SINAMICS V90 PN 伺服驱动器进行非周期通信来读取伺服驱动器的参数值。通过调用 SINA_PARA_S 库，每次进行一个伺服驱动器参数的读写，其库指令结构如图 4-91 所示。

```
            SINA_PARA_S
 — EN                    ENO —
 — Start          ValueRead1 —
 — ReadWrite      ValueRead2 —
 — Parameter          Format —
 — Index             ErrorNo —
 — ValueWrite1        ErrorId —
 — ValueWrite2         Format —
 — Device_Number  PN_Error_Code —
 — Device_Parameter   Status —
                    Status_Bit —
```

图 4-91　SINA_PARA_S 库指令结构

Start：在每个 PLC 扫描周期为 1 时执行 SinaPara 功能块，通常采用上升沿触发。

ReadWrite：=0 时，从伺服驱动器中读取参数值；=1 时，在伺服驱动器中修改参数值。

Parameter：需要读写伺服器的参数号。

Index：参数的索引号。

ValueWrite1：数据格式为实数的参数修改值。

ValueWrite2：数据格式为双整形或双字的参数修改值。

Device_Number：轴编号，对 SINAMICS V90 PN 伺服驱动器来说，其值为 2。

Device_Parameter：PROFINET 从站起始地址的指针。

ValueRead1：伺服驱动器参数值为实数时的返回值。

ValueRead2：伺服驱动器参数值为双整形或双字时的返回值。

Format：读取参数的数据格式。

ErrorNo：符合 PROFIdrive 协议的错误代码。

ErrorId：故障代码。

PN_Error_Code：根据 PROFINET 协议的故障代码

Status：当前的操作状态，其位 6=1 表示正在进行请求；位 5=1 表示出错。

Status_Bit：位 0 表示就绪、位 1 表示繁忙、位 2 表示已完成、位 3 表示错误。

在 SIMATIC S7-200 SMART PLC 的编程调试软件中新建一个项目，选择带有 PROFI-NET 通信功能的 CPU 模块 ST20，载入 SINAMICS V90 PN 伺服驱动器的 GSD 文件，如图 4-92 所示。

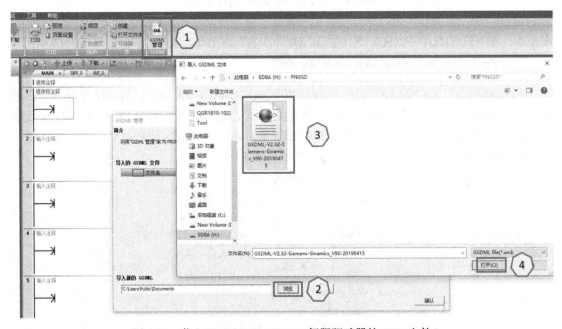

图 4-92　载入 SINAMICS V90 PN 伺服驱动器的 GSD 文件

在图 4-92 中，完成如下操作：

① 单击"工具栏"上的"GSDML 管理"按钮。

② 在弹出的对话框中，选择"浏览"按钮。

③ 在计算机存储器中，找到 SINAMICS V90 PN 伺服驱动器的 GSD 文件。

④ 单击"打开"按钮。

如图 4-93 所示，安装 GSD 文件。

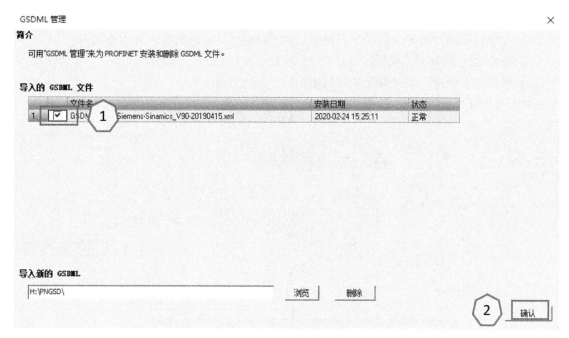

图 4-93　安装 GSD 文件

在图 4-93 中，完成如下操作：

① 选中添加的 SINAMICS V90 PN 伺服驱动器前的复选框。

② 单击"确认"按钮，添加 SINAMICS V90 PN 伺服驱动器的 GSD 文件。

在项目树的"向导"选项下，双击"PROFINET"，打开 PROFINET 向导，组态控制器，如图 4-94 所示。

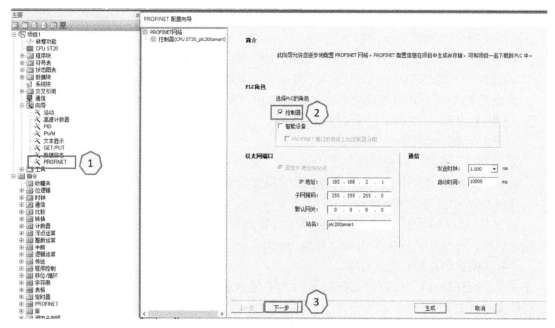

图 4-94　组态控制器

在图 4-94 中，完成如下操作：

① 在项目树的"向导"选项下，找到"PROFINET"向导功能，并双击打开。

② 设置 CPUST20 为控制器。

③ 单击"下一步"按钮继续从站的组态。

组态 PROFINET 从站，如图 4-95 所示。

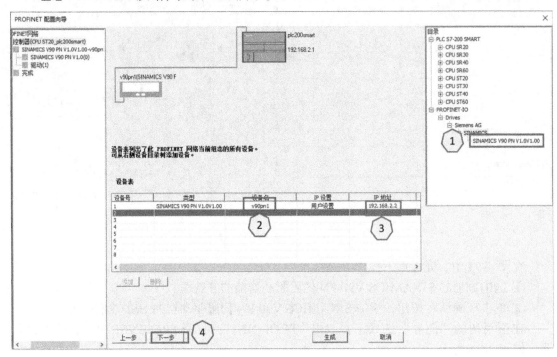

图 4-95　组态 PROFINET 从站

在图 4-95 中，完成如下操作：

① 在硬件"目录"下，找到"PROFINET-IO"→"Drives"→"Siemens AG"→"SINAMICS"→"SINAMICS V90 PN V1.0V1.00"，并将其拖拽到左侧设备表的设备号 1 中。

② 设置 PLC 项目组态的设备名称与 SINAMICS V90 PN 伺服驱动器上实际的设备名称一致，否则会出现 PROFINET 通信故障。

③ 设置伺服驱动器的 IP 地址。

④ 单击"下一步"按钮继续组态。

组态 SINAMICS V90 PN 伺服驱动器上的报文类型，如图 4-96 所示。

在图 4-96 中，完成如下操作：

① 由于 SMART PLC 与 SINAMICS V90 PN 伺服驱动器采用 SINA_PARA_S 库进行非周期通信时，仅支持的报文类型为"标准报文 1"和"西门子报文 111"，选择"标准报文1"，并将其拖拽到左侧的第 8 行中。

② 添加完报文后，可以修改该报文的 PLC 输入输出起始地址，由于报文预定义，因此其长度不可更改。

③ 单击"下一步"按钮到地址总览界面。

地址总览界面如图 4-97 所示。

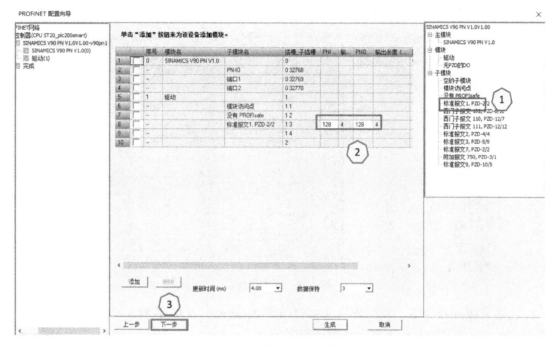

图 4-96　组态伺服驱动器报文

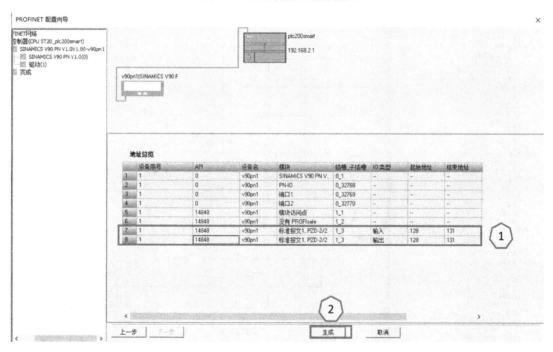

图 4-97　地址总览界面

在图 4-97 中，完成如下操作：

① 在"地址总览"中，显示伺服驱动器的设备序号、API 接口号、插槽号和子插槽号、IO 输出的起始地址和结束地址。

② 单击"生成"按钮，完成 PROFINET 的向导组态。

新建变量表如图 4-98 所示。

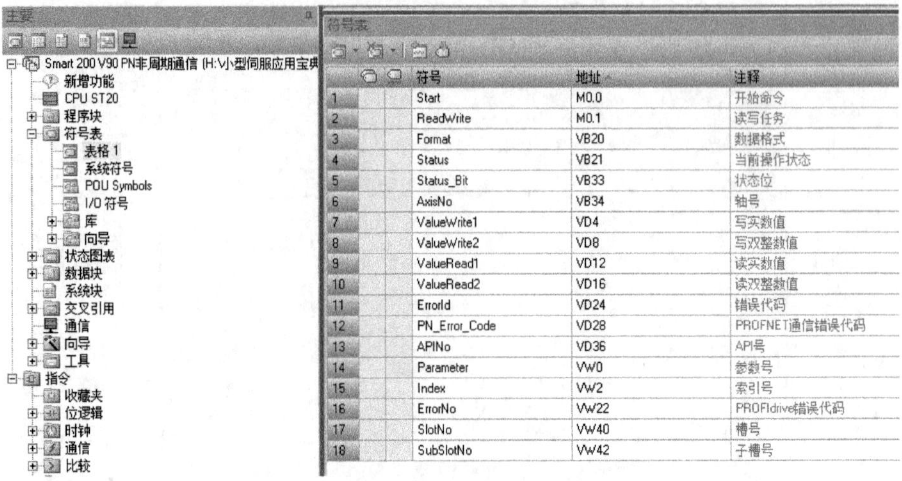

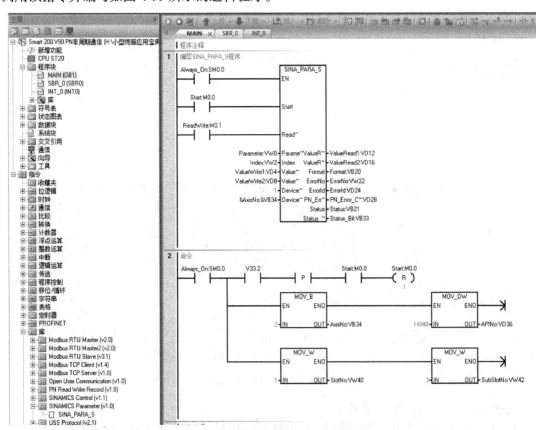

图 4-98 新建变量表

在项目树的指令下，找到库→SINAMICS Parameter(v1.0) 下的 SINA_PARA_S 指令，调用该指令并编写如图 4-99 所示的逻辑程序。

图 4-99 编写 SINA_PARA_S 指令逻辑程序

在符号表的库下，双击打开"SINAMICS Parameter(v1.0)"，给库分配 PLC 地址，分配后，在用户程序中应避免地址冲突，如图 4-100 所示。

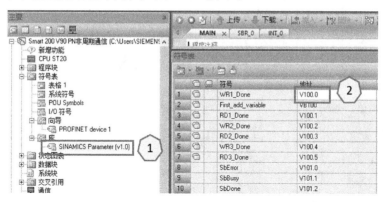

图 4-100　分配 PLC 地址

完成后编译下载到 PLC 中，运行 CPU，为了方便控制，新建 PLC 变量监控与强制表，如图 4-101 所示。

图 4-101　新建 PLC 变量监控与强制表

首先，以读写 P1121 为例。按图 4-102 所示，将需要读 P1121 的命令写入 PLC 中。

图 4-102　读 P1121 的命令写入 PLC

将"Start"置位 1，开始读伺服驱动器的数据，返回如图 4-103 所示的值，驱动器中 P1121 的值为 1.0 且数据格式为浮点数。

	地址	格式	当前值	新值
1	Parameter:VW0	有符号	+1121	
2	ReadWrite:M0.1	位	2#0	
3	Start:M0.0	位	2#0	
4	ValueRead1:VD12	浮点	1.0	
5	ValueWrite1:VD4	有符号	+0	
6	Index:VW2	有符号	+0	
7	ValueRead2:VD16	有符号	+0	
8	Format:VB20	十六进制	16#08	
9	Status:VB21	十六进制	16#00	
10	ErrorNo:VW22	十六进制	16#0000	
11	ErrorId:VD24	十六进制	16#00000000	
12	PN_Error_Code:VD28	十六进制	16#00000000	
13	Status_Bit:VB33	二进制	2#0000_0100	
14		有符号		

图 4-103 伺服驱动器返回的 P1121 值

按图 4-104 所示，将 P1121 修改为 2.0 的命令写入 PLC 中。

	地址	格式	当前值	新值
1	Parameter:VW0	有符号	+1121	
2	ReadWrite:M0.1	位	2#1	
3	Start:M0.0	位	2#0	
4	ValueRead1:VD12	浮点	0.0	
5	ValueWrite1:VD4	浮点	2.0	
6	Index:VW2	有符号	+0	
7	ValueRead2:VD16	有符号	+0	
8	Format:VB20	十六进制	16#00	
9	Status:VB21	十六进制	16#00	
10	ErrorNo:VW22	十六进制	16#0000	
11	ErrorId:VD24	十六进制	16#00000000	
12	PN_Error_Code:VD28	十六进制	16#00000000	
13	Status_Bit:VB33	二进制	2#0000_0000	
14		有符号		

图 4-104 修改 P1121 的命令

将"Start"置位 1，开始修改伺服驱动器的数据，完成后，返回如图 4-105 所示的值，驱动器中 P1121 的值被修改为 2.0 且返回数据格式为浮点数。

	地址	格式	当前值	新值
1	Parameter:VW0	有符号	+1121	
2	ReadWrite:M0.1	位	2#1	
3	Start:M0.0	位	2#0	
4	ValueRead1:VD12	浮点	0.0	
5	ValueWrite1:VD4	浮点	2.0	
6	Index:VW2	有符号	+0	
7	ValueRead2:VD16	有符号	+0	
8	Format:VB20	十六进制	16#08	
9	Status:VB21	十六进制	16#00	
10	ErrorNo:VW22	十六进制	16#0000	
11	ErrorId:VD24	十六进制	16#00000000	
12	PN_Error_Code:VD28	十六进制	16#00000000	
13	Status_Bit:VB33	二进制	2#0000_0100	
14		有符号		

图 4-105 伺服驱动器返回值

再次以读写 P29020[1] 为例。按图 4-106 所示，将需要读 P29020[1] 的命令写入 PLC 中。

状态图表

	地址	格式	当前值	新值
1	Parameter:VW0	有符号	+29020	
2	ReadWrite:M0.1	位	2#0	
3	Start:M0.0	位	2#0	
4	ValueRead1:VD12	浮点	0.0	
5	ValueWrite1:VD4	浮点	0.0	
6	Index:VW2	有符号	+1	
7	ValueRead2:VD16	有符号	+0	
8	Format:VB20	十六进制	16#00	
9	Status:VB21	十六进制	16#00	
10	ErrorNo:VW22	十六进制	16#0000	
11	ErrorId:VD24	十六进制	16#00000000	
12	PN_Error_Code:VD28	十六进制	16#00000000	
13	Status_Bit:VB33	二进制	2#0000_0000	
14		有符号		

图 4-106 读 P29020[1] 的命令

将 "Start" 置位 1，开始读伺服驱动器的数据，返回如图 4-107 所示的值，驱动器中 P29020[1] 的值为 26 且数据格式为 16 位无符号数。

状态图表

	地址	格式	当前值	新值
1	Parameter:VW0	有符号	+29020	
2	ReadWrite:M0.1	位	2#0	
3	Start:M0.0	位	2#0	
4	ValueRead1:VD12	浮点	26.0	
5	ValueWrite1:VD4	浮点	0.0	
6	Index:VW2	有符号	+1	
7	ValueRead2:VD16	有符号	+0	
8	Format:VB20	十六进制	16#06	
9	Status:VB21	十六进制	16#00	
10	ErrorNo:VW22	十六进制	16#0000	
11	ErrorId:VD24	十六进制	16#00000000	
12	PN_Error_Code:VD28	十六进制	16#00000000	
13	Status_Bit:VB33	二进制	2#0000_0100	
14		有符号		

图 4-107 伺服驱动器返回 P29020[1] 的值

按图 4-108 所示，将 P29020[1] 修改为 18 的命令写入 PLC 中。

状态图表

	地址	格式	当前值	新值
1	Parameter:VW0	有符号	+29020	
2	ReadWrite:M0.1	位	2#1	
3	Start:M0.0	位	2#0	
4	ValueRead1:VD12	浮点	0.0	
5	ValueWrite1:VD4	浮点	18.0	
6	Index:VW2	有符号	+1	
7	ValueRead2:VD16	有符号	+0	
8	Format:VB20	十六进制	16#00	
9	Status:VB21	十六进制	16#00	
10	ErrorNo:VW22	十六进制	16#0000	
11	ErrorId:VD24	十六进制	16#00000000	
12	PN_Error_Code:VD28	十六进制	16#00000000	
13	Status_Bit:VB33	二进制	2#0000_0000	
14		有符号		

图 4-108 修改 P29020[1] 的命令

将 "Start" 置位 1 开始修改伺服驱动器的数据，完成后，返回如图 4-109 所示的值，驱动器中 P29020[1] 的值被修改为 18 且返回数据格式为 16 位无符号数。

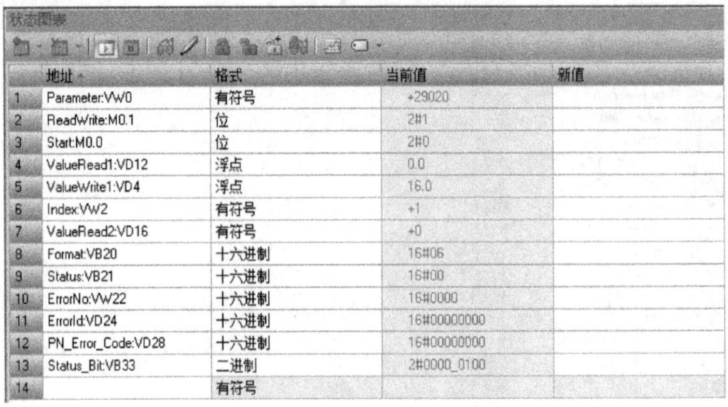

图 4-109 伺服驱动器返回值

4.5 SINAMICS V90 PN 伺服驱动器的回参考点

在进行绝对位置控制时，首先应建立系统的参考点，当 SINAMICS V90 PN 伺服驱动器工作在基本定位器模式时应对其进行回参考点。根据伺服驱动器所连接的伺服电动机编码器类型的不同，其回参考点的方式也不同，对绝对值编码器伺服电动机而言，伺服驱动器上仅需要进行绝对值编码器的校准，然后保存校准数据；对增量编码器伺服电动机而言，伺服驱动器重新上电后均需要执行回参考点操作。根据伺服驱动器选择报文类型的不同，其回参考点的方法也略有不同，当报文类型选择为 7 或 9，且伺服驱动器中的回参考点模式选择为"直接设置参考点"或"寻参考点挡块和编码器零脉冲"方式时，其直接设置参考点的触发信号或寻参考点挡块的参考点挡块信号应接入伺服驱动器的数字量输入中，并在数字量输入功能中正确进行配置；而当报文类型选择为 110 或 111，且伺服驱动器中的回参考点模式选择为"直接设置参考点"或"寻参考点挡块和编码器零脉冲"方式时，其直接设置参考点的触发信号或寻参考点挡块的参考点挡块信号应来自于 PROFINET 通信。常用的报文类型为 111，因此对报文类型 111 的伺服驱动器进行回参考点分析，其他的报文类型可以以此类推。

对于连接增量编码器的伺服电动机，SINAMICS V90 PN 伺服驱动器提供了 3 种标准的回参考点模式，通过这 3 种标准模式，结合 PLC 控制逻辑，可以扩展出多种回参考点的方法，伺服驱动器与回参考点相关的控制字、状态字和参数见表 4-12。

表 4-12 伺服驱动器与回参考点相关的控制字、状态字和参数

序号	参数号	功能描述	序号	参数号	功能描述
1	STW1.0	使能，上升沿生效	9	POS_STW2.15	激活硬限位功能
2	STW1.7	复位	10	ZSW1.0	驱动已就绪
3	STW1.8	手动控制 1	11	ZSW1.2	驱动已使能
4	STW1.9	手动控制 2	12	ZSW1.3	驱动故障
5	STW1.11	回参考点	13	ZSW1.11	回参考点完成
6	POS_STW2.1	直接回参考点	14	POS_ZSW1.8	负方向硬限位激活
7	POS_STW2.2	参考点挡块开关	15	POS_ZSW1.9	正方向硬限位激活
8	POS_STW2.9	寻参考点挡块方向	16	POS_ZSW1.10	手动控制激活

（续）

序号	参数号	功能描述	序号	参数号	功能描述
17	POS_ZSW1.11	主动回参考点激活	24	P2599	参考点坐标值
18	Free word	自定义状态字	25	P2600	偏移量
19	P2605	寻参考点挡块速度	26	P29240	寻参考点模式
20	P2606	寻参考点挡块最大距离	27	P29151	自定义状态字的功能
21	P2608	寻电动机零脉冲速度	28	P29239	回参考点时激活反向挡块
22	P2609	寻电动机零脉冲最大距离	29	P2585	Jog 1 速度设定值
23	P2611	寻参考点速度	30	P2586	Jog 2 速度设定值

在进行回参考点时，可以灵活地运用上述控制字、状态字和参数。用户可以通过以下链接下载丰富的回参考点控制 PLC 程序。

https://support.industry.siemens.com/cs/in/en/view/109747655

4.5.1　设置直接回参考点的方式

设置直接回参考点的方式时，伺服驱动器接收到来自 PLCPROFINET 通信的 REF 信号时，立即将当前位置设置为参考点，并将回参考点完成信号反馈给 PLC，其原理如图 4-110 所示。

该模式可以在任何时候、任意位置由 PLC 控制伺服驱动器进行回参考点操作，伺服驱动器接收到直接回参考点命令（POS_STW2.1）时，不会驱动伺服电动机旋转，将伺服电动机的当前位置设置为参数 P2599 中所设置的位置值，此时 PLC 给伺服驱动器发送直接回参考点命令时，不允许向伺服驱动器发送回参考点命令（STW1.11）。在进行调试时，首先设置伺服驱动器的参数 P29240=0，然后根据实际需要设置 P2599，PLC 控制逻辑如图 4-111 所示。

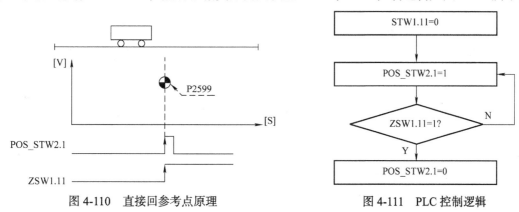

图 4-110　直接回参考点原理　　　　　图 4-111　PLC 控制逻辑

在 PLC 程序中，首先应向伺服驱动器发送命令，伺服驱动器接收命令后立即设置当前位置为参考点位置且反馈参考点完成信号，PLC 接收到伺服驱动器的回参考点完成信号后再将命令复位，当 PLC 的循环周期比较快时，提前复位命令会导致伺服驱动器接收不到直接回参考点的命令。

4.5.2　参考点挡块和编码器零脉冲方式

采用该方式，PLC 将回参考点命令发送到伺服驱动器，伺服驱动器接收到该指令后，驱动伺服电动机按要求的方向去寻找参考点挡块，直到伺服驱动器完成回参考点，其原理如图 4-112 所示。伺服驱动器中的参数 P29240 应设置为 1。

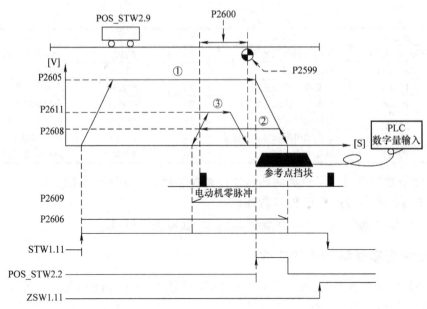

图 4-112　参考点挡块和编码器零脉冲的原理

　　由于伺服驱动器会驱动伺服电动机旋转，因此在执行该模式的回参考点前，伺服驱动器应处于使能状态。伺服驱动器执行回参考点的过程如下：

　　第 1 步：伺服驱动器接收到 PLC 通信发送的回参考点命令（STW1.11）时，按照搜索参考点挡块方向的命令（POS_STW2.9）和设定的搜索参考点挡块速度 P2605 中的设定值去搜索参考点挡块信号。

　　第 2 步：伺服驱动器接收到 PLC 通信发送的参考点挡块信号（POS_STW2.2）时，开始减速停车，当伺服电动机停止后，参考点挡块信号必须保持为 1，否则伺服驱动器会出现报警。若伺服电动机停止后，参考点挡块信号消失，则应降低搜索参考点挡块速度 P2605 中的值或延长参考点挡块的长度，使伺服电动机停止在参考点挡块上。当伺服电动机运行距离超过 P2606 中设定的值时还未接收到参考点挡块信号，则出现报警。

　　第 3 步：伺服驱动器驱动伺服电动机按照 P2608 中的设定值反向旋转，开始搜索伺服电动机编码器的零脉冲。当伺服电动机运行距离超过 P2609 中设定的值时还未接收到编码器零脉冲信号，则出现报警。

　　第 4 步：伺服驱动器接收到编码器零脉冲后，控制伺服电动机停止，并再次反向以 P2611 中设定的速度执行定位，此时可以进行位置偏移，偏移值设置在 P2600 中。

　　第 5 步：伺服驱动器定位完成后，将当前位置设置为 P2599 中的值，并反馈回参考点完成信号（ZSW1.11）给 PLC。在伺服驱动器回参考点完成前，不得复位回参考点命令（STW1.11），否则会导致回零失败，再次执行绝对位置定位控制时会出现参考点丢失的报警。

　　当伺服驱动器回参考点完成后，需要再次接收回参考点命令（STW1.11）的上升沿才能重新开始回参考点。此时 PLC 程序可以按图 4-113 所示的逻辑编写程序。

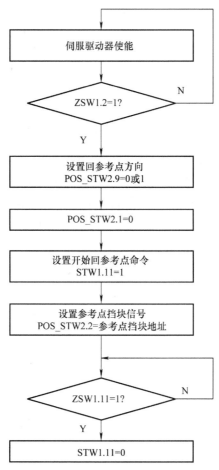

图 4-113　寻参考点挡块和编码器零脉冲的 PLC 控制流程图

执行该回参考点方式时，参考点挡块信号应为常开信号，且需要接入 PLC 的数字量输入点中。执行回参考点前，首先应判断伺服驱动器的使能状态，然后根据机械设备参考点挡块的安装位置及伺服电动机的旋转方向设定回参考点的方向；执行回参考点时，不允许执行直接设置参考点命令。发送回参考点命令及其参考点挡块信号到伺服驱动器，直到接收到伺服驱动器反馈的回参考点完成状态才复位回参考点命令。

4.5.3　参考点挡块和编码器零脉冲硬限位反转方式

如图 4-114 所示的机械设备，伺服电动机应向正方向去搜寻参考点挡块信号，倘若伺服电动机停在位置区间 1，当伺服驱动器接收到开始回参考点命令时，驱动伺服电动机正向旋转，必然可以搜索到参考点挡块信号；而倘若伺服电动机恰好停留在位置区间 2 时，当伺服驱动器接收到开始回参考点命令时，驱动伺服电动机正向旋转，必然撞向硬限位开关而无法搜索到参考点挡块。

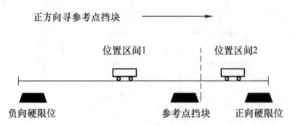

图 4-114　伺服电动机回参考点时的可能停车位置

　　由于停机时，PLC 及伺服驱动器均无法知道伺服电动机停在位置区间 1 还是位置区间 2，因此起动回参考点时，此时需要伺服驱动器向正方向搜索参考点挡块信号，若能所搜到参考点挡块，则正常回参考点；若不能，则当伺服电动机碰到硬限位开关后，自动反向搜索参考点挡块信号，其原理如图 4-115 所示。伺服驱动器中的参数 P29240 需要设置为 1。

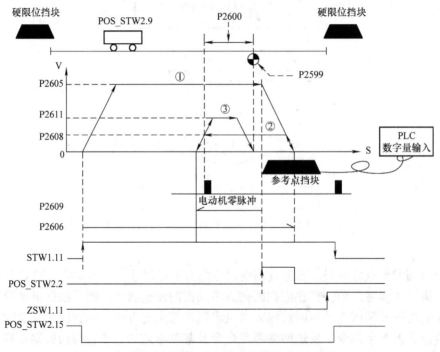

图 4-115　参考点挡块和编码器零脉冲并硬限位反转原理

　　使用此方式，应将硬限位开关的常闭信号接入伺服驱动器数字量输入点中，并正确配置输入点的功能，同时设置参数 P29239=1 激活硬限位反转功能，由于伺服驱动器会驱动伺服电动机旋转，因此在执行回参考点操作前，伺服驱动器应处于使能状态，此时伺服驱动器的回参考点步骤如下：

　　第 1 步：伺服驱动器接收到 PLC 通信发送的回参考点命令（STW1.11）时，按照搜索参考点挡块方向命令（POS_STW2.9）和设定的搜索参考点挡块速度 P2605 中的设定值去搜索参考点挡块信号。PLC 应取消硬限位挡块报警功能，即碰到硬限位不会产生硬限位报警。

　　第 2 步：伺服驱动器接收到 PLC 通信发送的参考点挡块信号（POS_STW2.2）时，开始减速停车，当伺服电动机停止后，参考点挡块信号必须保持为1，否则伺服驱动器会出现报警。若伺服电动机停止后，参考点挡块信号消失，则应降低搜索参考点挡块速度P2605中的值或延长参考点挡块的长度，使伺服电动机停止在参考点挡块上。当伺服电动机运行距离超过P2606中设定的值时还未接收到参考点挡块信号，则出现报警。若伺服驱动器接收到参考点挡块信号，则跳转到第5步执行。若伺服驱动器没有接收到参考点挡块信号，并接收到了硬限位开关信号，则往下执行。

第3步：伺服电动机碰到硬限位开关，立即停止，伺服驱动器驱动伺服电动机反向旋转。

第4步：伺服电动机碰到参考点挡块信号后，停止运行。

第5步：伺服驱动器驱动伺服电动机按照P2608中的设定值反向旋转，开始搜索伺服电动机编码器的零脉冲。当伺服电动机运行距离超过P2609中设定的值时还未接收到编码器零脉冲信号，则出现报警。

第6步：伺服驱动器接收到编码器零脉冲后，控制伺服电动机停止，并再次反向以P2611中设定的速度执行定位，此时可以进行位置偏移，偏移值设置在P2600中。

第7步：伺服驱动器定位完成后，将当前位置设置为P2599中的值，并反馈回参考点完成信号（ZSW1.11）给PLC，结束回参考点动作并激活硬限位报警功能。在伺服驱动器回参考点完成前，不得复位回参考点命令（STW1.11），否则会导致回零失败，再次执行绝对位置定位控制时会出现参考点丢失报警。

在搜索参考点挡块时，伺服驱动器需要接收到与搜索参考点挡块时伺服电动机的旋转方向相同的参考点挡块信号才有效，因此在第4步中，伺服电动机的旋转方向与搜索参考点挡块方向不同，此时搜索到的参考点挡块信号不能作为回参考点的参考点挡块信号，伺服驱动器需要驱动伺服电动机离开参考点挡块，并再次按照设定的搜索参考点挡块方向及速度执行回参考点操作。此时PLC侧的用户逻辑如图4-116所示。

与图4-113不同的是，PLC在执行回参考点动作前，应取消激活伺服驱动器的硬限位报警功能，否则伺服电动机到达硬限位时会触发硬限位报警而不能反转，PLC接收到伺服驱动器的回参考点完成信号时，激活硬限位功能对机械设备进行保护。

4.5.4　编码器零脉冲方式

对于模态轴，或者伺服电动机的移动行程仅有1圈时，此时可以直接采用搜索编码器零脉冲的方

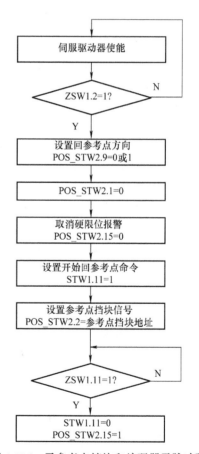

图4-116　寻参考点挡块和编码器零脉冲硬限位反转逻辑

式进行回参考点操作，而不要参考点挡块，其原理如图 4-117 所示。伺服驱动器中的参数 P29240 应设置为 2。

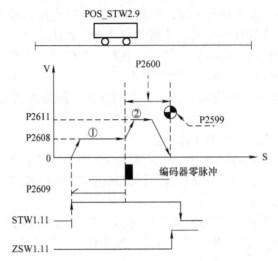

图 4-117　编码器零脉冲方式回参考点原理

由于伺服驱动器会驱动伺服电动机旋转，因此在执行回参考点前，伺服驱动器应处于使能状态。伺服驱动器回参考点的过程如下：

第 1 步：伺服驱动器接收到 PLC 通信发送的回参考点命令（STW1.11）时，按照搜索参考点方向命令（POS_STW2.9）和设定的搜索编码器零脉冲速度 P2608 中的设定值去搜索编码器零脉冲信号。当伺服驱动器开始执行搜索编码器零脉冲信号时，伺服电动机的运行距离超过 P2609 中设定的值时还未接收到编码器零脉冲信号，则出现报警。

第 2 步：伺服驱动器接收到编码器零脉冲后，以 P2611 中设定的速度执行定位，此时可以进行位置偏移，偏移值设置在 P2600 中。

第 3 步：伺服驱动器定位完成后，将当前位置设置为 P2599 中的值，并反馈回参考点完成信号（ZSW1.11）给 PLC。在伺服驱动器回参考点完成前，不得复位回参考点命令（STW1.11），否则会导致回零失败，再次执行绝对位置定位控制时会出现参考点丢失报警。

当伺服驱动器回参考点完成后，需要再次接收回参考点命令（STW1.11）的上升沿才能重新开始回参考点。此时 PLC 程序可以按图 4-118 所示的逻辑编写程序。

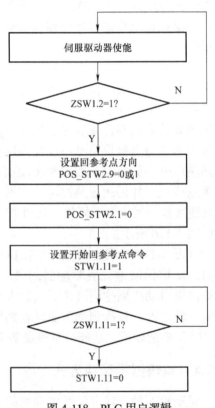

图 4-118　PLC 用户逻辑

执行回参考点前，首先应判断伺服驱动器的使能状态。然后根据机械设备的实际要求设定回参考点的方向，执行回参考点时，不允许执行直接设置参考点命令。发送回参考点命令到伺服驱动器，直到接收伺服驱动器反馈的回参考点完成状态才复位回参考点命令。

4.5.5　编码器零脉冲硬限位反转方式

伺服电动机停止时，可能在编码器零脉冲的左侧，也可能在编码器零脉冲的右侧。若机械设备允许伺服电动机旋转任意圈数，此时伺服驱动器均能搜索到编码器的零脉冲；若机械设备不允许伺服电动机任意旋转，即在机械设备上有硬限位开关时，也可以通过设置参数 P29239=1 激活硬限位开关反转功能，其原理如图 4-119 所示。硬限位开关的常闭信号应引入伺服驱动器的数字量输入点中，并正确配置输入点的功能。伺服驱动器中的参数 P29240 应设置为 2。

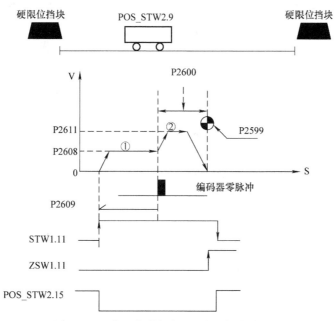

图 4-119　编码器零脉冲硬限位反转方式原理

由于伺服驱动器会驱动伺服电动机旋转，因此在执行回参考点前，伺服驱动器应处于使能状态。伺服驱动器回参考点的过程如下：

第 1 步：伺服驱动器接收到 PLC 通信发送的回参考点命令（STW1.11）时，按照搜索参考点方向命令（POS_STW2.9）和设定的搜索编码器零脉冲速度 P2608 中的设定值去搜索编码器零脉冲信号。当伺服驱动器开始执行搜索编码器零脉冲信号时，伺服电动机的运行距离超过 P2609 中设定的值时还未接收到编码器零脉冲信号，则出现报警。若伺服驱动器在接收到硬限位开关信号前搜索到编码器零脉冲，则跳转到第 4 步执行。

第 2 步：伺服驱动器在搜索到编码器零脉冲前碰到了机械设备的硬限位，此时立即停止，伺服驱动器驱动伺服电动机反向旋转。

第 3 步：伺服驱动器接收到编码器零脉冲信号时，此时立即停止。

第 4 步：伺服驱动器接收到编码器零脉冲后以 P2611 中设定的速度执行定位，此时可以进行位置偏移，偏移值设置在 P2600 中。

第 5 步：伺服驱动器定位完成后，将当前位置设置为 P2599 中的值，并反馈回参考点完成信号（ZSW1.11）给 PLC。在伺服驱动器回参考点完成前，不得复位回参考点命令（STW1.11），否则会导致回零失败，再次执行绝对位置定位控制时会出现参考点丢失报警。

由于编码器零脉冲很短，伺服驱动器从接收到该信号到停止时，伺服电动机已经远离了编码器的零脉冲位置，因此不需要检测伺服电动机编码器零脉冲的下降沿。用户 PLC 程序的控制逻辑如图 4-120 所示。

动作过程与图 4-118 相似，PLC 在回参考点前应取消硬限位报警功能，在回参考点完成后激活硬限位报警功能。

上述 5 种回参考点方式均为伺服驱动器标准的回参考点方式，即在回参考点开始时，用户 PLC 程序必然通过控制字 STW1.11 起动回参考点操作或者控制字 POS_STW2.1 直接设置参考点，并且通过控制字 STW1.11 起动回参考点时，伺服驱动器必然驱动伺服电动机旋转，且伺

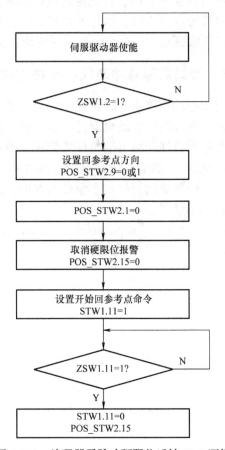

图 4-120　编码器零脉冲硬限位反转 PLC 逻辑

服驱动器必须要寻找编码器的零脉冲，而通过控制字 POS_STW2.1 直接设置参考点时，伺服驱动器不会驱动伺服电动机旋转，因此在某些场合，需要结合伺服驱动器的功能和用户 PLC 程序进行特殊的回参考点控制，下面将介绍特殊的回参考点方式。

4.5.6　参考点挡块引入伺服驱动器的参考点挡块和编码器零脉冲方式

SINAMICS V90 PN 伺服驱动器有 4 路数字量输入，在某些场合，为了节约 PLC 的数字量输入点及其空间位置，或者与该伺服驱动器有关的硬限位开关一起将参考点挡块信号引入到伺服驱动器中，其原理如图 4-121 所示。采用该方式，PLC 将回参考点命令发送到伺服驱动器，伺服驱动器接收到该指令后，驱动伺服电动机按要求的方向去寻找参考点挡块，直到伺服驱动器完成回参考点，伺服驱动器中的参数 P29240 应设置为 1。

由于伺服驱动器会驱动伺服电动机旋转，因此在执行该模式的回参考点前，伺服驱动器应处于使能状态。伺服驱动器还应设置参数 P29151=3，伺服驱动器将数字量输入信号的状态链接到报文类型 111 的字节 12，将其状态信号反馈给 PLC。此时伺服驱动器执行回参考点的过程与 4.5.2 节介绍的参考点挡块和编码器零脉冲方式相同，伺服驱动器接收回参考点命令后，按照设定的速度和方向搜索参考点挡块，等待接收 PLC 通过 POS_STW2.2 传输的参考

点挡块信号。当伺服驱动器回参考点完成后，需要再次接收回参考点命令（STW1.11）的上升沿才能重新开始回参考点。此时 PLC 程序按图 4-122 所示的逻辑编写程序。

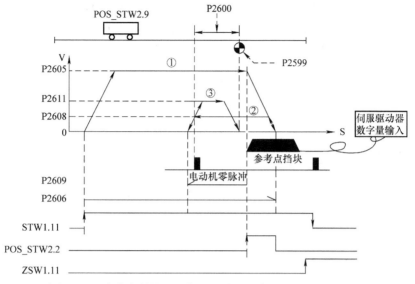

图 4-121　参考点挡块引入伺服驱动器的模式 1 不带限位反转

执行该回参考点方式时，参考点挡块信号应为常开信号。执行回参考点前，首先应判断伺服驱动器的使能状态，然后根据机械设备参考点挡块的安装位置及伺服电动机的旋转方向设定回参考点的方向。执行回参考点时，不允许执行直接设置参考点命令。与 4.5.4 节不同的是 PLC 不是从其数字量输入点中读取参考点挡块的状态，而是通过通信读取伺服驱动器反馈的字节 12 中的状态，只有报文类型 111 的状态字反馈才有自定义的状态反馈，其他报文类型都不能使用此功能。发送回参考点命令及其参考点挡块信号到伺服驱动器，直到接收到伺服驱动器反馈的回参考点完成状态才复位回参考点命令。

4.5.7　参考点挡块引入伺服驱动器的参考点挡块和编码器零脉冲硬限位反转方式

伺服驱动器接收到回参考点命令时，伺服电动机可能停在参考点挡块的左边，也可能停在参考点挡块的右边，且 PLC 及伺服驱动器均无法知道伺服电动机的实际停靠位置，此时执行回参考点操作，伺服驱动器可能搜索到参考点挡块，也可能搜索不到参考点挡块而撞向

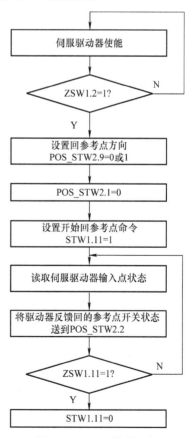

图 4-122　PLC 控制逻辑

硬限位开关。若常开的参考点挡块信号与常闭的硬限位开关均接到伺服驱动器的数字量输入点中，则需要在伺服驱动器中正确配置输入点的功能；设置参数 P29151=3，伺服驱动器将数字量输入信号的状态链接到报文类型 111 的字节 12，将其状态信号反馈给 PLC，PLC 解析出参考点挡块信号，并传送给控制字 POS_STW2.2 中；设置参数 P29239=1 激活硬限位反转功能，此时的回参考点原理如图 4-123 所示，伺服驱动器中的参数 P29240 应设置为 1。

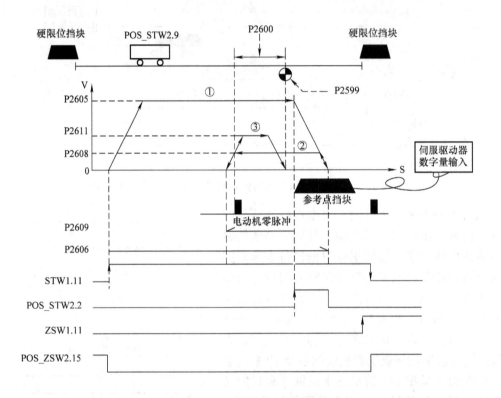

图 4-123　回参考点原理图

在回参考点时，伺服驱动器接收到 PLC 的回参考点命令时，将驱动伺服电动机按照设定的方向和速度去搜索参考点挡块的状态，当碰到硬限位前搜索到 PLC 发送的参考点挡块信号，并按后续动作继续完成回零操作；当未搜索到 PLC 发送的参考点挡块信号并碰到了硬限位时，伺服电动机停止并反向搜索参考点挡块信号由于回参考点的动作均在伺服驱动器内部完成，此时 PLC 的用户逻辑如图 4-124 所示。

PLC 发回参考点命令前应取消伺服驱动器的硬限位报警功能，接收伺服驱动器的输入点状态反馈并将参考点挡块信号回送给伺服驱动器，同时监控伺服驱动器的回参考点完成信号，并激活伺服驱动器的硬限位报警功能，该方式也只能用于报文类型 111。

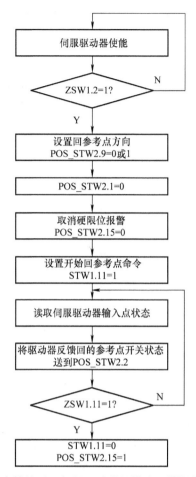

图 4-124　参考点挡块引入伺服驱动器的模式 1 带限位反转 PLC 逻辑

4.5.8　硬限位开关作为参考点挡块和编码器零脉冲方式

为了保护机械设备，避免由于误操作而产生撞机损坏设备的事故发生，通常会在机械设备上安装硬限位开关进行保护。一个信号开关就是一个电气故障点，为了降低设备的故障点，有些机械设备不使用参考点挡块，而采用硬限位开关作为参考点挡块信号。使用硬限位开关，则必须将其常闭信号引入到伺服驱动器的数字量输入点中并正确配置数字量输入点的功能。由于硬限位开关作为参考点挡块，因此 PLC 需要读取伺服驱动器数字量输入点的状态。设置伺服驱动器参数 P29151=3，伺服驱动器将数字量输入信号的状态链接到报文类型 111 的字节 12，将其状态信号反馈给 PLC，PLC 解析出参考点挡块信号，由于硬限位开关为常闭信号，因此需要对反馈的信号进行取反并传送给控制字 POS_STW2.2 中，其原理如图 4-125 所示，伺服驱动器中的参数 P29240 应设置为 1。

由于伺服驱动器会驱动伺服电动机旋转，因此在执行回参考点操作前，伺服驱动器应处于使能状态，此时伺服驱动器的回参考点步骤如下：

第 1 步：伺服驱动器接收到 PLC 通信发送的回参考点命令（STW1.11）时，按照搜索参考点挡块方向命令（POS_STW2.9）和设定的搜索参考点挡块速度 P2605 中的设定值去搜索参考点挡块信号。

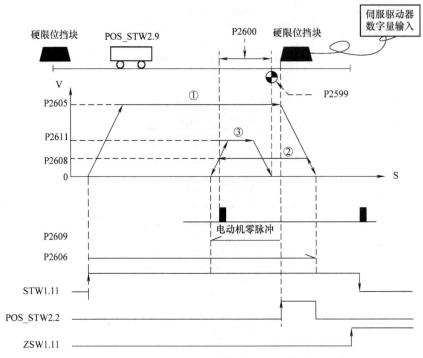

图 4-125　硬限位开关作为参考点挡块的模式 1 原理

第 2 步：伺服驱动器实时地将数字量输入点的状态信号反馈给 PLC。

第 3 步：伺服驱动器接收到 PLC 通信发送的参考点挡块信号（POS_STW2.2）时，开始减速停车，当伺服电动机停止后，来自 PLC 的参考点挡块信号必须保持为 1，否则伺服驱动器会出现报警。若伺服电动机停止后，来自 PLC 的参考点挡块信号消失，则需要降低搜索参考点挡块速度 P2605 中的值或延长硬限位挡块的长度，使伺服电动机停止在硬限位挡块上。当伺服电动机运行距离超过 P2606 中设定的值时还未接收到来自 PLC 的参考点挡块信号，则出现报警。

第 4 步：伺服驱动器驱动伺服电动机按照 P2608 中的设定值反向旋转，开始搜索伺服电动机编码器的零脉冲。当伺服电动机离开来自 PLC 的参考点挡块后运行距离超过 P2609 中设定的值时还未接收到编码器零脉冲信号，则出现报警。

第 5 步：伺服驱动器接收到编码器零脉冲后，控制伺服电动机停止，并再次反向以 P2611 中设定的速度执行定位，此时可以进行位置偏移，偏移值设置在 P2600 中。

第 6 步：伺服驱动器定位完成后，将当前位置设置为 P2599 中的值，并反馈回参考点完成信号（ZSW1.11）给 PLC。在伺服驱动器回参考点完成前，不得复位回参考点命令（STW1.11），否则导致回零失败，再次执行绝对位置定位控制时会出现参考点丢失报警。合理设置 P2600 的值，使回参考点完成时，确保伺服电动机的位置不在硬限位开关上，否则会产生硬限位报警。

当伺服驱动器回参考点完成后，需要再次接收回参考点命令（STW1.11）的上升沿才能重新开始回参考点。此时用户 PLC 程序按图 4-126 所示的逻辑编写程序。

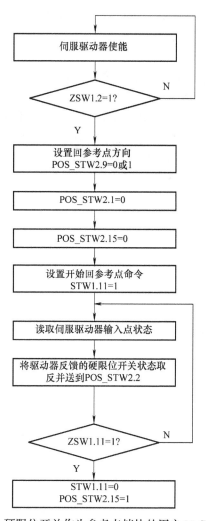

图 4-126　硬限位开关作为参考点挡块的用户 PLC 程序逻辑

　　由于伺服驱动器接收到硬限位开关动作时会触发报警停车，而在回参考点时又需要将硬限位开关作为参考点挡块信号，因此可以通过控制字 POS_STW2.15 控制是否激活伺服驱动器的硬限位报警功能，当伺服驱动器在执行回参考点操作时，取消硬限位功能，PLC 读取伺服驱动器输入点的状态，并将相应的限位开关状态取反后送到控制字 POS_STW2.2 中作为伺服驱动器的参考点挡块信号；当伺服驱动器执行完回参考点时，激活伺服驱动器的硬限位报警功能，从而使硬限位开关在非回参考点模式下进行机械设备的保护。

　　执行回参考点前，首先应判断伺服驱动器的使能状态。然后根据机械设备的要求设定回参考点的方向，执行回参考点时，不允许执行直接设置参考点命令。发送回参考点命令及其参考点挡块信号到伺服驱动器，直到接收到伺服驱动器反馈的回参考点完成状态才复位回参考点命令。

　　由于不存在真正意义上的参考点挡块，伺服电动机重新上电时必然在正硬限位或负硬限位之间，因此不论伺服驱动器是往正方向还是负方向，必然可以搜索到来自 PLC 的参考点挡块信号，不需要硬限位反转功能，也不存在硬限位反转功能。

4.5.9　仅寻参考点挡块的方式

SINAMICS V90 PN 伺服驱动器内的回参考点模式必然要搜索编码器的零脉冲，而在某些场合，当更换伺服电动机或者调整机械后，会导致伺服电动机编码器的零脉冲位置与之前的零脉冲位置不同，采用编码器零脉冲回参考点后，其参考点位置将与之前的参考点位置不同，从而使用户程序中的一系列位置设定值需要重新调整，因此需要在回参考点时不寻找伺服电动机编码器的零脉冲。此时应结合 PLC 的用户逻辑，结合伺服驱动器的回参考点功能来实现，其原理如图 4-127 所示。

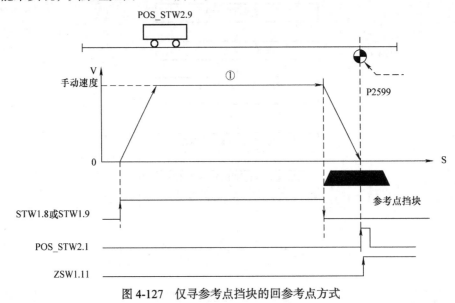

图 4-127　仅寻参考点挡块的回参考点方式

由于伺服驱动器会驱动伺服电动机旋转，因此在执行该模式的回参考点前，伺服驱动器应处于使能状态。伺服驱动器执行过程如下：

第 1 步：根据 PLC 发送的 Jog 1 信号或 Jog 2 信号点动速度运行。此时应注意伺服驱动器中设置的 P2585 和 P2586 值的大小及方向，保证伺服驱动器驱动伺服电动机的点动运行方向与机械设备的回参考点方向一致。

第 2 步：当伺服电动机位置运行到参考点挡块位置的上升沿时，PLC 会停止点动速度运行。

第 3 步：当伺服电动机停止后，接收 PLC 发送的设置直接回参考点命令，伺服驱动器设置当前位置为机械设备的参考点，并反馈回参考点完成信号给 PLC。

为了保证每次回参考点的准确度，伺服驱动器中的 Jog 速度设定值不宜过大，此时 PLC 的用户逻辑如图 4-128 所示。

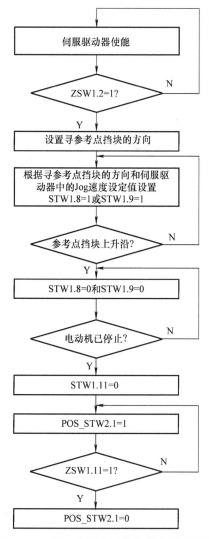

图 4-128　仅寻参考点开关的用户程序逻辑

执行该回参考点方式时，参考点挡块信号引入到 PLC 的数字量输入点中，执行回参考点前，首先应判断伺服驱动器的使能状态。然后根据机械设备参考点挡块的安装位置及伺服驱动器中所设定的 Jog 1 速度设定值和 Jog 2 速度设定值来判断伺服驱动器需要执行 Jog 1 还是 Jog 2，并设置其控制字。在点动速度运行的过程中，监控参考点开关的状态，当检测到其上升沿时，PLC 停止点动速度运行，待伺服电动机停止后，执行直接设置参考点命令，直到接收到伺服驱动器反馈的回参考点完成状态才复位该命令，此时不允许执行回参考点操作。

4.5.10　仅寻参考点挡块的硬限位反转方式

伺服驱动器重新上电后，伺服电动机可能停在参考点挡块的左边，也可能停在参考点挡块的右边，且 PLC 及伺服驱动器均无法知道伺服电动机的实际停靠位置；PLC 在执行回参考点操作时，可能搜索到参考点挡块，也可能搜索不到参考点挡块从而导致伺服电动机撞向硬限位开关。因此，在执行回参考点的过程中，若碰到硬限位也能够自动反转，其原理如图 4-129 所示，硬限位挡块信号应接入伺服驱动器的数字量输入中并正确配置伺服驱动器输入点的功能。

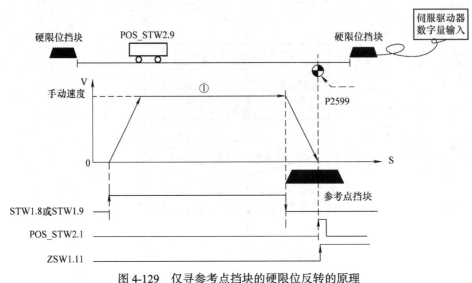

图 4-129　仅寻参考点挡块的硬限位反转的原理

由于伺服驱动器会驱动伺服电动机旋转，因此在执行该模式的回参考点前，伺服驱动器应处于使能状态。伺服驱动器执行过程如下：

第 1 步：根据 PLC 发送的 Jog 1 信号或 Jog 2 信号点动速度运行。此时应注意伺服驱动器中设置的 P2585 和 P2586 值的大小及方向，保证伺服驱动器驱动伺服电动机的点动运行方向与机械设备的回参考点方向一致。

第 2 步：当伺服电动机位置运行到参考点挡块位置的上升沿时，PLC 会停止点动速度运行并跳转到第 5 步执行；当伺服电动机位置运行到硬限位挡块时，立即停止并报警。

第 3 步：由于伺服电动机运行到硬限位挡块位置触发伺服驱动器的硬限位报警，此时伺服驱动器需要等待 PLC 的复位指令，并重新使能。

第 4 步：伺服驱动器重新使能后，需要接收 PLC 的反向点动运行指令直到伺服电动机离开参考点挡块的下降沿后停止。并跳转到第 1 步重新执行。

第 5 步：当伺服电动机停止后，接收 PLC 发送的设置直接回参考点命令，伺服驱动器设置当前位置为机械设备的参考点，并反馈回参考点完成信号给 PLC。

为了保证每次回参考点的准确度，伺服驱动器中的 Jog 速度设定值不宜过大，此时 PLC 的用户逻辑如图 4-130 所示。

执行该回参考点方式时，参考点挡块信号引入到 PLC 的数字量输入点中，执行回参考点前，首先应判断伺服驱动器的使能状态。然后根据机械设备参考点挡块的安装位置及伺服驱动器中所设定的 Jog 1 速度设定值和 Jog 2 速度设定值来判断伺服驱动器需要执行 Jog 1 还是 Jog 2，并设置其控制字。若在伺服驱动器触发硬限位报警前，若检测到参考点挡块的上升沿，则 PLC 停止点动速度运行，待伺服电动机停止后，执行直接设置参考点命令。

若伺服驱动器触发了硬限位报警，此时伺服驱动器的内部使能会断开，PLC 应停止点动命令，并断开使能命令，同时给伺服驱动器复位信号复位硬限位报警，待伺服驱动器就绪后，再次给伺服驱动器使能命令（伺服驱动器的使能需要接收使能命令的上升沿信号），然后点动伺服驱动器驱动伺服电动机反向运行，离开参考点挡块的下降沿时停止点动，待伺服电动机停止后，重新开始搜索参考点开关。

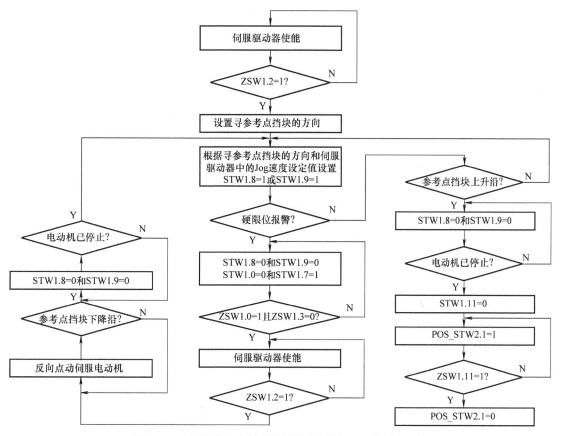

图 4-130　仅寻参考点挡块的硬限位反转 PLC 的用户逻辑

4.5.11　回参考点的应用技巧

SINAMICS V90 PN 伺服驱动器的参考点挡块信号来自 PLC 通信报文 POS_STW2.2 的常开信号，因此参考点挡块信号可以为常开信号的参考点挡块或者常闭信号的参考点挡块在 PLC 用户程序中进行取反。而硬限位开关为接入到伺服驱动器数字量输入点的常闭信号且无法对硬限位的输入状态在伺服驱动器内部进行取反，因此硬限位开关必须为常闭信号。当机械设备需要使用参考点挡块和硬限位开关时，可以将参考点挡块和硬限位开关都使用常闭信号，这样有利于机械设备制造商可以大量地采购同一类型的信号传感器，有利于仓库管理人员不需要了解任何信号传感器的知识就能正确地将其发给安装现场，有利于设备安装人员不需要校对信号传感器的类型就可以随意安装，有利于机械设备用户维修备件的储备和现场更换。当参考点挡块信号采用常闭信号时，PLC 接收到该信号后应先进行取反，然后再送到控制字 POS_STW2.2 中。

硬限位开关必须接入到伺服驱动器的数字量输入点中并且正确配置伺服驱动器输入点的功能，同时需要激活控制字 POS_STW2.15=1，伺服驱动器才具备硬限位立即报警停车功能。若硬限位开关信号引入 PLC 的数字量输入，则只能使用硬限位进行用户 PLC 逻辑安全联锁，由于 PLC 的循环扫描周期及伺服驱动器与 PLC 之间的通信周期影响，伺服驱动器不能具备立即报警停车功能，从而导致机械设备发生碰撞。当参考点挡块接入到伺服驱动器的数字量输入点时，应设置驱动器参数 P29151=3，将参考点开关的状态传输到 PLC 中，供用户 PLC 程序使用。

当采用参考点挡块和编码器零脉冲方式回参考点时，可以将搜索参考点挡块的速度 P2605 设置得较大一些，用以提高回参考点的效率，但是当采用硬限位开关作为参考点挡块信号时，则搜索参考点挡块的速度 P2605 不宜过大，否则机械设备会发生碰撞，同时编码器的零脉冲可以保证回参考点的准确度。当采用参考点挡块回参考点而不检测编码器零脉冲时，应通过用户 PLC 编写回参考点逻辑，由于 PLC 程序的扫描周期和通信周期不同，容易导致每次回参考点后，机械设备的位置不同，因此伺服驱动器中的 Jog 速度设定值不宜过大，也可以先以一个较高的点动速度寻找参考点挡块的上升沿，待伺服电动机停止后，再以一个较小的点动速度反向寻找参考点挡块的下降沿。

总而言之，合理地设置伺服驱动器的参数，可以利用用户 PLC 程序通过控制字控制伺服驱动器并通过状态字读取伺服驱动器的状态实现其他方式的回参考点动作。

4.6　巧用附加报文类型 750

附加报文类型 750 的控制字包含附加的转矩设定值、正向转矩限幅值和负向转矩限幅值，PLC 可以直接对附加的转矩设定和正负向的转矩限幅进行周期性控制；状态字包括实际转矩，周期性反馈伺服驱动器的输出转矩。可以在用户程序中直接通过周期性通信使用该附加报文，也可以在 TIA Portal 中通过工艺对象进行组态，然后采用 MC_TorqueAdditive 设置附加转矩、MC_TorqueRange 设置转矩的正负向限幅、MC_TorqueLimiting 进行转矩转矩限制检测或固定点停止检测。

要使用附加报文类型 750，在 SINAMICS V90 PN 伺服驱动器中首先应进行附加报文类型的设置，即设置参数 P8864=750，激活伺服驱动器中的 750 报文，此时 PLC 控制的正向转矩限幅或负向转矩限幅会直接影响伺服驱动器的转矩输出。通常来说，附加报文类型 750 与伺服驱动器速度模式下的主报文配合使用，实现收放卷应用的速度控制转矩限幅功能或直接转矩控制功能。在 PLC 侧，可以通过 GSD 文件组态附加报文类型 750，也可以通过 HSP 文件组态附加报文类型。附加报文类型 750 可以与任何速度模式下主报文组合成速度控制转矩限幅应用，也可以与主报文类型 102 和 105 组合成直接转矩控制或速度转矩模式的切换，此时的附加转矩为转矩给定值。在进行速度控制转矩限幅时，可以进行附加转矩的设定，在进行转矩控制时，也可以进行转矩限幅。

4.6.1　基于报文类型 1 的 SIMATIC SMART 200 PLC 与 SINAMICS V90 PN 伺服驱动器的附加报文应用

采用 SIMATIC SMART 200 PLC 通过报文类型 1 和附加报文类型 750 控制 SINAMICS V90 PN 伺服驱动器的速度控制转矩限幅的问题。

如图 4-131 所示，新建一个 SIMATIC SMART 200 的项目，并在向导下，双击打开向导"PROFINET"的配置界面，设置 PLC 的角色为控制器，然后单击"下一步"按钮。

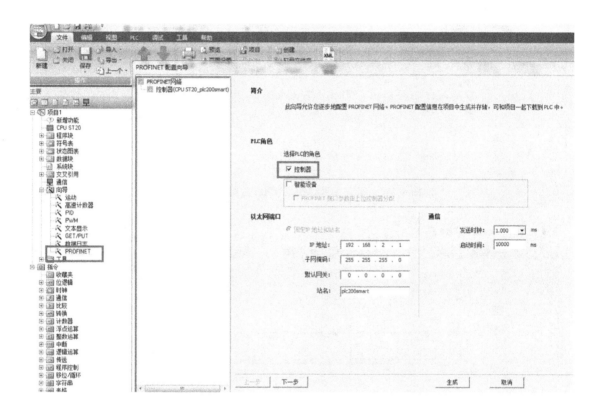

图 4-131　设置 PLC 的角色

如图 4-132 所示，组态 SINAMICS V90 PN 伺服驱动器。在硬件目录中，将 SINAMICS V90 PN 伺服驱动器添加到设备表中，并根据实际修改伺服驱动器的设备名称及其 IP 地址。

如图 4-133 所示组态伺服驱动器的报文类型，将"标准报文 1，PZD-2/2"添加到 8 号槽中，将"附加报文 750，PZD-3/1"添加到 9 号槽中，并记录标准报文和附加报文的 PLC 输入输出地址及长度，单击"生成"按钮完成 PROFINET 向导组态。

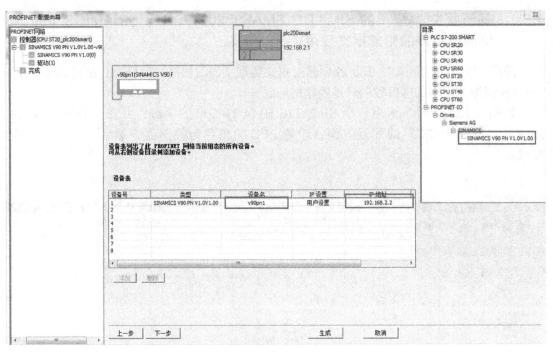

图 4-132　组态 SINAMICS V90 PN 伺服驱动器

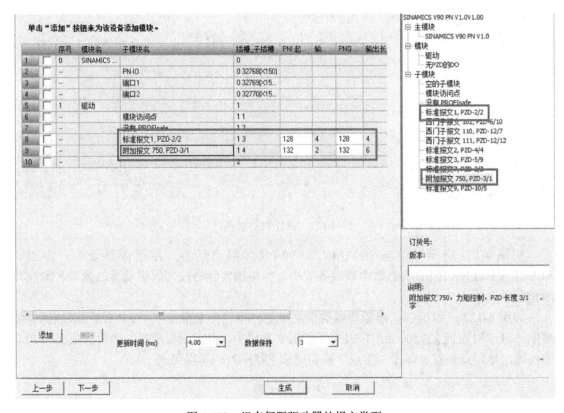

图 4-133　组态伺服驱动器的报文类型

编写变量表如图 4-134 所示。

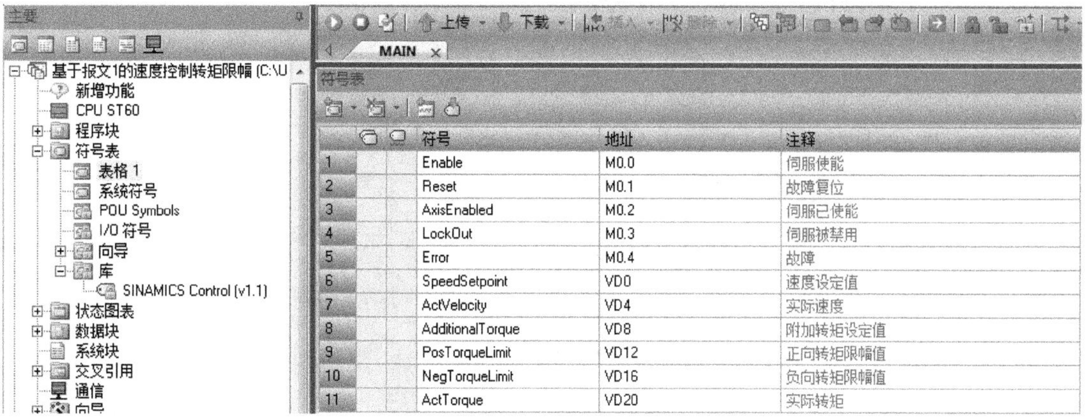

图 4-134　编写变量表

如图 4-135 所示，新建一个子程序，通过附加报文类型 750 与伺服驱动器进行数据交换，新建该子程序的输入输出变量及其数据类型。

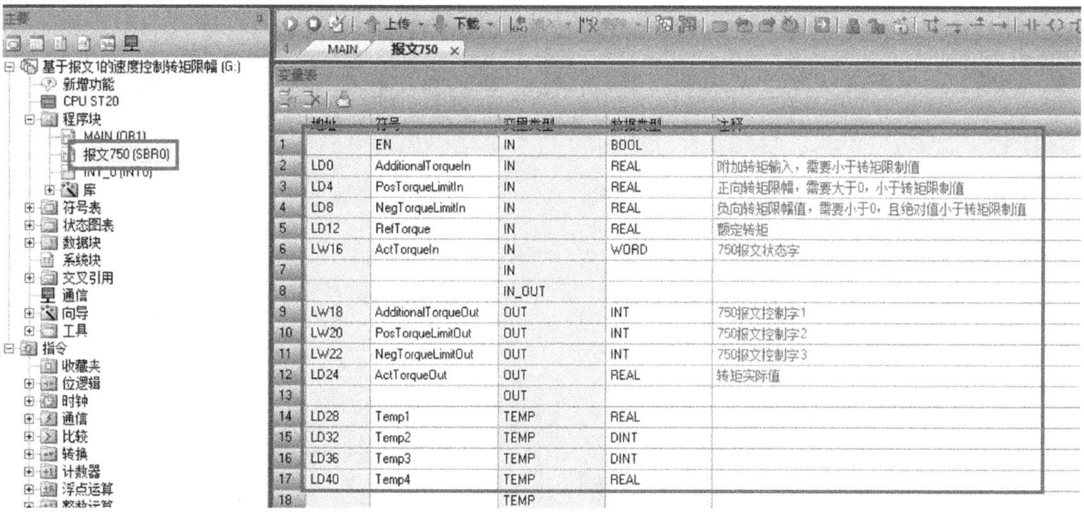

图 4-135　新建子程序的输入输出变量及其数据类型

在子程序中，编写子程序逻辑如图 4-136 所示。由于附加转矩、正向转矩限幅和负向转矩限幅的设定值都为实数，而 PLC 传送给伺服驱动器的对应控制字为 WORD 型数据，且 WORD 型数值 16 进制数 4000 对应的是伺服电动机的额定转矩，因此需要将设定数据参考额定转矩进行转换后传送给伺服驱动器。由于伺服驱动器反馈给 PLC 的实际转矩为 WORD 型数据，因此需要参考额定转矩进行转换为实数，得到伺服驱动器输出的实际转矩。

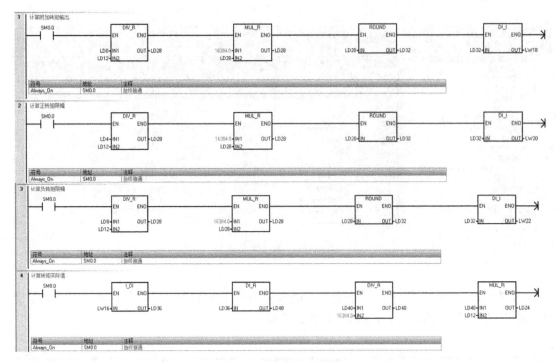

图 4-136　编写子程序逻辑

如图 4-137 所示，在主程序中，调用 SINA_SPEED 进行伺服驱动器的速度控制，调用编写的子程序进行附加报文 750 的控制，此时使用的伺服电动机额定转矩为 0.32N·m。

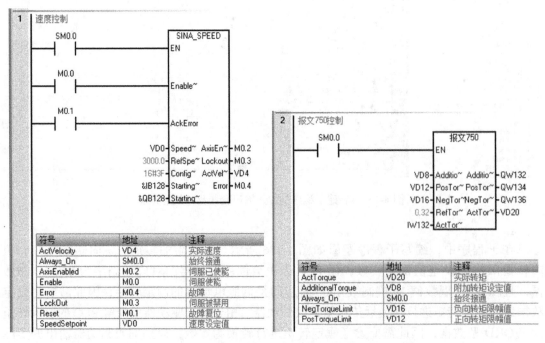

图 4-137　编写主程序

如图 4-138 所示，给 SINAMICS Control(v1.1) 库函数分配 PLC 地址，地址分配后，在用户 PLC 程序中应避免使用该区域段的存储地址。

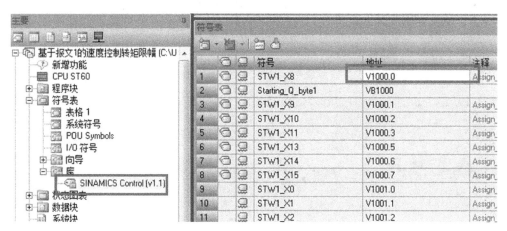

图 4-138　库函数分配 PLC 地址

编译下载程序到 PLC 中，并运行 CPU 对伺服驱动器进行控制，首先设置伺服驱动器的正向转矩限幅和负向转矩限幅，然后运行伺服电动机正向旋转，记录伺服电动机的实际速度和伺服驱动器的实际输出转矩；再进行堵转运行，记录伺服电动机的实际速度和伺服驱动器的实际输出转矩，如图 4-139 所示，可以看出正向堵转时，伺服驱动器的输出转矩被限制在正向转矩限幅值。

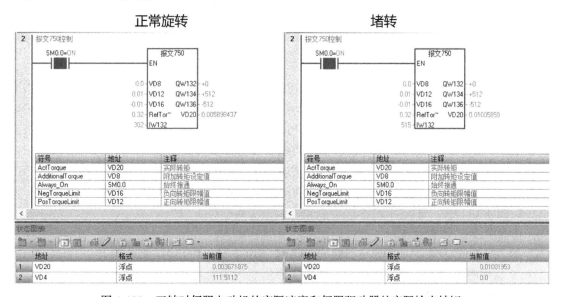

图 4-139　正转时伺服电动机的实际速度和伺服驱动器的实际输出转矩

控制伺服电动机反向旋转，记录伺服电动机的实际速度和伺服驱动器的实际输出转矩；再进行堵转运行，记录伺服电动机的实际速度和伺服驱动器的实际输出转矩，如图 4-140 所示，可以看出反向堵转时，伺服驱动器的输出转矩被限制在负向转矩限幅值。

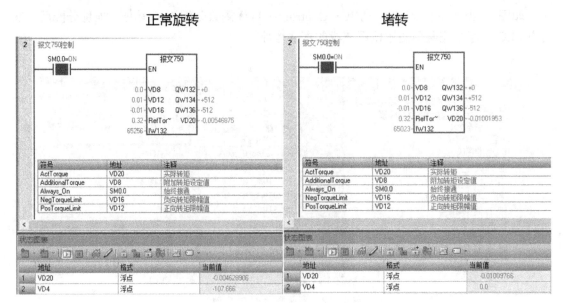

图 4-140　反转时伺服电动机的实际速度和伺服驱动器的实际输出转矩

不仅 SIMATIC S7-200 SMART PLC 可以通过该方式进行速度控制转矩限幅，SIMATIC S7-1200 PLC 和 S7-1500 PLC 也可以在报文类型 1 下通过该方式进行速度控制转矩限幅。在用户 PLC 程序中，可以直接调用 SINA_SPEED 库进行伺服驱动器的速度控制，也可以采用 MOVE 指令输出控制字到对应的 PLC 地址，读取对应 PLC 地址的状态获得伺服驱动器的运行状态。不仅报文类型 1 可以与附加报文类型 750 配合进行速度控制转矩限幅，报文类型 2、3、102 也可以与附加报文 750 配合进行速度控制转矩限幅。

4.6.2　基于报文类型 3 的 SIMATIC S7-1500 PLC 与 SINAMICS V90 PN 伺服驱动器的附加报文应用

SIMATIC S7-1500 PLC 与 SINAMICS V90 PN 伺服驱动器通过报文类型 3 进行数据交换时，可以组态位置轴工艺对象，也可以组态速度轴工艺对象；可以进行 PROFINE TRT 通信，也可以进行 PROFINET IRT 通信；可以采用 GSD 文件组态报文类型 3 和附加报文类型 750，也可以采用 HSP 文件组态报文类型 3 和附加报文类型 750。

新建一个 TIA Portal 项目，添加 PLC 及其 SINAMICS V90 PN 伺服驱动器，采用 GSD 文件组态伺服驱动器，组态伺服驱动器的通信报文及属性，如图 4-141 所示。

在图 4-141 中，完成如下操作：

① 切换到 "设备视图"。

② 在下拉列表中找到需要进行组态的 SINAMICS V90 PN 伺服驱动器。

③ 在伺服驱动器的属性界面中，根据实际需要设置常规选项下的设备名称。

④ 在硬件目录中，将 "标准报文 3，PZD-5/9" 和 "附加报文 750，PZD-3/1" 添加到设备概览中。

切换到网络视图，将 PLC 与伺服驱动器组态在同一个 PROFINET 网络中，如图 4-142 所示，采用 PROFINET IRT 通信，不需要进行拓扑组态。

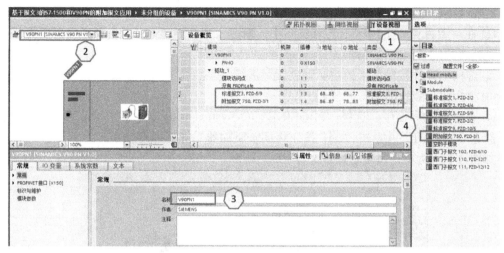

图 4-141　组态伺服驱动器的通信报文及属性

图 4-142　组态 PROFINET 网络

新建一个速度轴，并进行驱动器的组态，如图 4-143 所示。

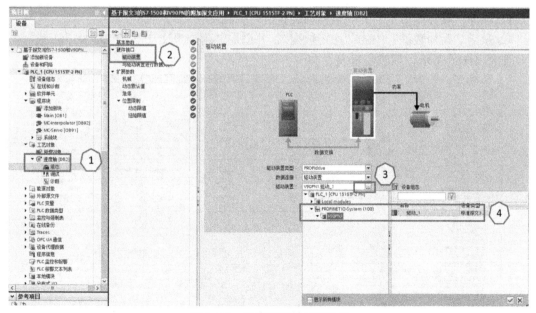

图 4-143　组态速度轴的驱动器

在图 4-143 中，完成如下操作：

① 在"项目树"下的"工艺对象"中，新建一个"速度轴"，并双击组态打开"速度轴"工艺对象的"组态"界面。

② 选择"硬件接口"下的"驱动装置"进行组态。

③ 单击驱动装置后的扩展按钮。

④ 在弹出的界面中，选择"PROFINET IO-System(100)"下的"V90 PN1"伺服驱动器，选择"驱动_1"并单击"☑"按钮将伺服驱动器添加到速度轴中。

如图 4-144 所示，组态附加报文。

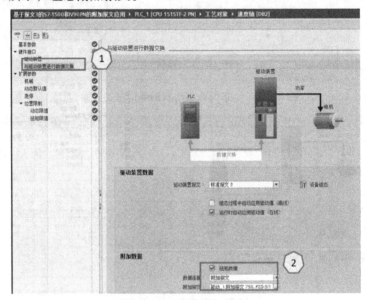

图 4-144　组态附加报文

在图 4-144 中，完成如下操作：

① 选择"硬件接口"下的"与驱动装置进行数据交换"。

② 激活"附加数据"中的"扭矩数据"，并添加"附加报文 750，PZD-3/1"。

如图 4-145 所示，新建变量表。

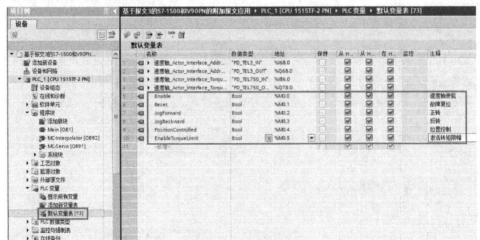

图 4-145　新建变量表

在主程序中，编写程序控制速度轴的使能和故障复位，如图 4-146 所示。

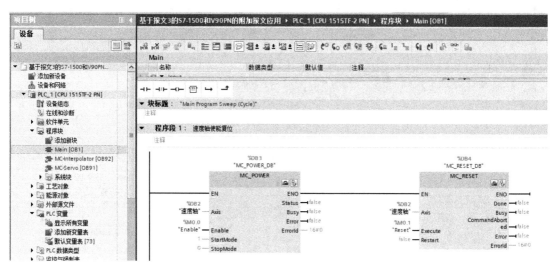

图 4-146　使能和故障复位

编写速度轴点动控制程序和转矩限幅控制程序，如图 4-147 所示。

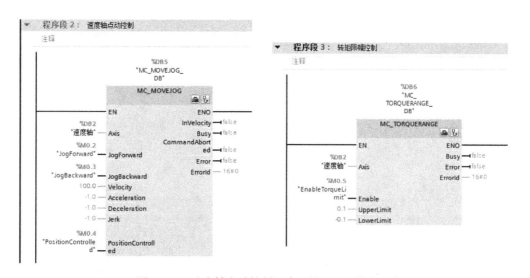

图 4-147　速度轴点动控制程序和转矩限幅控制程序

编译下载到 PLC 并运行 CPU 控制速度轴。使能速度轴后，正向点动运行速度轴，不激活转矩限幅功能，此时增加伺服电动机的负载，可以看到速度给定值不变，速度实际值在波动，同时伺服驱动器的输出转矩在增大，如图 4-148 所示。

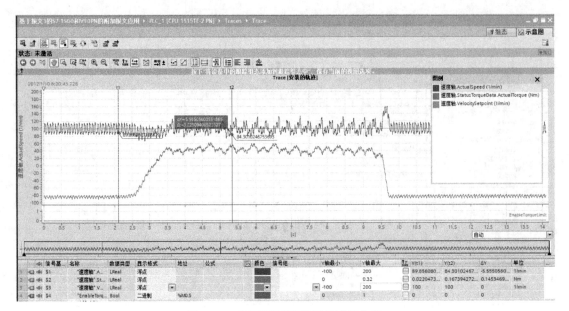

图 4-148 不激活转矩限幅的堵转曲线

继续正向点动运行速度轴，激活转矩限幅，此时增加伺服电动机的负载到堵转，可以看到实际速度为 0 后，伺服驱动器的转矩被限制在正向限幅值，如图 4-149 所示。要使用转矩限幅功能，必须先激活。

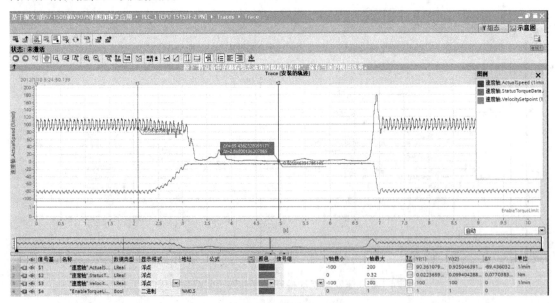

图 4-149 激活转矩限幅的曲线

新建另一个 TIA Portal 项目，添加 PLC 及其 SINAMICS V90 PN 伺服驱动器，采用 HSP 文件组态伺服驱动器，组态伺服驱动器的通信报文及属性，此次采用 PROFINET IRT 通信并组态位置轴工艺对象。如图 4-150 所示，组态伺服驱动器的属性及报文。

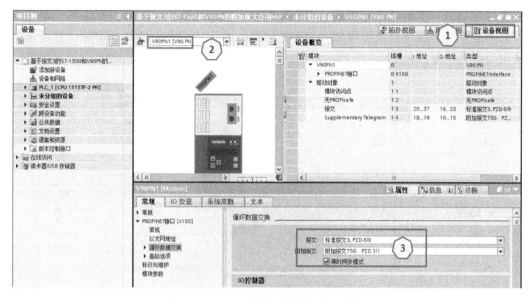

图 4-150　组态伺服驱动器的属性及报文

在图 4-150 中，完成如下操作：

① 切换到"设备视图"。

② 在下拉列表中找到需要组态的伺服驱动器。

③ 在伺服驱动器的属性界面中，可以在"常规"选项中组态设备名称，在"循环数据交换"选项中组态报文为"标准报文 3，PZD-5/9"和"附加报文 750，PZD-3/1"，并激活"等时同步模式"。

在网络视图中，将 PLC 和 SINAMICS V90 PN 伺服驱动器组态在同一个 PROFINET 网络中，在拓扑视图中进行 PLC 与伺服驱动器的拓扑组态，如图 4-151 所示。

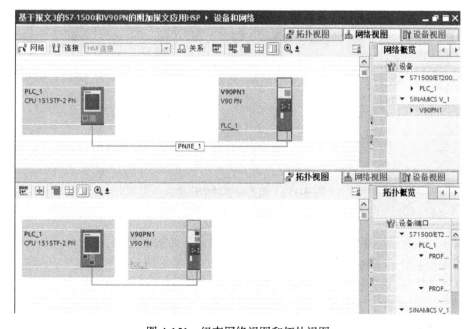

图 4-151　组态网络视图和拓扑视图

在"项目树"下的"未分组的设备"中，找到对应的伺服驱动器，双击其"参数"选项打开参数设置界面进行伺服电动机的参数组态，在下拉列表中选择伺服驱动器所连接的伺服电动机的型号，如图 4-152 所示。

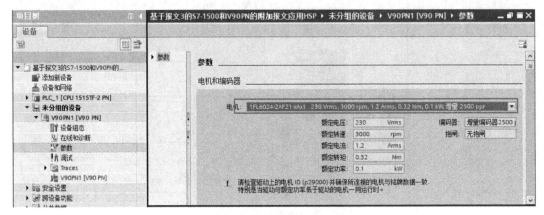

图 4-152　组态伺服电动机型号

在"项目树"下的"工艺对象"中，新建一个位置轴并打开其组态界面，在"硬件接口"的"驱动装置"中，组态其驱动装置为"V90 PN1 驱动对象"，如图 4-153 所示。

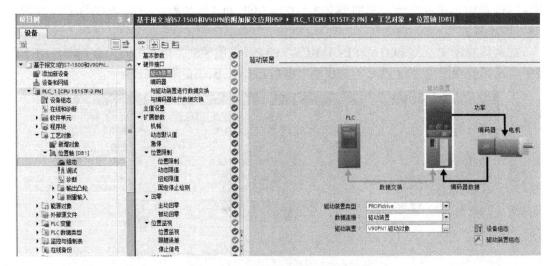

图 4-153　组态位置轴的驱动装置

如图 4-154 所示，组态位置轴工艺对象与驱动装置的数据交换。

在图 4-154 中，完成如下操作：

① 切换到"与驱动装置进行数据交换"选项。

② 激活"附加数据"中的"扭矩数据"，并单击"附加报文"后的扩展□按钮。

在弹出的界面中，添加附加报文到工艺对象中，如图 4-155 所示。

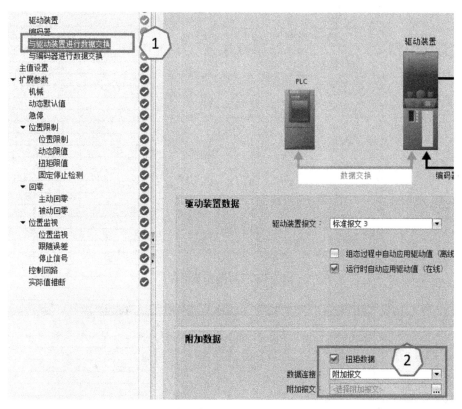

图 4-154　组态位置轴工艺对象与驱动装置的数据交换

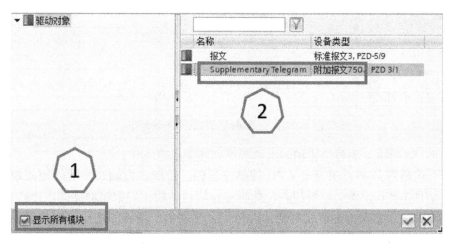

图 4-155　添加附加报文

为了试验方便，屏蔽工艺对象的跟随误差报警，如图 4-156 所示。

在主程序中，编写位置轴的使能和故障复位程序，如图 4-157 所示。

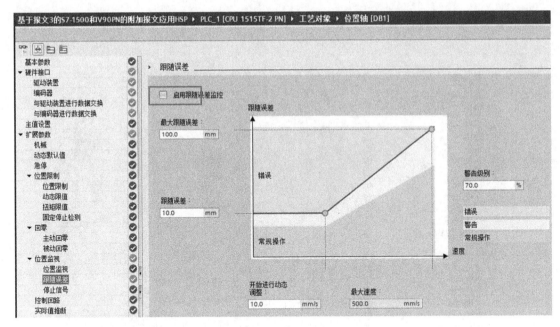

图 4-156　跟随误差报警

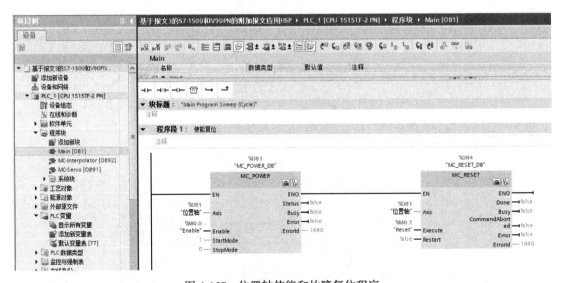

图 4-157　位置轴使能和故障复位程序

如图 4-158 所示，编写位置轴的点动程序和转矩限幅程序。

编译下载程序到 PLC 并运行 CPU 控制位置轴。使能位置轴，激活转矩限幅，首先点动控制位置轴并将其设置为位置控制，此时进行堵转试验，伺服驱动器的输出转矩被限幅，当解除堵转后，会发现给定速度不变，但是实际速度由于堵转的这段时间位置设定值也发生了改变，有较大的误差会产生一个较大的过冲，不仅速度跟随设定值，位置也跟随内部设定值；而当取消位置控制功能后，进行堵转试验，伺服驱动器的输出转矩被限幅，当解除堵转后，速度会跟随设定速度，如图 4-159 所示。

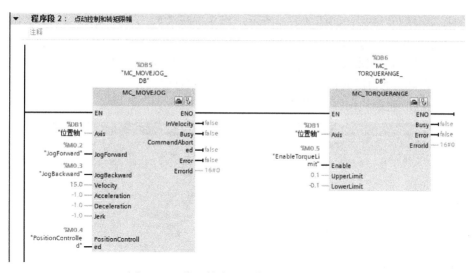

图 4-158　位置轴点动程序和转矩限幅程序

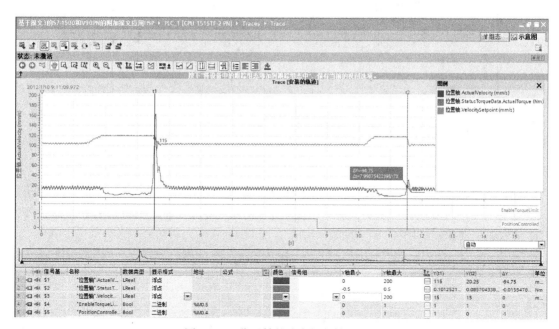

图 4-159　位置轴的速度控制转矩限幅

从以上可以看出，可以采用速度轴工艺对象或者位置轴工艺对象，配合附加报文类型 750 进行速度控制转矩限幅的应用，在位置轴工艺对象时应注意点动或连续速度运行时取消位置控制功能，以免产生较大的速度过冲。

4.6.3　基于报文类型 105 的 SIMATIC S7-1500 PLC 与 SINAMICS V90 PN 伺服驱动器的直接转矩控制

在使用报文类型 102、105 时，可以通过控制字 STW1 的位 14 进行速度控制和直接转矩控制的切换，由于采用报文类型 105，因此只能使用 HSP 文件对 SINAMICS V90 PN 伺服驱动器进行组态，首先新建一个 TIA Portal 项目，添加 PLC 及伺服驱动器，并组态伺服驱动器的报文类型及属性，如图 4-160 所示。报文选择"西门子报文 105，PZD-10/10"附加报文选择附加报文 750，PZD-3 此时必须使用 PROFINET IRT 通信，因此除了在网络视图中需要将 PLC 及伺服驱动器组态在同一个 PROFINET 通信网络外，还需要在拓扑视图中组态 PLC 及伺服驱动器的拓扑结构。在项目树下的对应伺服驱动器的参数选项下，需要组态伺服驱动器所连接的伺服电动机的类型。

图 4-160 组态伺服驱动器报文及属性

进行的是速度控制与直接转矩控制的切换，首先在项目树下的工艺对象中能够新建一个速度轴并，打开组态界面，在硬件接口下的驱动装置选项中，将驱动装置组态为 V90 PN1 伺服驱动对象，如图 4-161 所示。

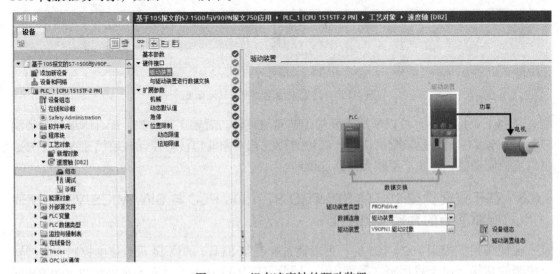

图 4-161 组态速度轴的驱动装置

如图 4-162 所示，切换到硬件接口下的与驱动装置进行数据交换选项中，进行数据交换的组态，激活"附加数据"下的"扭矩数据"，并将附加报文组态改为驱动对象的附加报文类型 750。

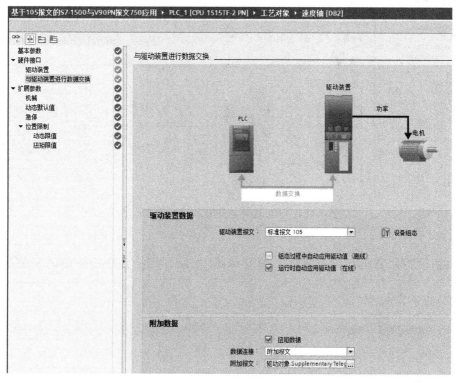

图 4-162　组态 PLC 与伺服驱动器的数据交换

新建变量表，如图 4-163 所示。

图 4-163　新建变量表

在主程序中，编写速度轴的使能控制和故障复位程序，如图 4-164 所示。

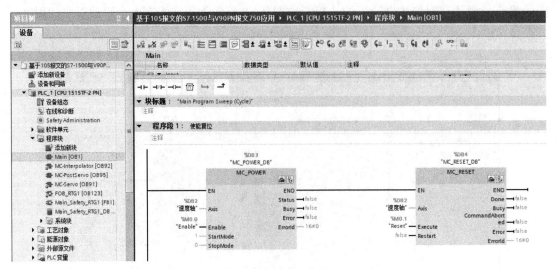

图 4-164　速度轴使能控制和故障复位程序

编写速度控制和转矩设定程序，如图 4-165 所示，切换到转矩控制时复位速度控制指令。

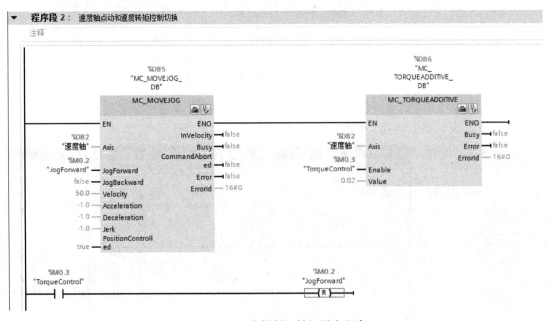

图 4-165　速度控制和转矩设定程序

编写速度控制和直接转矩控制切换程序如图 4-166 所示，必须添加一个"MC-PostServo[OB95]"组织块，并在该组织块内编程控制报文类型 105 的控制字 STW1.14。

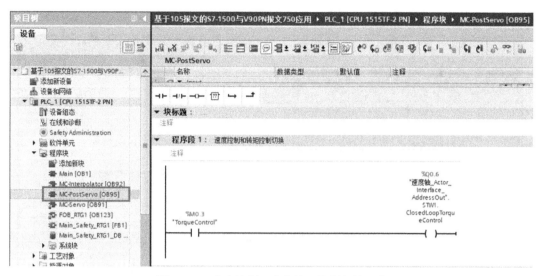

图 4-166　速度控制和直接转矩控制切换程序

编译下载项目到 PLC 中并运行 CPU 进行速度控制和转矩控制的切换。如图 4-167 所示，使能速度轴后，首先在速度模式下起动速度轴，伺服电动机加速到设定的转速 60r/min，伺服驱动器输出的转矩为 0.01N·m，即为负载的转矩。当切换到转矩控制时，伺服驱动器输出的转矩为设定值 0.02N·m，大于负载转矩，此时伺服电动机加速运行。当停止转矩控制后，伺服驱动器控制伺服电动机停止。

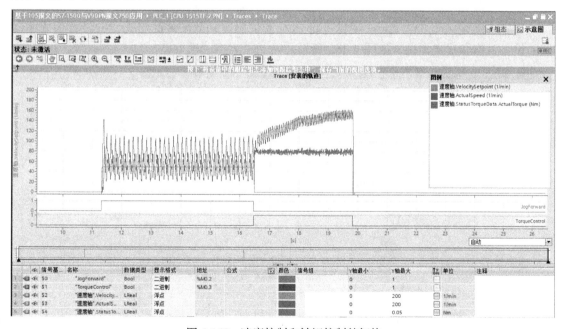

图 4-167　速度控制和转矩控制的切换

删除 OB95 中的程序内容，重新执行程序，得到图 4-168 所示的曲线。当速度轴使能并手动运行速度轴后，伺服驱动器按照设定值运行。当激活附加转矩设定后，由于删除了 OB95 中的逻辑，伺服驱动器控制字 STW1.14 不受控制，仍然为速度模式，此时伺服驱动器并不会切换到转矩模式运行。

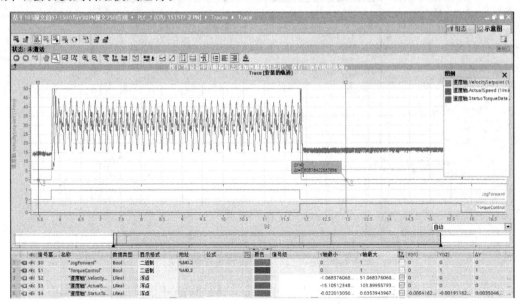

图 4-168　不带速度转矩控制切换

4.6.4　基于报文类型 102 的 SIMATIC S7-1200 PLC 与 SINAMICS V90 PN 伺服驱动器的直接转矩控制

首先，新建一个 TIA Portal 项目进行 PLC 和伺服驱动器硬件的组态，并设置伺服驱动器的设备名称和报文类型，如图 4-169 所示。

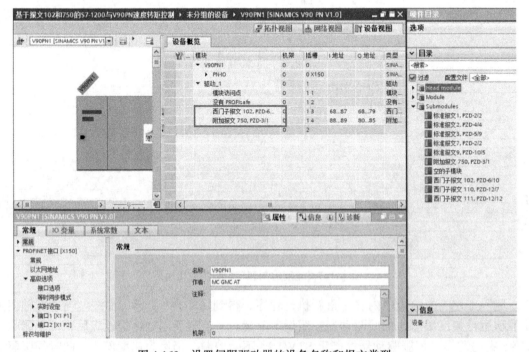

图 4-169　设置伺服驱动器的设备名称和报文类型

　　基于报文类型 102 下，SIMATIC S7-1200 PLC 与 SINAMICS V90 PN 伺服驱动器不能进行工艺对象的组态，也没有直接使用的库函数，因此需要自定义用户库函数。新建一个程序结构如图 4-170 所示的库函数。

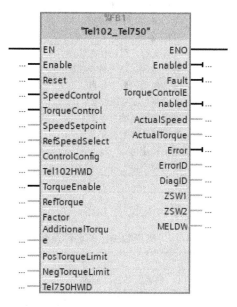

图 4-170　库函数程序结构

　　在程序中，库函数输入的名称及含义见表 4-13。ControlConfig 控制字的含义见表 4-14。

表 4-13　库函数输入的名称及含义

名称	数据类型	含义
Enable	Bool	伺服驱动器使能控制信号，需要检测上升沿
Reset	Bool	伺服驱动器故障复位
SpeedControl	Bool	速度控制并起动
TorqueControl	Bool	转矩控制并起动
SpeedSetpoint	Real	速度设定值
RefSpeedSelect	Int	伺服电动机额定转速。=0：额定转速为 1500r/min；=1：额定转速为 2000r/min；=2：额定转速为 3000 r/min
ControlConfig	Word	控制字，见表 4-14
Tel102HWID	HW_IO	伺服驱动器报文类型 102 的硬件识别号
TorqueEnable	Bool	转矩使能，使能后才能进行附加转矩和转矩限幅的设定
RefTorque	Real	伺服电动机额定转速
Factor	Real	伺服驱动器所设置的伺服电动机过载系数
AdditionalTorque	Real	附加转矩值或转矩设定值
PosTorqueLimit	Real	正向转矩限幅值
NegTorqueLimit	Real	负向转矩限幅值
Tel750HWID	HW_IO	伺服驱动器报文类型 750 的硬件识别号

表 4-14 ControlConfig 控制字的含义

地址	控制字含义
位 0	=1：无 OFF2，允许使能 =0：OFF2 停车
位 1	=1：无 OFF3，允许使能 =0：OFF3 停车
位 2	=1：允许运行，可以使能脉冲 =0：禁止运行，取消脉冲使能
位 3	=1：使能斜坡函数发生器 =0：禁止斜坡函数发生器
位 4	=1：继续斜坡函数发生器 =0：冻结斜坡函数发生器
位 5	=1：使能设定值 =0：禁止设定值
位 6~15	备用

在程序中，库函数输出的名称及含义见表 4-15。

表 4-15 库函数输出的名称及含义

名称	数据类型	含义
Enabled	Bool	伺服驱动器已使能
Fault	Bool	伺服驱动器故障
TorqueControlEnabled	Bool	伺服驱动器转矩控制模式
ActualSpeed	Real	伺服电动机实际转速
ActualTorque	Real	伺服驱动器实际输出转矩
Error	Bool	错误
ErrorID	Word	错误代码，见表 4-16
DiagID	Word	通信错误代码，可查阅表 4-6 和表 4-7
ZSW1	Word	状态字 1，见表 2-11
ZSW2	Word	状态字 2，见表 2-12
MELDW	Word	消息字，见表 2-19

表 4-16 错误代码

代码	含义
16#6010	伺服电动机额定转速选择错误
16#6020	速度给定值超过伺服电动机额定转速
16#6030	转矩控制时未使能 Torque Enable 输入
16#6050	周期性写报文类型 102 控制字出错
16#6060	周期性读报文类型 102 状态字出错
16#7010	伺服电动机额定转矩设定错误
16#7020	伺服电动机过载系数设置错误
16#7030	附加转矩或直接转矩设定值错误
16#7040	正向转矩限幅值设定错误
16#7050	负向转矩限幅值设定错误
16#7060	正向转矩限幅值不大于负向转矩设定值
16#7070	周期性写报文类型 750 控制字出错
16#7080	周期性读报文类型 750 状态字出错

在库函数中，定义输入输出变量表见图 4-171。

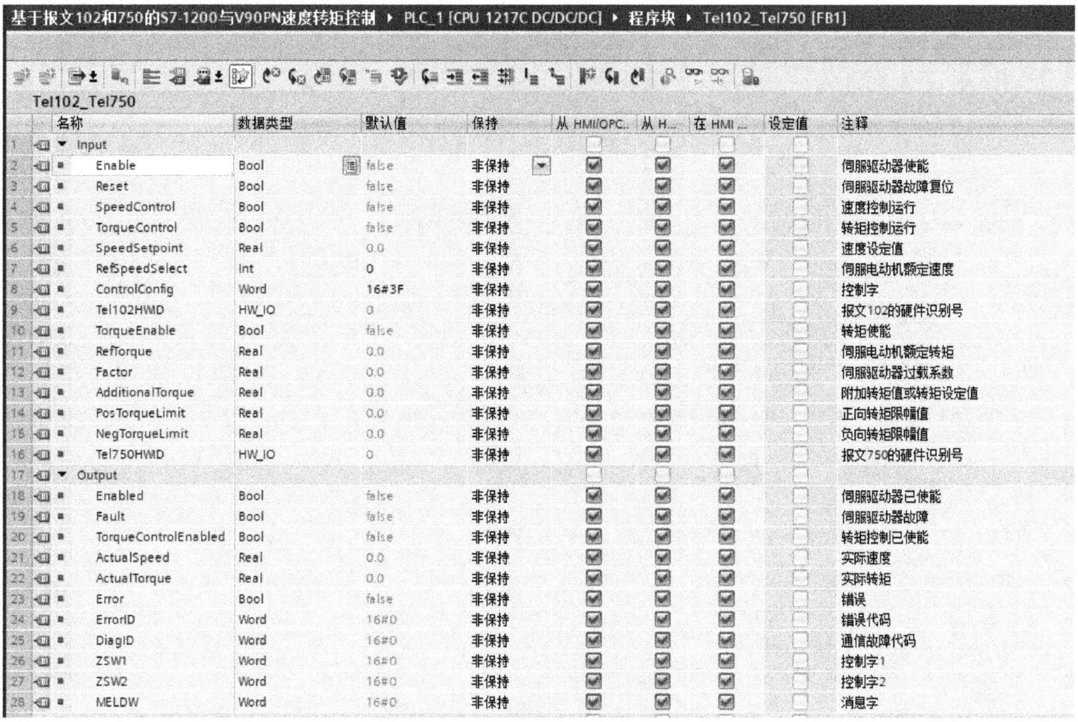

基于报文102和750的S7-1200与V90PN速度转矩控制 ▸ PLC_1 [CPU 1217C DC/DC/DC] ▸ 程序块 ▸ Tel102_Tel750 [FB1]

Tel102_Tel750

	名称	数据类型	默认值	保持	从 HMI/OPC..	从 H...	在 HMI ...	设定值	注释
1	▼ Input				☐	☐	☐	☐	
2	Enable	Bool	false	非保持	☑	☑	☑	☐	伺服驱动器使能
3	Reset	Bool	false	非保持	☑	☑	☑	☐	伺服驱动器故障复位
4	SpeedControl	Bool	false	非保持	☑	☑	☑	☐	速度控制运行
5	TorqueControl	Bool	false	非保持	☑	☑	☑	☐	转矩控制运行
6	SpeedSetpoint	Real	0.0	非保持	☑	☑	☑	☐	速度设定值
7	RefSpeedSelect	Int	0	非保持	☑	☑	☑	☐	伺服电动机额定速度
8	ControlConfig	Word	16#3F	非保持	☑	☑	☑	☐	控制字
9	Tel102HWID	HW_IO	0	非保持	☑	☑	☑	☐	报文102的硬件识别号
10	TorqueEnable	Bool	false	非保持	☑	☑	☑	☐	转矩使能
11	RefTorque	Real	0.0	非保持	☑	☑	☑	☐	伺服电动机额定转矩
12	Factor	Real	0.0	非保持	☑	☑	☑	☐	伺服驱动器过载系数
13	AdditionalTorque	Real	0.0	非保持	☑	☑	☑	☐	附加转矩值或转矩设定值
14	PosTorqueLimit	Real	0.0	非保持	☑	☑	☑	☐	正向转矩限幅值
15	NegTorqueLimit	Real	0.0	非保持	☑	☑	☑	☐	负向转矩限幅值
16	Tel750HWID	HW_IO	0	非保持	☑	☑	☑	☐	报文750的硬件识别号
17	▼ Output				☐	☐	☐	☐	
18	Enabled	Bool	false	非保持	☑	☑	☑	☐	伺服驱动器已使能
19	Fault	Bool	false	非保持	☑	☑	☑	☐	伺服驱动器故障
20	TorqueControlEnabled	Bool	false	非保持	☑	☑	☑	☐	转矩控制已使能
21	ActualSpeed	Real	0.0	非保持	☑	☑	☑	☐	实际速度
22	ActualTorque	Real	0.0	非保持	☑	☑	☑	☐	实际转矩
23	Error	Bool	false	非保持	☑	☑	☑	☐	错误
24	ErrorID	Word	16#0	非保持	☑	☑	☑	☐	错误代码
25	DiagID	Word	16#0	非保持	☑	☑	☑	☐	通信故障代码
26	ZSW1	Word	16#0	非保持	☑	☑	☑	☐	控制字1
27	ZSW2	Word	16#0	非保持	☑	☑	☑	☐	控制字2
28	MELDW	Word	16#0	非保持	☑	☑	☑	☐	消息字

图 4-171　输入输出变量表

在库函数中，定义静态变量表见图 4-172。

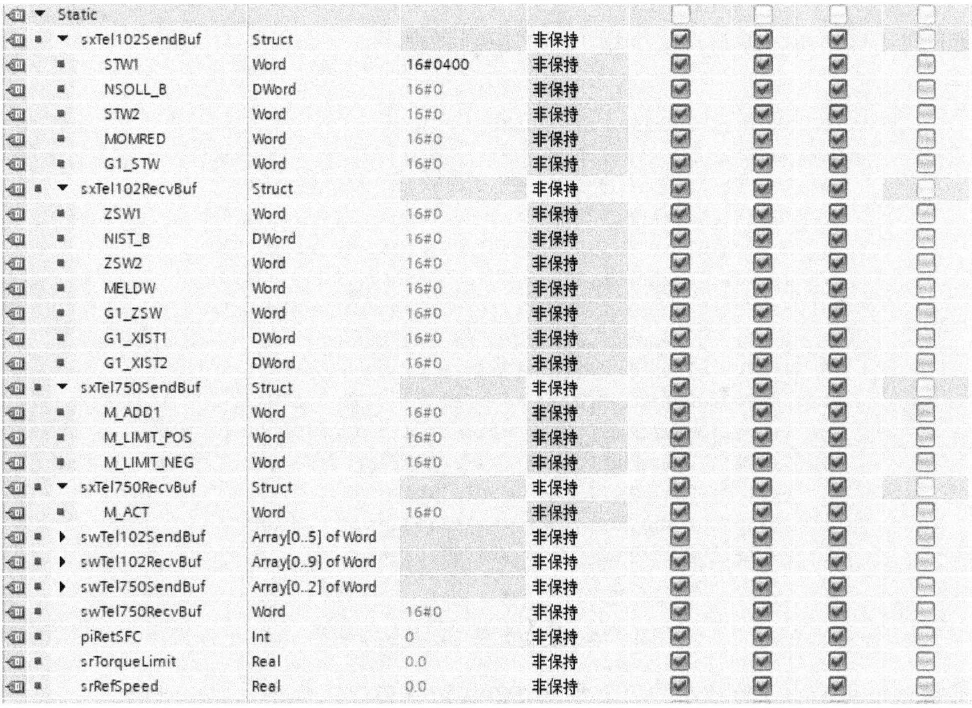

▼ Static				☐	☐	☐	☐
▼ sxTel102SendBuf	Struct		非保持	☑	☑	☑	☐
STW1	Word	16#0400	非保持	☑	☑	☑	☐
NSOLL_B	DWord	16#0	非保持	☑	☑	☑	☐
STW2	Word	16#0	非保持	☑	☑	☑	☐
MOMRED	Word	16#0	非保持	☑	☑	☑	☐
G1_STW	Word	16#0	非保持	☑	☑	☑	☐
▼ sxTel102RecvBuf	Struct		非保持	☑	☑	☑	☐
ZSW1	Word	16#0	非保持	☑	☑	☑	☐
NIST_B	DWord	16#0	非保持	☑	☑	☑	☐
ZSW2	Word	16#0	非保持	☑	☑	☑	☐
MELDW	Word	16#0	非保持	☑	☑	☑	☐
G1_ZSW	Word	16#0	非保持	☑	☑	☑	☐
G1_XIST1	DWord	16#0	非保持	☑	☑	☑	☐
G1_XIST2	DWord	16#0	非保持	☑	☑	☑	☐
▼ sxTel750SendBuf	Struct		非保持	☑	☑	☑	☐
M_ADD1	Word	16#0	非保持	☑	☑	☑	☐
M_LIMIT_POS	Word	16#0	非保持	☑	☑	☑	☐
M_LIMIT_NEG	Word	16#0	非保持	☑	☑	☑	☐
▼ sxTel750RecvBuf	Struct		非保持	☑	☑	☑	☐
M_ACT	Word	16#0	非保持	☑	☑	☑	☐
▸ swTel102SendBuf	Array[0..5] of Word		非保持	☑	☑	☑	☐
▸ swTel102RecvBuf	Array[0..9] of Word		非保持	☑	☑	☑	☐
▸ swTel750SendBuf	Array[0..2] of Word		非保持	☑	☑	☑	☐
swTel750RecvBuf	Word	16#0	非保持	☑	☑	☑	☐
piRetSFC	Int	0	非保持	☑	☑	☑	☐
srTorqueLimit	Real	0.0	非保持	☑	☑	☑	☐
srRefSpeed	Real	0.0	非保持	☑	☑	☑	☐

图 4-172　静态变量表

编写库函数的逻辑。如图 4-173 所示，编写速度控制下的输入参数校对及速度设定值逻辑。

```
 1   #ErrorID := 16#0000;
 2   #Error := FALSE;
 3  IF #RefSpeedSelect < 0 OR #RefSpeedSelect > 2 THEN
 4       #Error := TRUE;
 5       #ErrorID := 16#6010;
 6       RETURN;
 7   END_IF;
 8  CASE #RefSpeedSelect OF
 9       0:
10           #srRefSpeed := 1500.0;
11       1:
12           #srRefSpeed := 2000.0;
13       2:
14           #srRefSpeed := 3000.0;
15   END_CASE;
16  IF #SpeedSetpoint > #srRefSpeed OR #SpeedSetpoint < - #srRefSpeed THEN
17       #Error := TRUE;
18       #ErrorID := 16#6020;
19       RETURN;
20   END_IF;
21  IF #TorqueControl = TRUE AND #TorqueEnable = FALSE THEN
22       #Error := TRUE;
23       #ErrorID := 16#6030;
24       RETURN;
25   END_IF;
26  IF #SpeedControl = TRUE THEN
27       #sxTel102SendBuf.NSOLL_B := DINT_TO_DWORD(REAL_TO_DINT(#SpeedSetpoint * 1073741824.0 / #srRefSpeed));
28   ELSE
29       #sxTel102SendBuf.NSOLL_B := 16#0;
30   END_IF;
31
```

图 4-173　输入参数校对及速度设定值逻辑

如图 4-174 所示，编写报文类型 102 的控制字程序。

```
31
32   #sxTel102SendBuf.STW1.%X0 := #Enable;
33   #sxTel102SendBuf.STW1.%X1 := #ControlConfig.%X0;
34   #sxTel102SendBuf.STW1.%X2 := #ControlConfig.%X1;
35   #sxTel102SendBuf.STW1.%X3 := #ControlConfig.%X2;
36   #sxTel102SendBuf.STW1.%X4 := #ControlConfig.%X3;
37   #sxTel102SendBuf.STW1.%X5 := #ControlConfig.%X4;
38   #sxTel102SendBuf.STW1.%X6 := #ControlConfig.%X5;
39   #sxTel102SendBuf.STW1.%X7 := #Reset;
40   #sxTel102SendBuf.STW1.%X14 := #TorqueControl;
41   #swTel102SendBuf[0] := #sxTel102SendBuf.STW1;
42   #swTel102SendBuf[1] := #sxTel102SendBuf.NSOLL_B.%W1;
43   #swTel102SendBuf[2] := #sxTel102SendBuf.NSOLL_B.%W0;
44   #swTel102SendBuf[3] := #sxTel102SendBuf.STW2;
45   #swTel102SendBuf[4] := #sxTel102SendBuf.MOMRED;
46   #swTel102SendBuf[5] := #sxTel102SendBuf.G1_STW;
47
```

图 4-174　报文类型 102 控制字程序

编写转矩相关的参数校对和报文类型 750 控制字程序，如图 4-175 所示。

```
48 ⊟IF #TorqueEnable = TRUE THEN
49 ⊟    IF #RefTorque <= 0.0 THEN
50          #Error := TRUE;
51          #ErrorID := 16#7010;
52          RETURN;
53      END_IF;
54 ⊟    IF #Factor <= 0.0 OR #Factor > 3.0 THEN
55          #Error := TRUE;
56          #ErrorID := 16#7020;
57          RETURN;
58      END_IF;
59      #srTorqueLimit := #RefTorque * #Factor;
60 ⊟    IF #AdditionalTorque > #srTorqueLimit OR #AdditionalTorque<-#srTorqueLimit THEN
61          #Error := TRUE;
62          #ErrorID := 16#7030;
63          RETURN;
64      END_IF;
65 ⊟    IF #PosTorqueLimit > #srTorqueLimit THEN
66          #Error := TRUE;
67          #ErrorID := 16#7040;
68          RETURN;
69      END_IF;
70 ⊟    IF #NegTorqueLimit <= - #srTorqueLimit THEN
71          #Error := TRUE;
72          #ErrorID := 16#7050;
73          RETURN;
74      END_IF;
75 ⊟    IF #PosTorqueLimit <= #NegTorqueLimit THEN
76          #Error := TRUE;
77          #ErrorID := 16#7060;
78          RETURN;
79      END_IF;
80  END_IF;
81
82 ⊟IF #TorqueEnable = TRUE THEN
83      #sxTel750SendBuf.M_ADD1 := INT_TO_WORD(DINT_TO_INT(REAL_TO_DINT(#AdditionalTorque * 16384.0 / #RefTorque)));
84      #sxTel750SendBuf.M_LIMIT_POS := INT_TO_WORD(DINT_TO_INT(REAL_TO_DINT(#PosTorqueLimit * 16384.0 / #RefTorque)));
85      #sxTel750SendBuf.M_LIMIT_NEG := INT_TO_WORD(DINT_TO_INT(REAL_TO_DINT(#NegTorqueLimit * 16384.0 / #RefTorque)));
86      #swTel750SendBuf[0] := #sxTel750SendBuf.M_ADD1;
87      #swTel750SendBuf[1] := #sxTel750SendBuf.M_LIMIT_POS;
88      #swTel750SendBuf[2] := #sxTel750SendBuf.M_LIMIT_NEG;
89  END_IF;
90
```

图 4-175　转矩相关参数校对和报文类型 750 控制字程序

编写报文类型 102 数据传输及状态字程序，如图 4-176 所示。

```
91      #DiagID := 16#0000;
92      #piRetSFC := DPWR_DAT(LADDR := #Tel102HWID, RECORD := #swTel102SendBuf);
93 ⊟IF #piRetSFC <> 0 THEN
94          #Error := TRUE;
95          #ErrorID := 16#6050;
96          #DiagID := INT_TO_WORD(#piRetSFC);
97          RETURN;
98  END_IF;
99      #piRetSFC := DPRD_DAT(LADDR := #Tel102HWID, RECORD => #swTel102RecvBuf);
100 ⊟IF #piRetSFC <> 0 THEN
101         #Error := TRUE;
102         #ErrorID := 16#6060;
103         #DiagID := INT_TO_WORD(#piRetSFC);
104         RETURN;
105 END_IF;
106     #sxTel102RecvBuf.ZSW1 := #swTel102RecvBuf[0];
107     #sxTel102RecvBuf.NIST_B.%W1 := #swTel102RecvBuf[1];
108     #sxTel102RecvBuf.NIST_B.%W0 := #swTel102RecvBuf[2];
109     #sxTel102RecvBuf.ZSW2 := #swTel102RecvBuf[3];
110     #sxTel102RecvBuf.MELDW := #swTel102RecvBuf[4];
111     #sxTel102RecvBuf.G1_ZSW := #swTel102RecvBuf[5];
112     #sxTel102RecvBuf.G1_XIST1.%W1 := #swTel102RecvBuf[6];
113     #sxTel102RecvBuf.G1_XIST1.%W0 := #swTel102RecvBuf[7];
114     #sxTel102RecvBuf.G1_XIST2.%W1 := #swTel102RecvBuf[8];
115     #sxTel102RecvBuf.G1_XIST2.%W0 := #swTel102RecvBuf[9];
116
```

图 4-176　报文类型 102 数据传输和状态字程序

编写报文类型 750 数据传输和状态输出程序，如图 4-177 所示。

```
117 ⊟IF #TorqueEnable = TRUE THEN
118      #piRetSFC := DPWR_DAT(LADDR := #Tel750HWID, RECORD := #swTel750SendBuf);
119 ⊟   IF #piRetSFC <> 0 THEN
120          #Error := TRUE;
121          #ErrorID := 16#7070;
122          #DiagID := INT_TO_WORD(#piRetSFC);
123          RETURN;
124      END_IF;
125      #piRetSFC := DPRD_DAT(LADDR := #Tel750HWID, RECORD => #swTel750RecvBuf);
126 ⊟   IF #piRetSFC <> 0 THEN
127          #Error := TRUE;
128          #ErrorID := 16#7080;
129          #DiagID := INT_TO_WORD(#piRetSFC);
130          RETURN;
131      END_IF;
132      #sxTel750RecvBuf.M_ACT := #swTel750RecvBuf;
133 END_IF;
134
135 #Enabled := #sxTel102RecvBuf.ZSW1.%X2;
136 #Fault := #sxTel102RecvBuf.ZSW1.%X7;
137 #TorqueControlEnabled := #sxTel102RecvBuf.ZSW1.%X14;
138 #ZSW1 := #sxTel102RecvBuf.ZSW1;
139 #ZSW2 := #sxTel102RecvBuf.ZSW2;
140 #MELDW := #sxTel102RecvBuf.MELDW;
141 #ActualSpeed := #srRefSpeed * DINT_TO_REAL(DWORD_TO_DINT(#sxTel102RecvBuf.NIST_B)) / 1073741824.0;
142 #ActualTorque := #RefTorque * DINT_TO_REAL(INT_TO_DINT(WORD_TO_INT(#sxTel750RecvBuf.M_ACT))) / 16384.0;
```

图 4-177 报文类型 750 数据传输和状态输出程序

在主程序中，调用该库函数，如图 4-178 所示。

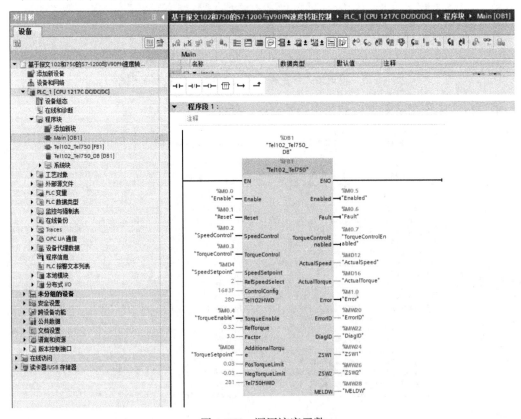

图 4-178 调用该库函数

编译下载到 PLC 中，并运行 CPU 对伺服驱动器进行速度控制和转矩控制，得到如图 4-179 所示的速度控制转矩限幅曲线和图 4-180 所示的直接转矩控制曲线。当激活速度控制且不激活转矩控制时，堵转负载，伺服电动机转速降到 0，伺服驱动器的输出转矩达到限幅值。当激活转矩控制时，伺服驱动器输出转矩为转矩设定值，大于负载转矩，伺服电动机加速。

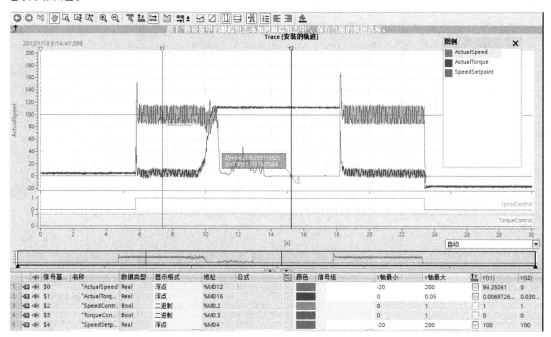

图 4-179　速度控制转矩限幅曲线

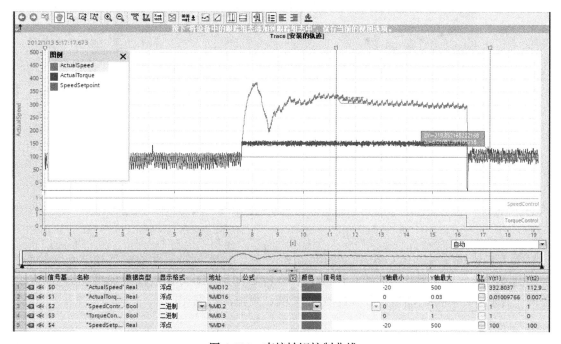

图 4-180　直接转矩控制曲线

4.6.5 基于报文类型 111 的 SIMATIC PLC 与 SINAMICS V90 PN 伺服驱动器的参考点坐标应用

当主报文采用 111 时，在某些应用中，主动回参考点时需要周期性修改参考点的坐标值，即伺服驱动器参数 P2599 中的值，此时可以借用附加报文类型 750 来实现。其实现步骤如下：

第 1 步：伺服驱动器切换到基本定位器控制模式，并选择主报文类型为 111。

第 2 步：设置伺服驱动器的 PROFIdrive 辅助报文选择参数 P8864=999。

第 3 步：伺服驱动器的参数 P29152=1，激活坐标值修改功能。一旦伺服驱动器的参数 P29152 修改为 1 后，不能进行伺服驱动器控制模式的切换（基本定位器模式切换到速度模式），也不能进行参数 P8864 的修改，即此时不允许使用附加报文类型 750 中的附加转矩、正向转矩限幅、负向转矩限幅和实际转矩反馈功能。

第 4 步：进行 PLC 项目组态，如图 4-181 所示。除了需要添加主报文类型 111 外，还需要添加附加报文类型 750，此时用户 PLC 程序中不能进行附加转矩、正向转矩限幅和负向转矩限幅的控制，也不能读取伺服驱动器中的实际转矩，PLC 仅仅是借用了附加报文类型 750 所组态的 PLC 输出地址输出周期性修改伺服驱动器参数 P2599 中的值。

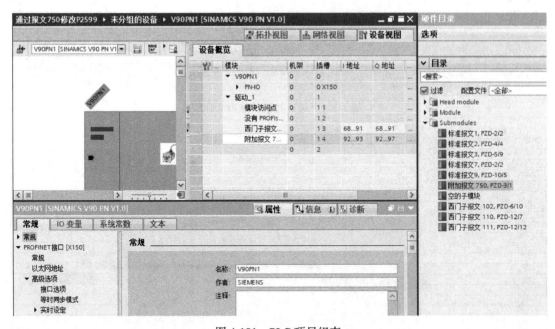

图 4-181　PLC 项目组态

第 5 步：编写用户 PLC 程序，如图 4-182 所示。由于伺服驱动器中参数 P2599 的参数类型为双整形数据，因此其需要占用两个字的 PLC 输出地址，即占用附加报文类型 750 的前两个控制字，伺服驱动器接收到的数据与 PLC 发出的数据相同。

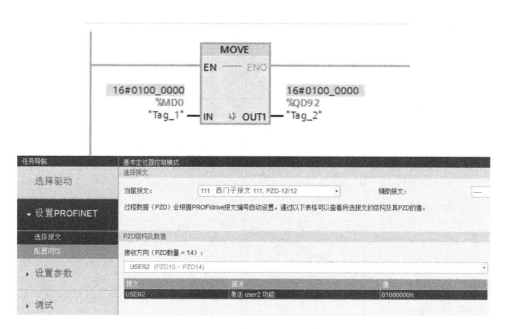

图 4-182 用户 PLC 程序

4.7 固定点停止

在拧紧设备中，螺丝或者瓶盖拧紧到位后，需要以固定的转矩保持一段时间；在抓取搬运设备中，当工件夹紧后，需要以固定的转矩夹紧工件进行搬运，对于这类应用，可以采用固定点停止功能，使伺服电动机以设定的转矩运行到一个固定点而不报告故障报警信息。固定点停止检测的依据是负载在运动时因存在机械阻挡而无法继续运行，此时位置设定值还在继续增加，当超出了在固定点停止检测中设定的跟随误差时，表明达到固定点停止挡块或者已经完成拧紧或夹紧动作，此后位置设定值不再变化，输出一个设定的恒定转矩，直到下一个运行命令，跟随误差保持恒定值，类似于从位置控制切换到转矩控制，但并非真正的转矩控制。

4.7.1 基于 SINAMICS V90 PN 伺服驱动器基本定位器模式下的固定点停止

SINAMICS V90 PN 伺服驱动器工作在基本定位器模式下时，其运行程序段功能中就直接有固定点停止功能，因此可以通过参数 P2621 启动固定点停止功能并通过参数 P2622 设置拧紧或夹紧转矩，可以为固定点停止检测设置一个位置监控窗口，防止伺服驱动器离开固定点停止后超出该范围运行。伺服驱动器的固定点停止检测功能逻辑时序图如图 4-183 所示。伺服轴从初始位置出发，以设定速度接近目标位置，固定点停止挡块必须在起始位置和目标位置之间，设置的转矩限制一开始就生效，即运行到固定点的过程中转矩也被限制，从而避免在螺丝或瓶盖的拧紧过程中就被过大的转矩拧坏，或者工件夹紧过程中被过大的转矩夹坏。

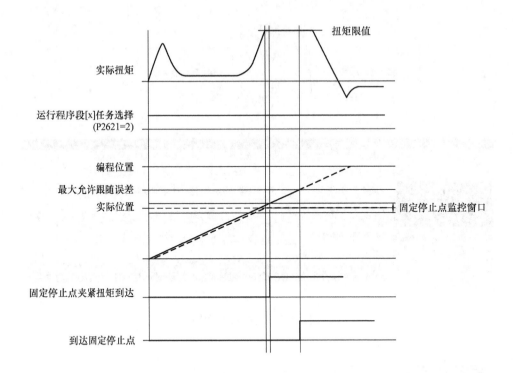

图 4-183　伺服驱动器固定点停止检测功能逻辑时序图

　　一旦伺服轴压住固定点停止挡块，伺服驱动器中的闭环控制将增加转矩值继续移动此伺服轴，并且转矩会一直增加到设定的转矩极限值，然后保持不变。当实际的位置跟随误差超过了参数 P2634 中设定的最大跟随误差时，此时达到固定点停止，伺服驱动器输出已达到固定点停止状态，该任务执行完成，一旦激活了固定点停止任务后，跟随误差监控失效。运行程序段可以根据切换命令切换到下一个程序段运行，在下一个等待任务中，夹紧转矩也生效。在伺服驱动器停留在固定点停止挡块期间，位置设定值会跟随位置实际值，固定停止点监控和控制器使能都生效。

　　如果伺服轴到达固定点停止挡块后，脱离该位置且超出了为此设定的监控窗口 P2635 时，转速设定值会为 0，并输出固定点停止挡块超出监控窗口的报警，此参数必须设置合适，确保伺服轴一旦脱离固定点挡块时，便输出报警。如果伺服轴运行到目标位置前一直未检测到固定点停止挡块，则输出未达到固定点停止挡块的报警并取消转矩限制。

　　设置运行程序段参数，如图 4-184 所示。启动程序段运行时，伺服驱动器激活固定挡块功能，当检测到固定点停止挡块时，立即跳转到下一段程序运行，等待 5s 后再跳转到下一段程序，执行绝对定位回到原点后结束运行程序段。

　　新建一个 TIA Portal 项目，组态 PLC 及伺服驱动器，通信报文选择 111，编写如图 4-185 所示的用户 PLC 程序控制伺服驱动器运行程序段的运行过程。

图 4-184　运行程序段参数

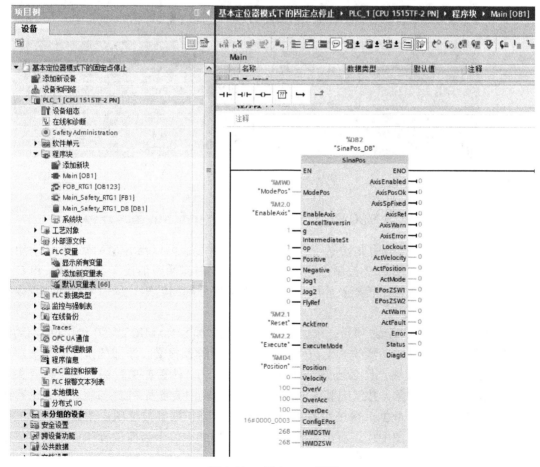

图 4-185　用户 PLC 程序

伺服驱动器使能后，首先执行回参考点操作，然后运行程序段，得到固定点停止曲线，如图 4-186 所示。当到达固定点停止挡块时，伺服电动机转速为 0，伺服驱动器输出转矩为参数所设定转矩，伺服电动机位置不变，待等待时间结束后，伺服驱动器驱动伺服电动机回到原点。

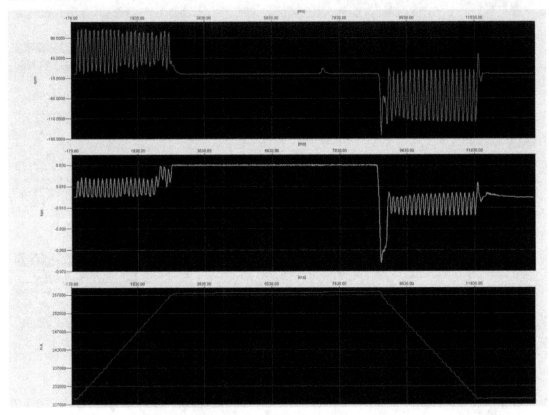

图 4-186　固定点停止曲线

4.7.2　基于 SINAMICS V90 PN 伺服驱动器速度模式下的固定点停止

SINAMICS V90 PN 伺服驱动器工作在速度模式下时，可以与 SIMATIC PLC 采用工艺对象组态成位置轴，用 PLC 控制位置目标的位置，同时激活附加报文类型 750，PLC 也可以控制伺服驱动器的输出转矩及读取伺服驱动器的实际输出转矩，从而实现固定点停止功能。

首先新建一个 TIA Portal 项目，添加 SIMATIC PLC 和 SINAMICS V90 PN 伺服驱动器到项目中，并组态伺服驱动器的 PROFINET 通信设备名称及报文，添加的报文必须能够在工艺对象中组态成位置轴，且必须添加附加报文类型 750。然后在项目树下的工艺对象中新建一个位置轴工艺对象，并组态其硬件接口选项下的区中装置及 PLC 与驱动装置进行的数据交换中的附加转矩数据。再按照图 4-187 所示的组态扩展参数选项中位置限制下的固定点停止检测功能，从图中可以看出，固定点停止挡块必须位于当前位置和位置设定值之间，否则无法进行固定点停止检测。

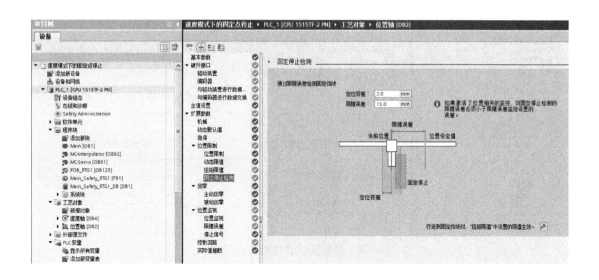

图 4-187　组态固定点停止检测

1）定位容差：检测到固定点挡块之后的位置公差值，此值应明显小于跟随误差。如果激活固定点停止后的夹紧或拧紧期间实际位置的变化大于组态的定位容差，PLC 会认为终止固定点停止检测，随后触发报警并停止轴。也可以通过沿固定点挡块的相反方向，从固定点挡块返回到某一个位置等待下一次的拧紧或夹紧动作，在返回方向上超出定位容差时，将结束运行至固定点挡块的夹紧功能。因此在固定点检测功能激活后，其输出类似于转矩控制，但实际中闭环位置控制仍然保持激活状态。

2）跟随误差：当位置轴移动到固定点挡块时，且设定的跟随误差值到达时，将达到固定点停止检测状态。如果轴激活了跟随误差监控，则组态的跟随误差监控范围必须大于此处的固定挡块的跟随误差。在用户 PLC 程序中，当固定点挡块激活后的当前位置加上此处组态的跟随误差值必须小于位置设定值，否则位置轴移动到固定点挡块停止时，实际跟随误差的值无法达到此处设定的跟随误差值而激活固定点停止。通常在起动和停止时，跟随误差会比较大，因此跟随误差值不宜设置过小，避免在起动或停止时触发固定点停止检测。

采用指令 MC_TorqueeLimitiing 激活运动到固定挡块功能，该命令可以用于定位轴或者同步轴，在使用该命令时应正确组态工艺对象和伺服驱动器中的基准扭矩，以确保 PLC 中的设定转矩值与伺服驱动器输出的实际转矩值相等。需要设置该指令的输入参数 Mode 为 1，可以在输入参数 Limit 中实时地修改转矩限制值，当输出参数 InClaming 输出为 1 时表示伺服驱动装置运行到固定挡块。

在主程序中，编写位置轴使能和故障复位程序，如图 4-188 所示。

编写位置轴回参考点和停止程序，如图 4-189 所示。

编写位置轴定位和固定点检测程序，如图 4-190 所示。

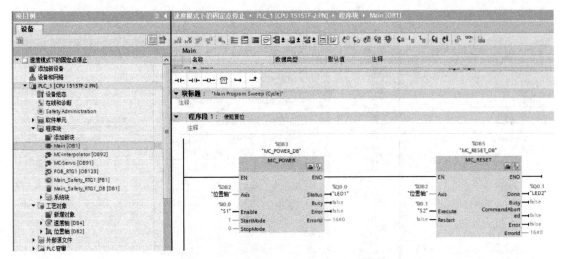

图 4-188　位置轴使能和故障复位程序

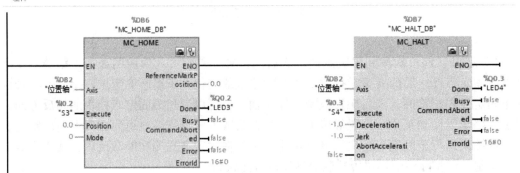

图 4-189　位置轴回参考点和停止程序

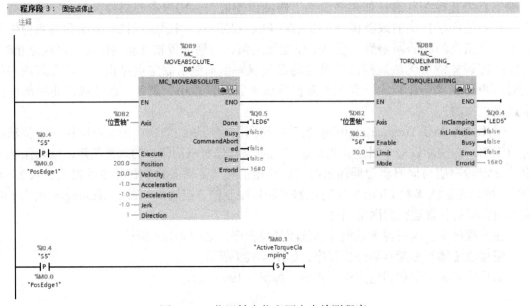

图 4-190　位置轴定位和固定点检测程序

编写位置轴回到零点程序，如图 4-191 所示。当位置轴到达固定点停止，输出转矩保持 1s 后，自动退回位置轴的零点，等待下一次动作。

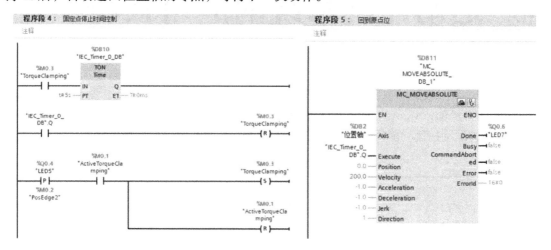

图 4-191 位置轴回到零点程序

编译下载程序到 PLC 并运行 CPU 对位置轴进行控制，可以得到如图 4-192 所示的固定点停止检测相关的曲线。

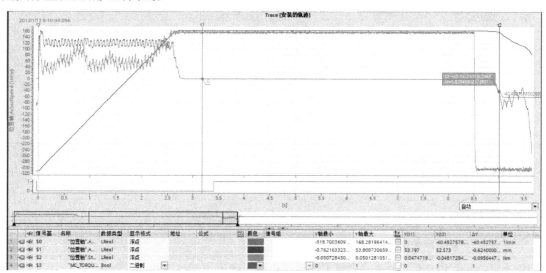

图 4-192 固定点停止检测相关曲线

第5章 运动控制系统的应用技巧

SIMATIC S7-1500T PLC 具备速度控制、位置控制、相对齿轮同步、绝对齿轮同步、凸轮同步、测量输入以及凸轮输出等功能。本节将基于表 5-1 中的硬件对 SIMATIC S7-1500T PLC 的运动控制功能阐述其如何控制 SINAMICS V90 PN 伺服驱动系统。

表 5-1　硬件清单

名称	订货号	固件版本
CPU 信息		
CPU 1515TF-2PN	6ES7 515-2UM01-0AB0	V2.8
ET200 SP 信息		
IM 155-6 PNHF	6ES7 155-6AU00-0CN0	V3.3
DI 16×24VDCST	6ES7 131-6BH00-0BA0	V1.1
DQ 16×24VDV/0.5A ST	6ES7 132-6BH00-0BA0	V1.1
TM Timer DIDQ 10×24V ST	6ES7 138-6CG00-0BA0	V1.0
AI 2×U ST	6ES7 134-6FB00-0BA1	V1.0
Server module	6ES7 193-6PA00-0AA0	V1.1
SINAMICS V90 PN 伺服驱动系统 1		
V90 PN 1AC/3AC 200V 0.1kW	6SL3210-5FB10-1UF0	V1.04
1FL6 伺服电动机	1FL6024-2AF21-1AA1	
SINAMICS V90 PN 伺服驱动系统 2		
V90 PN 1AC/3AC 200V 0.1kW	6SL3210-5FB10-1UF0	V1.04
1FL6 伺服电动机	1FL6024-2AF21-1AA1	

为了保证良好的运行性能，因此采用报文类型 105 进行 SIMATIC PLC 与 SINAMICS V90 PN 伺服驱动器之间进行 PROFINET IRT 通信。

5.1　运动控制系统的项目组态

系统结构如图 5-1 所示。

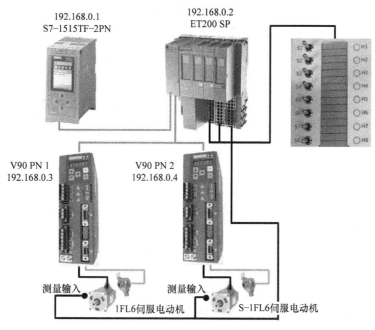

图 5-1 系统结构

S7-1515TF-2PIV CPU、ET200 SP 和两个 SINAMICS V90 PN 伺服驱动器间组成 1 个 PROFINET 网络，ET200 SP 的数字量输入模块接 15 路拨码开关和 1 路急停开关、数字量输出接 16 路 LED 指示灯、Time-Base IO 工艺模块接伺服电动机的测量检测开关和 1 路拨码开关，其接线如图 5-2 所示。

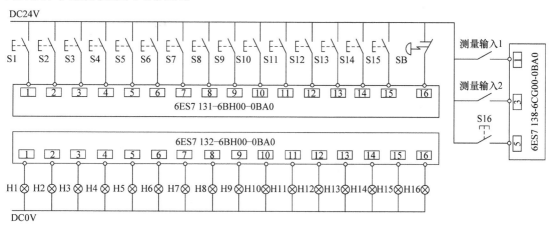

图 5-2 ET200 SP 输入输出接线

由于采用了 PROFINET IRT 通信，因此在进行网络组态时不仅需要组态 PROFINET 网络，还需要组态 PROFINET 网络的拓扑结构，在 TIA Portal 中组态的拓扑结构应与实际的网络拓扑结构相同，否则会有网络通信故障，PROFINET 网络拓扑结构如图 5-3 所示，实际 PROFINET 通信线也应按照这个结构进行连接。

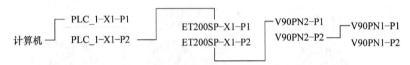

图 5-3   PROFINET 网络拓扑结构图

新建一个 TIA Portal 项目，插入表 5-1 中的硬件，修改设备名称及其 IP 地址，按图 5-4 进行 PROFINET 网络组态。

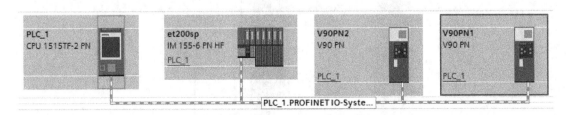

图 5-4   PROFINET 网络组态

切换到拓扑视图，组态网络拓扑，如图 5-5 所示。

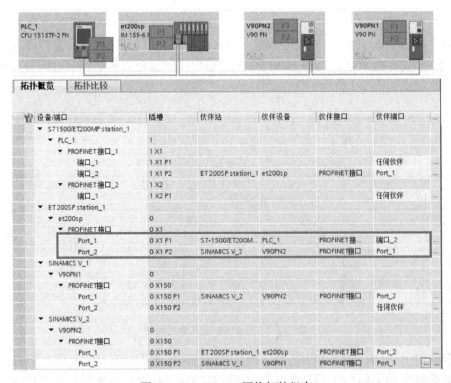

图 5-5   PROFINET 网络拓扑组态

从图中可以看出，对于 ET200 SP 的 PROFINET 接口 P1 连接到 PLC_1 的 PROFINET 接口 P2 上，而其接口 P2 则连接到 V90 PN2 的 P1 上，与图 5-3 所示的拓扑配置相符。

组态 SINAMICS V90 PN 伺服驱动器，如图 5-6 所示。

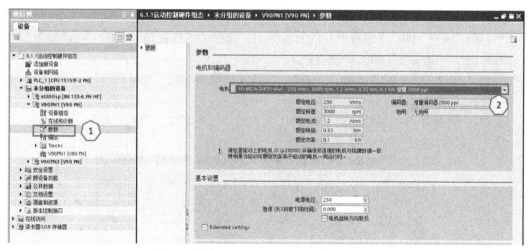

图 5-6　组态 SINAMICS V90 PN 伺服驱动器

在图 5-6 中，完成如下操作：

① 在"项目树"下的"未分组的设备"中找到对应的伺服驱动器 V90 PN1，双击"参数"打开参数组态界面。

② 在下拉列表中找到对应的伺服电动机。

用同样的方法对伺服驱动器 V90 PN2 进行组态，组态完成后，可以将伺服驱动器的项目分别下载到对应的伺服驱动器中，并可以在调试界面中分别对每个伺服驱动器进行点动操作及优化，当伺服驱动器参数值被修改后，可以将其上传到 TIA Portal 项目上并保存在 TIA Portal 项目中。

插入一个位置轴的工艺对象，并将伺服驱动器 V90 PN1 分配给该工艺对象，如图 5-7 所示。

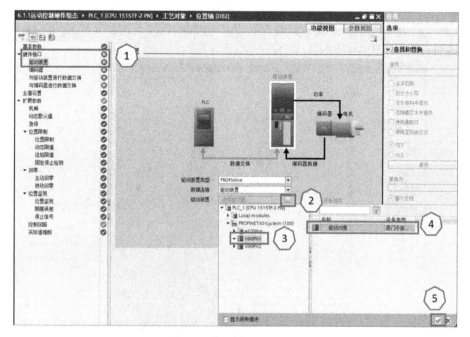

图 5-7　位置轴驱动器分配

在图 5-7 中，完成操作如下：

① 打开"工艺对象""位置轴"的组态界面，选择"硬件接口"下的"驱动装置"。

② 单击"驱动装置"后的扩展按钮。

③ 在"PROFINET IO-System（100）"下找到伺服驱动器"V90 PN1"。

④ 选择"驱动对象"。

⑤ 单击 ☑ 按钮将伺服驱动器 V90 PN1 分配给"工艺对象""位置轴"。

设置位置轴的控制参数，如图 5-8 所示。

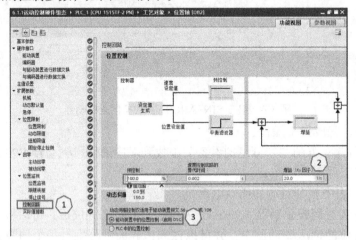

图 5-8　位置轴控制参数

在图 5-8 中，完成如下操作：

① 在"工艺对象""位置轴"的组态界面下，选择"控制回路"选项。

② 根据机械设备的实际特性，设置预控制百分比、滤波时间、位置环增益。

③ 激活 DSC 功能，提高伺服驱动器的动态响应特性。

插入一个同步轴，并将伺服驱动器 V90 PN2 分配给该工艺对象，方法与位置轴的伺服驱动器分配相同，如图 5-9 所示。

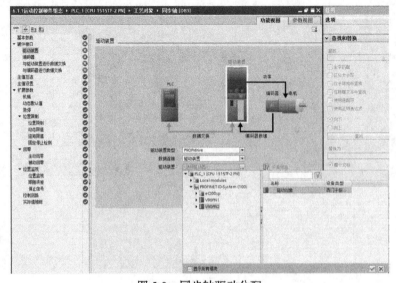

图 5-9　同步轴驱动分配

设置"工艺对象""同步轴"的控制参数，如图 5-10 所示，设置预控制百分比，滤波时间和位置环增益。

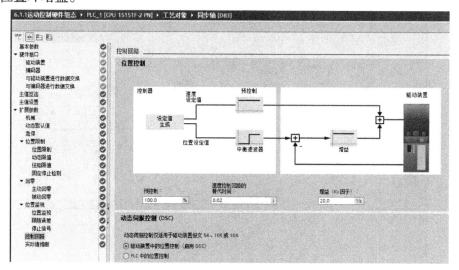

图 5-10 同步轴的控制参数

组态 ET200 SP 接口模块的 PROFINET IRT 通信，如图 5-11 所示。

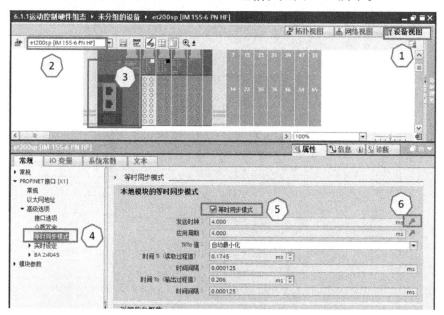

图 5-11 组态 ET200SP 接口模块的 IRT 通信

在图 5-11 中，完成如下操作：

① 切换到"设备视图"。

② 在下拉列表中找到 ET200 SP 接口模块。

③ 单击 ET200 SP 接口模块。

④ 在属性窗口下，找到"PROFINET 接口 [X1]"→"高级选项"→"等时同步模式"。

⑤ 激活"等时同步模式"。

⑥ 单击"发送时钟"后的箭头，进行发送时钟的设置。

设置 PROFINET IRT 通信的发送时钟，如图 5-12 所示。将发送时钟设置为 2ms，SIN-AMICIS V90 PN 伺服驱动器的 IRT 通信最短周期为 2ms，因此发送时钟设置不能小于 2ms。

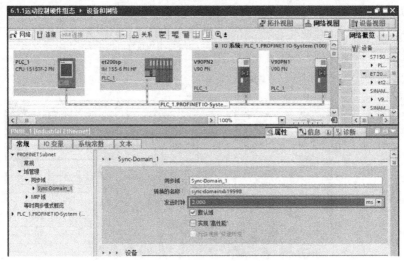

图 5-12　设置 PROFINET IRT 通信的发送时钟

设置 Time-Base IO 工艺模块的 PROFINET IRT 通信，如图 5-13 所示。

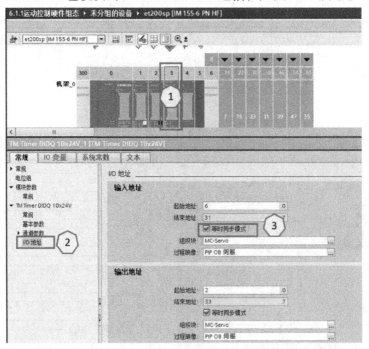

图 5-13　设置 Time-Base IO 工艺模块的 PROFINET IRT 通信

在图 5-13 中，完成如下操作：

① 在设备视图中选择 ET200 SP，选择"3 号槽"的 Time-Base IO 工艺模块。

② 在"常规"窗口下，选择"I/O 地址"。

③ 激活输入地址和输出地址的"等时同步功能"。

设置 MC-Servo 的通信周期，如图 5-14 所示。

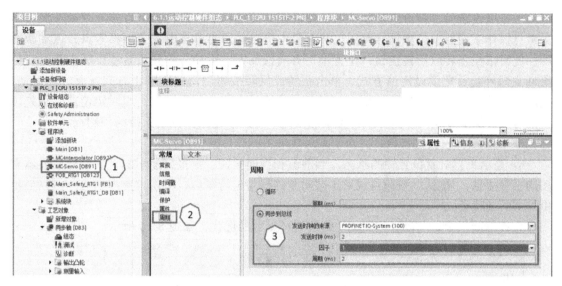

图 5-14 设置 MC-Servo 的通信周期

在图 5-14 中，完成如下操作：

① 在"项目树"下的"程序块"中找到"MC-Servo[OB91]"并双击打开。

② 选择 OB91 的属性下的"周期"功能。

③ 选择"同步到总线"，并在下拉列表中选择发送时钟的来源为"PROFINET IO-System（100）"，在因子后的下拉列表中选择因子为 1，此时可以看到周期为 2ms。

编译下载配置到 PLC 和伺服驱动器中，在线 CPU。如图 5-15 所示，采用工艺对象的控制面板进行运动控制轴的操作。

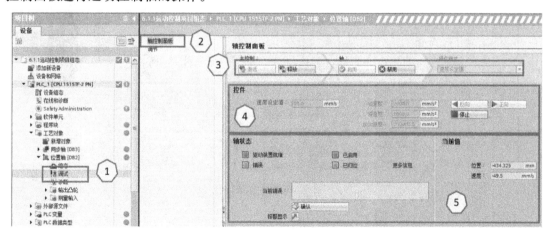

图 5-15 控制面板操作

在图 5-15 中，完成如下操作：

① 在"项目树""工艺对象"下，找到"位置轴"的"调试"功能，双击打开。

② 选择"轴控制面板"功能。

③ 依次选择"激活"按钮获取控制面板对位置轴的控制权，然后单击启用按钮使能位置轴，再在操作模式的下拉列表中选择需要操作的功能，包括设置起始位置、回参考点、

点动、速度设定值、相对定位和绝对定位功能。设置起始位置相当于直接设置参考点；回参考点操作激活后，位置轴会按照工艺对象中组态的回参考点模式去寻参考点；点动激活后，此时按住正转或反转按钮，位置轴正方向或反方向运动，松开正转或反转按钮时，位置轴立即停止；速度设定值方式，单击正转或反转按钮后，位置轴正方向或反方向运动，此时需要单击停止按钮进行停止；相对定位和绝对定位为位置操作，绝对定位前必须先设置参考点。依次按禁用按钮释放位置轴的使能，释放按钮退出控制面板的控制权。

④ 设置操作模式的参数，并对工艺对象轴进行直接控制操作。

⑤ 显示工艺对象位置轴的状态、当前值和当前报警，按报警显示的扩展键可以显示更多的报警信息，"确认"按钮可以对工艺对象的报警进行复位，单击"更多信息"可以显示更详细的轴状态。

在控制面板中，可以对位置轴进行位置环参数的优化，如图 5-16 所示。

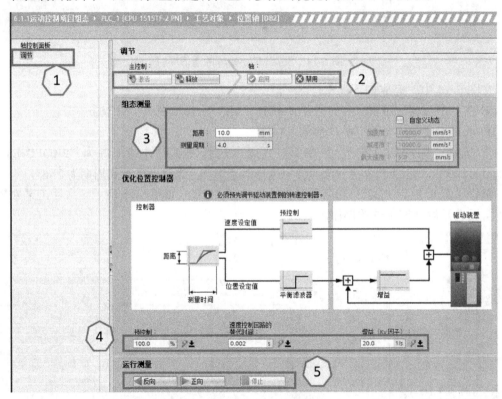

图 5-16　位置环参数优化

在图 5-16 中，完成如下操作：

① 选择"调节"功能。

② 依次选择"激活"按钮获取控制权和"启用"按钮使能位置轴。

③ 设置测量的参数。

④ 设置相关的位置环参数。

⑤ 单击"正向"或"反向"按钮启动测量。

测量完成后，显示如图 5-17 所示的测量曲线。

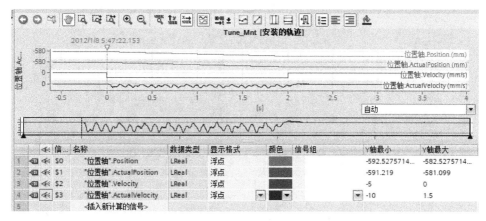

图 5-17 测量曲线

通过分析位置设定值、位置实际值、速度设定值和速度实际值曲线，然后调整图 5-16 所示的位置环参数预控制百分比、滤波时间和位置环增益，再次进行测量，直到满足机械设备的实际要求为止。若要退出优化，则应先单击"禁用"按钮断开位置轴的使能，再单击"释放"按钮释放控制权。

5.2 往复定位运动

如图 5-18 所示，伺服电动机驱动负载在 A、B 点来回运动，当按下"S5"按钮时，伺服电动机运行到 B 点，速度为 100mm/s；当按下"S6"按钮时，伺服电动机运行到 A 点，速度为 200mm/s；当按下"S7"按钮时，伺服电动机先以 100mm/s 的速度运行到 B 点，定位完成后，立即反向以 200mm/s 的速度运行到 A 点，如此自动往复运行，"S8"作为参考点挡块信号，用于执行回参考点操作。

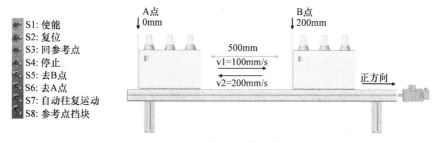

图 5-18 往复定位运动

基于 5.1 节的硬件和工艺对象组态，先以位置轴为被控对象实现往复定位运动。首先打开位置轴工艺对象的组态界面，如图 5-19 所示。

在图 5-19 中，完成如下操作：

① 选择"回零"方式下的"主动回零"功能。

② 选择"通过数字量输入作为回原点标记"信号。

③ 在"数字量输入回原点标记凸轮"中，选择参考点挡块信号"RefCam"并组态其为"高电平"有效。

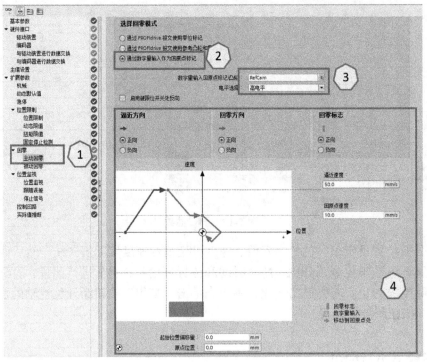

图 5-19 组态位置轴的主动回零

④ 根据实际需要组态其回参考点方向和速度。

在项目树的程序块中,新建一个功能块"位置轴定位 [FB2]",并按图 5-20 所示编写用户逻辑程序,进行位置轴的使能和位置轴故障复位控制。

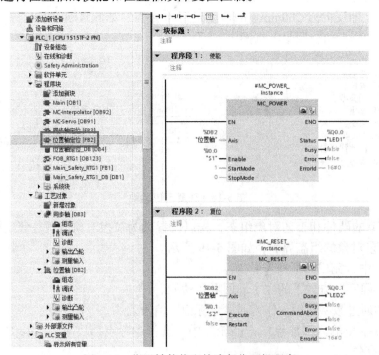

图 5-20 位置轴使能和故障复位逻辑程序

编写如图 5-21 所示的回参考点和停止程序，在用户逻辑中，回参考点模式应选择模式 3。

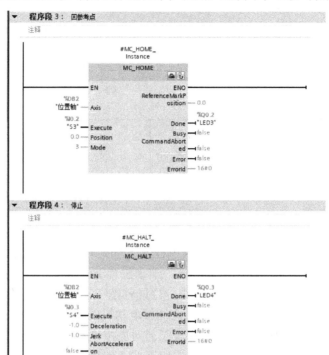

图 5-21　回参考点和停止程序

如图 5-22 所示，编写运行到 B 点的逻辑，当按下"S5"按钮时，位置轴运行到 B 点；当按下"S7"按钮时，位置轴先运行到 B 点且当位置轴到达 A 点后，立即执行该逻辑运行到 B 点。

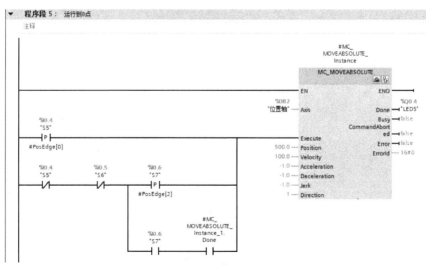

图 5-22　运行到 B 点逻辑

如图 5-23 所示，编写运行到 A 点的逻辑，当按下"S6"按钮时，位置轴运行到 A 点；当按下"S7"按钮时且位置轴到达 B 点时立即运行到 A 点。

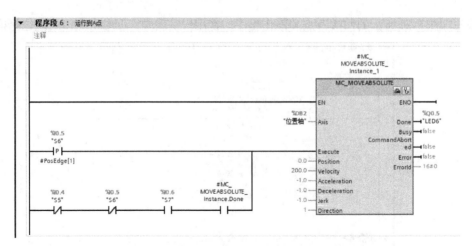

图 5-23　运行到 A 点逻辑

在 PLC 的主程序中调用该功能块，编译程序下载到 CPU 并运行程序。首先给位置轴进行使能，然后执行位置轴的回参考点动作，记录位置轴的速度曲线，如图 5-24 所示。图中，当开关 S3 为 1 时，起动回参考点操作，位置轴按工艺对象设定的正方向运动去逼近参考点挡块，并加速到设定值，50mm/s 对应伺服电动机的转速为 300r/min。当参考点挡块 S8 激活后，位置轴立即减速到设定值，并按工艺对象中设定的正方向回零，待位置轴离开参考点挡块（S8 信号消失）时，按工艺对象组态的正向逼近参考点。曲线形状与工艺对象组态的曲线相同，说明当回参考点模式为 3 时，将按工艺对象组态的主动回零时序进行回参考点。

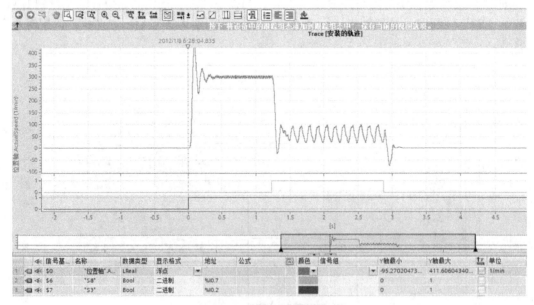

图 5-24　回参考点速度曲线

执行定位运动时，位置轴往复运动的位置轨迹如图 5-25 所示。可以看出，当 S5 激活时，位置轴以 100mm/s 的速度运行到 B 点；当 S6 激活时，位置轴以 200mm/s 的速度运行到 A 点；当 S6 激活时，位置轴首先按设定的速度运行到 B 点，然后立即按设定的速度运行到 A 点，如此反复运动直到 S6 信号消失。

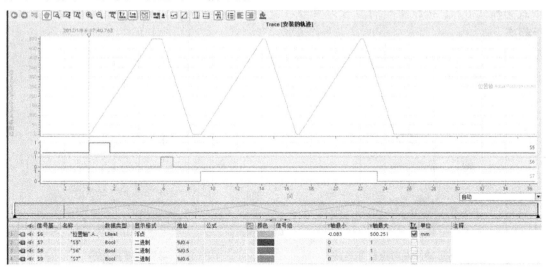

图 5-25 位置轴往复运动位置轨迹

以另一种方式控制同步轴进行往复定位运动。首先在主程序中新建一个功能块，并编写同步轴的使能控制程序和故障复位程序，如图 5-26 所示。

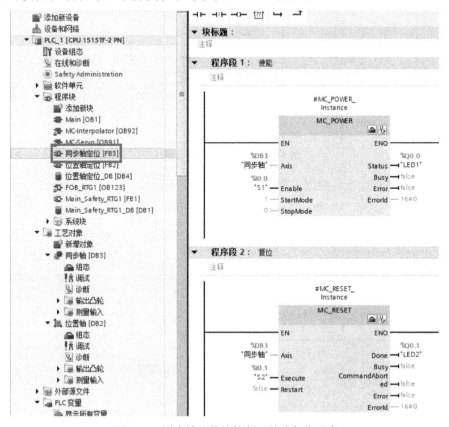

图 5-26 同步轴的使能控制和故障复位程序

如图 5-27 所示，编写同步轴的回参考点控制程序。与位置轴不同，此处设置回参考点模式为模式 0，直接设置当前位置为参考点位置，不需要对工艺对象中的主动回零方式进行组态。

编写同步轴的停止程序，如图 5-28 所示。

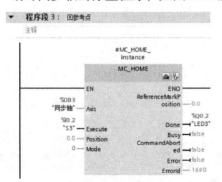
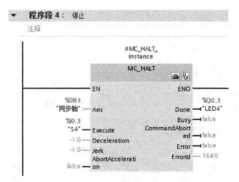

图 5-27　同步轴回参考点控制程序　　　　图 5-28　同步轴停止程序

编写同步轴的定位控制程序，如图 5-29 所示。其定位执行命令，位置设定值和速度设定值来自于其他的控制变量。

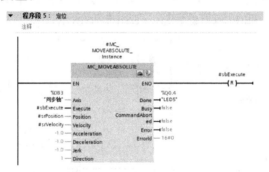

图 5-29　同步轴定位控制程序

编写同步轴往复运动的控制逻辑，如图 5-30 所示。

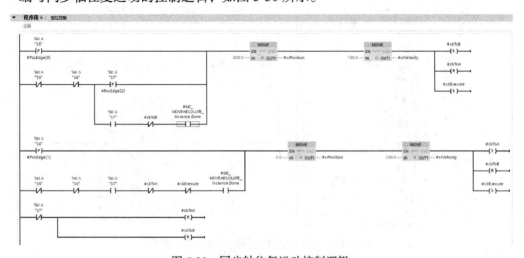

图 5-30　同步轴往复运动控制逻辑

在主程序中调用同步轴控制功能块,编译下载程序到 PLC 中并运行程序对同步轴进行控制,得到如图 5-31 所示的同步轴位置轨迹。

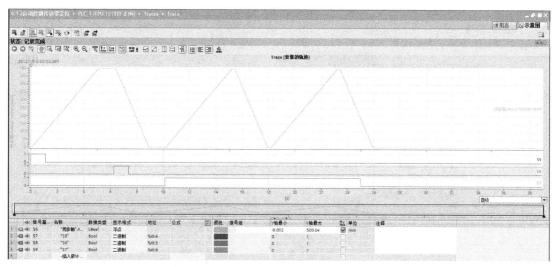

图 5-31　同步轴位置轨迹

其控制结果与位置轴相同,即进行定位控制时,可以调用多个绝对定位指令,每个指令对应一个目标位置和目标速度,触发不同的指令实现不同的定位过程;也可以调用一个绝对定位指令,通过修改该指令的目标位置和目标速度并触发该定位过程实现不同的定位过程。通过比较位置轴往复定位程序和同步轴往复定位程序,其回参考点指令和绝对定位指令不同,但殊途同归,只要灵活运行用户逻辑进行 PLC 程序的编写,最终的结果相同。

5.3　带测量输入和凸轮输出的基本定位运动

如图 5-32 所示,在某些时候,PLC 和伺服驱动器不知道物体放置的具体位置,只知道其被放在某个区间,此时需要将物体放置到指定位置时,可以安装一个检测开关,当检测到物体时,再向前移动一段距离到指定的目标位置。物体的放置区域离检测开关的距离为 1000 ~ 1300mm,起动时,伺服驱动器驱动伺服电动机以 100mm/s 的速度向正方向运行,待检测开关检测到物体后,以 50mm/s 的速度向前移动 200mm。在本例中同时介绍凸轮输出的功能,当物体的位置在 500 ~ 600mm 的区间时输出凸轮信号。

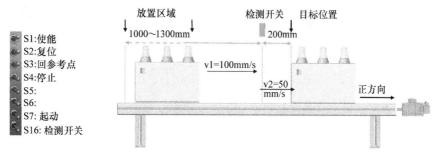

图 5-32　带测量输入的基本定位运动

在 5.1 节的实例基础上，首先应进行测量输入和凸轮输出的工艺对象组态。组态 Time-Base IO 的输入属性，如图 5-33 所示。

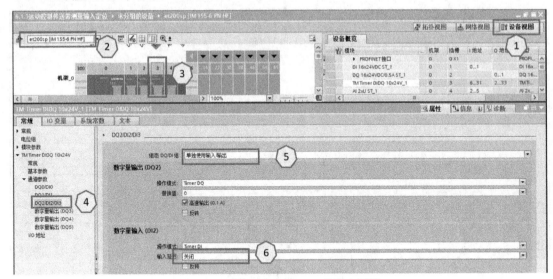

图 5-33　组态 Time-Base IO 的输入属性

在图 5-33 中，完成如下操作：

① 切换到硬件组态的"设备视图"。

② 在下拉列表中选择"ET200SP"。

③ 选择 3 号槽位上的 Time-Base IO 模块。

④ 测量检测开关 S16 接在 DI2 中，因此在其"常规"界面中，找到"TM Timer DIDQ 10x24V"→"通道参数"→"DQ2/DI2/DI3"。

⑤ 在"组态 DQ/DI 组"的下拉列表中，选择"单独使用输入输出"。

⑥ 设置 DI2 的输入延时属性，将输入延迟"关闭"。

进行测量输入的组态，如图 5-34 所示。

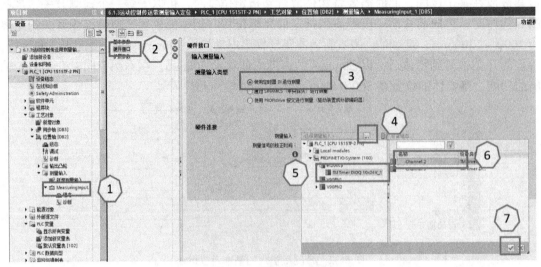

图 5-34　测量输入组态

在图 5-34 中，完成如下操作：

① 在"项目树"下的"工艺对象"中，找到"位置轴"，并添加一个"测量输入"工艺对象。

② 选择"硬件接口"。

③ 选择"测量输入类型"为"使用定时器 DI 进行测量"。

④ 单击"测量输入"后的扩展按钮。

⑤ 在弹出的界面中，选择"TM Timer DIDQ 10x24V_1"。

⑥ 选择 DI2，即"Channel 2"。

⑦ 单击 ☑ 按钮，完成测量输入的组态。

新建一个输出凸轮并对其基本参数进行组态，如图 5-35 所示。

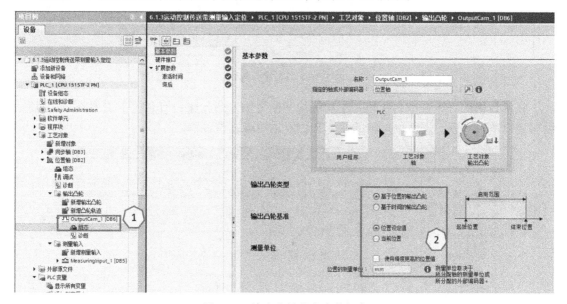

图 5-35　输出凸轮基本参数组态

在图 5-35 中，完成如下操作：

① 在"项目树"下的"工艺对象"中，找到"位置轴"，并添加一个"输出凸轮"工艺对象。

② 根据要求，设置输出凸轮的"基本参数""输出凸轮类型"为"基于位置的输出凸轮"，基准为"位置设定值"。

组态硬件接口参数，如图 5-36 所示。

在图 5-36 中，完成如下操作：

① 选择"硬件接口"选项。

② "激活输出"，并选择"使用定时器 DQ 进行输出"。

③ 单击"输出"后的扩展按钮。

④ 在弹出的界面中，选择"TM Timer DIDQ 10x24V_1"。

⑤ 选择"Channel 3"作为凸轮输出点。

⑥ 单击"确认"按钮，完成凸轮输出的组态。

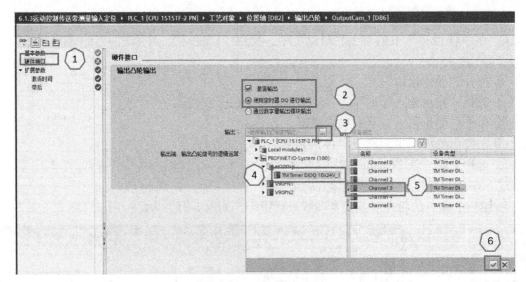

图 5-36　组态硬件接口

在项目树的程序块中，新建一个功能块"测量输入凸轮输出 [FB2]"，并按图 5-37 所示编写用户逻辑程序，进行位置轴的使能和位置轴故障复位控制。

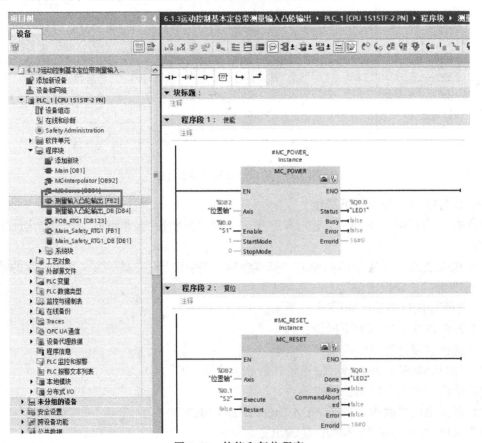

图 5-37　使能和复位程序

编写位置轴的回参考点程序，如图 5-38 所示，直接设定当前位置为参考点位置。

编写位置轴的停止程序，如图 5-39 所示。

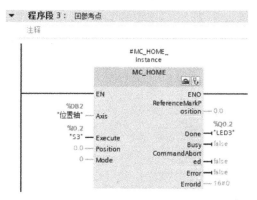
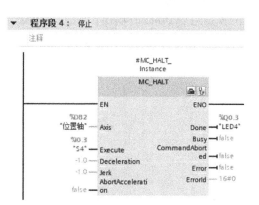

图 5-38　回参考点程序　　　　　　　　　图 5-39　位置轴停止程序

如图 5-40 所示，编写位置轴的连续速度运行程序，当起动位置轴时，由于不知道物体的具体位置，因此以给定的速度连续运行位置轴。

如图 5-41 所示，编写测量输入程序，当位置轴的运动速度到达设定值时，启动测量输入，并激活位置轴位置在 1000~1300mm 的区间内才检测测量输入。

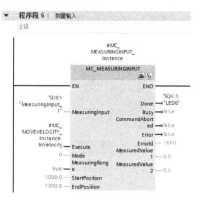

图 5-40　位置轴连续运动程序　　　　　　　图 5-41　测量输入程序

测量开关检测到物体后，立即执行绝对定位，目标位置为当前位置增加 200mm，速度为 50mm/s，编写位置轴的定位程序，如图 5-42 所示。

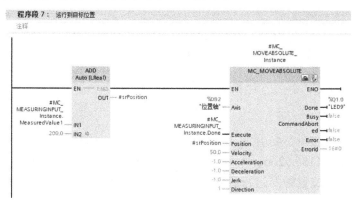

图 5-42　位置轴定位程序

编写凸轮输出控制程序，如图 5-43 所示。当位置轴速度到达设定值时启动凸轮输出，当位置到达 500mm 时输出，到达 600mm 时关断。

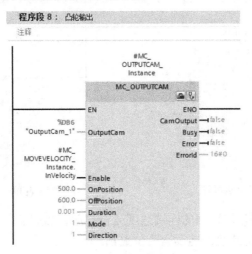

图 5-43　凸轮输出控制程序

在主程序中调用测量输入凸轮输出功能块，编译下载到 PLC 中，并运行程序控制位置轴，得到如图 5-44 所示的凸轮输出。当位置轴的位置在 500mm 时，凸轮输出开启；当位置轴的位置在 600mm 时，凸轮输出关断，符合要求。

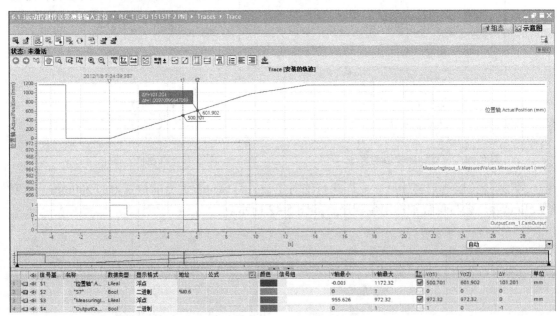

图 5-44　凸轮输出

测量输入的曲线如图 5-45 所示，当测量信号动作时，测量值为 955.626mm，因此位置轴最后的目标位置为 1155.626mm。从曲线中可以看出，当测量信号动作后，位置轴的位置曲线斜率变缓了，即位置轴的运行速度变小了，而程序中的定位运行时的速度设定小于连续速度运行时的速度。

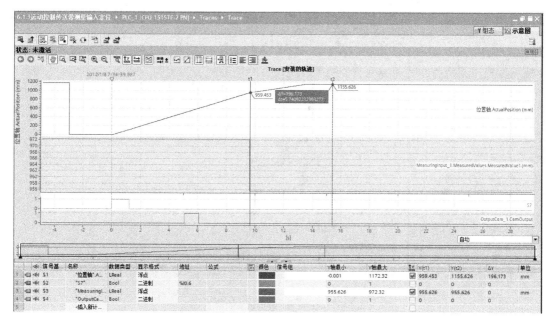

图 5-45　测量输入曲线

5.4　相对电子齿轮同步运动

基于 5.1 节中的项目，要进行相对电子齿轮同步，首先应进行同步轴工艺对象的主值互连组态，如图 5-46 所示。

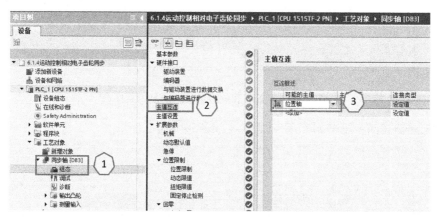

图 5-46　同步轴主值互连组态

在图 5-46 中，完成如下操作：

① 在"项目树"下的"工艺对象"中，打开"同步轴 [DB3]"的"组态"界面。

② 选择"主轴互连"选项。

③ 选择"可能的主值"为"位置轴"。

在项目树的程序块中，新建一个功能块"相对电子齿轮同步 [FB2]"，并按图 5-47 所示编写用户逻辑程序，进行位置轴和同步轴的使能控制。

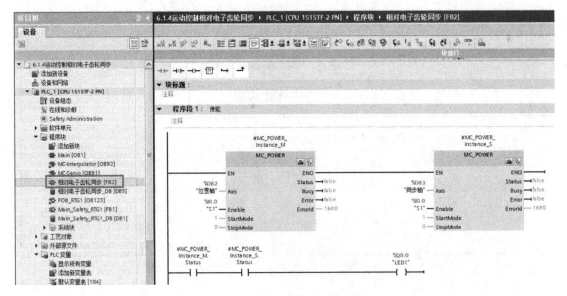

图 5-47　位置轴和同步轴使能控制

编写位置轴和同步轴的故障复位程序，如图 5-48 所示。

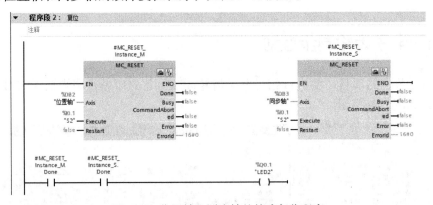

图 5-48　位置轴和同步轴的故障复位程序

编写位置轴和同步轴的回参考点程序，如图 5-49 所示。

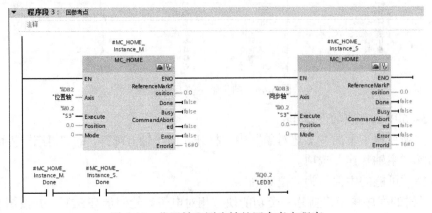

图 5-49　位置轴和同步轴的回参考点程序

编写相对电子齿轮同步程序，如图 5-50 所示。

编写位置轴相对定位程序如图 5-51 所示，每次执行相对定位，均以 100mm/s 的速度向前移动 200mm。

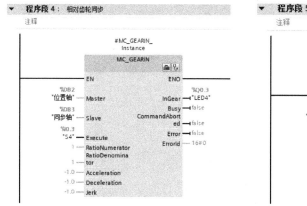

图 5-50　相对电子齿轮同步程序

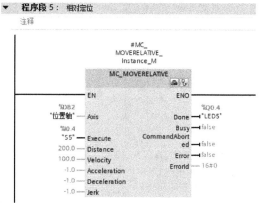

图 5-51　位置轴相对定位程序

在主程序中调用相对电子齿轮同步控制功能块，编译下载到 PLC 并运行 CPU 对位置轴和同步轴进行控制。按程序逻辑，首先应对位置轴和同步轴进行使能，然后对位置轴和同步轴执行回参考点，再执行相对电子齿轮同步，激活同步功能，最后执行位置轴的相对定位，同步轴会跟随位置轴运动。若执行位置轴的相对定位前未激活同步，则同步轴不会跟随位置轴运动。

位置轴与同步轴的位置曲线如图 5-52 所示。

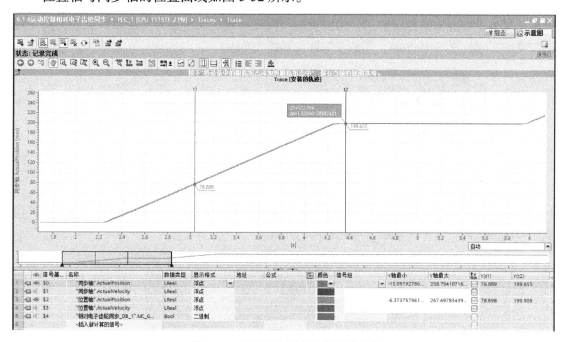

图 5-52　位置轴与同步轴的位置曲线

位置轴与同步轴的速度曲线如图 5-53 所示。

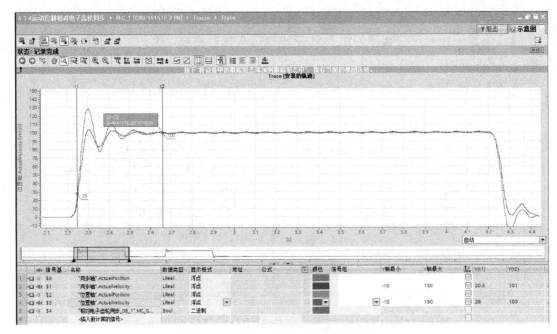

图 5-53　位置轴与同步轴的速度曲线

5.5　绝对电子齿轮同步运动

如图 5-54 所示，位置轴控制材料以 200mm/s 的速度一直向前运行，同步轴控制切刀实现长度为 1000mm 的定长剪切。当位置轴与同步轴到达同步点时实现材料剪切，同步点的位置轴实际位置为 100mm，同步轴实际位置为 100mm。

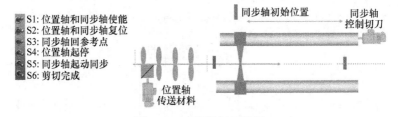

图 5-54　定长剪切示意图

在 5.1 节中的项目基础上，修改同步轴工艺对象组态界面下的"主值互连"属性，设置"可能的主值"为"位置轴"，如图 5-55 所示。

图 5-55　修改同步轴主值互连

在"项目树"的"程序块"中,新建一个功能块"绝对电子齿轮同步 [FB2]",并按图 5-56 所示编写用户逻辑程序,进行位置轴和同步轴的使能。

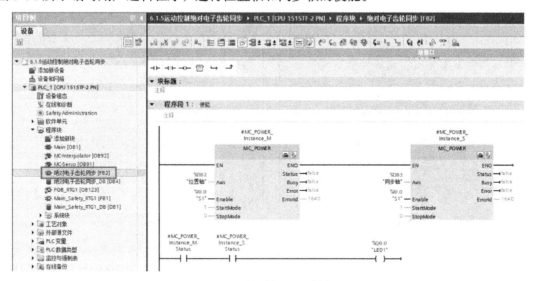

图 5-56 位置轴和同步轴使能

编写位置轴和同步轴故障复位程序,如图 5-57 所示。

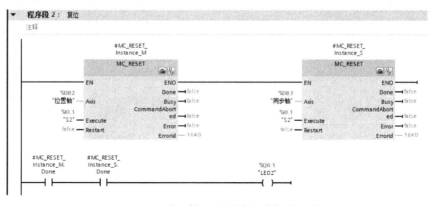

图 5-57 位置轴和同步轴故障复位程序

如图 5-58 所示,编写同步轴回参考点程序,设置切刀零点位置。

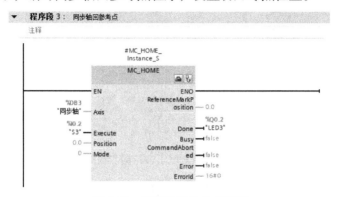

图 5-58 同步轴回参考点程序

如图 5-59 所示，编写位置轴点动控制程序，控制材料的传送，速度为 200mm/s。

如图 5-60 所示，编写位置轴回参考点程序，设置材料的初始位置。

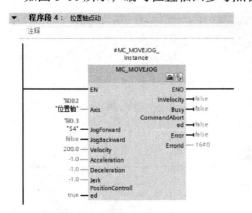

图 5-59　位置轴点动控制程序

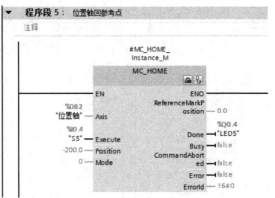

图 5-60　位置轴回参考点程序

如图 5-61 所示，编写绝对电子齿轮同步程序，当位置轴回参考点后触发同步功能。同步点位置轴的位置为 100mm，同步轴的位置为 100mm，设置参数 "MasterStartDistance"=200mm，即位置轴在同步点前 200mm 时（位置轴的位置为 -100mm 处），同步轴开始启动追位置轴，当位置轴和同步轴均运行到 100mm 时，完成同步，同时剪切材料。

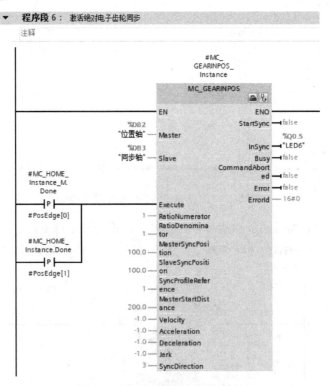

图 5-61　绝对电子齿轮同步程序

如图 5-62 所示，编写同步轴定位程序，当位置轴与同步轴到达同步点并完成剪切时，切刀回到零点位等待下一次同步剪切。

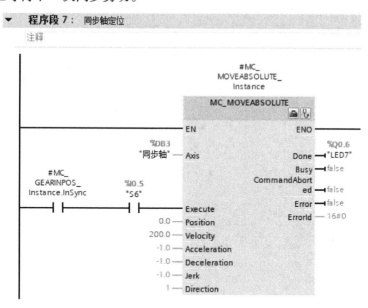

图 5-62　同步轴定位程序

如图 5-63 所示，编写位置轴回参考点模式，当切刀回到零点后，触发位置轴回参考点，由于材料的切长为 1000mm，因此设置其参考点位置为 -1000mm，同时由于到达同步点后，位置轴也在持续向前移动，因此此时回参考点模式应选择为 1，直接设置参考点模式，回参考点后的实际位置为当前位置与设定的参考点位置的和。

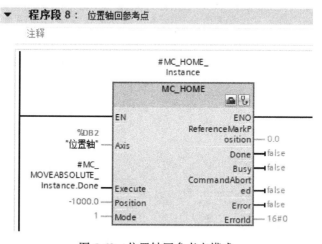

图 5-63　位置轴回参考点模式

在主程序中调用绝对电子齿轮同步功能块，编译下载到 PLC 中并运行 CPU 控制位置轴和同步轴。按程序逻辑，首先应对位置轴和同步轴进行使能，然后对同步轴执行回参考点；起动位置轴，再设置位置轴传送材料的初始位置，完成后执行绝对电子齿轮同步，待同步后并且切刀执行完成后，同步轴控制切刀回到原点，位置轴重新设置参考点位置，继续执行下一次剪切。位置轴与同步轴的位置曲线如图 5-64 所示。

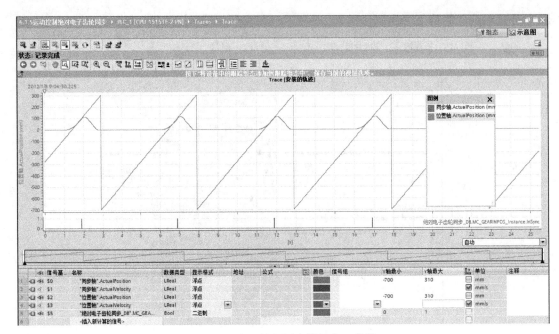

图 5-64　位置轴与同步轴的位置曲线

位置轴与同步轴的速度曲线如图 5-65 所示。

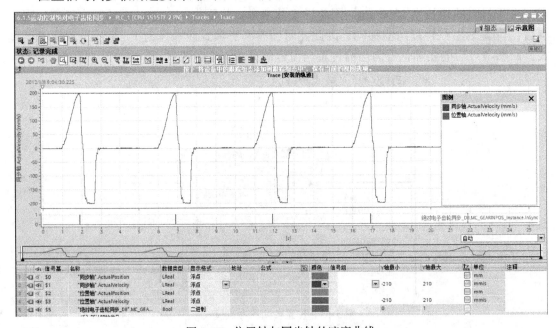

图 5-65　位置轴与同步轴的速度曲线

5.6　带测量输入的绝对电子齿轮同步运动

如图 5-66 所示，位置轴控制材料以 200mm/s 的速度一直向前运行，同步轴控制切刀实现定长剪切，当位置检测开关动作后，继续向前移动 333.33mm。当位置轴与同步轴到达同步点时实现材料剪切，同步点的位置轴实际位置为 100mm，同步轴实际位置为 100mm。

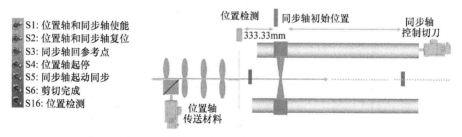

图 5-66　带位置检测的定长剪切机械示意图

在项目 5.5 的基础上，首先应设置 Time-Base IO 的输入属性，组态 Time-Base IO 的输入输出属性如图 5-67 所示。

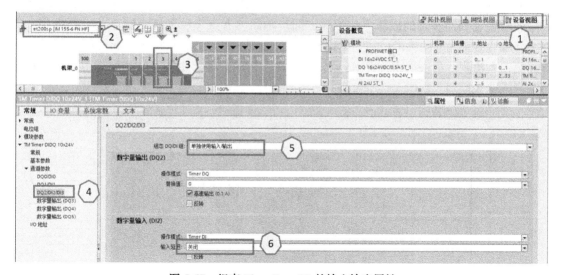

图 5-67　组态 Time-Base IO 的输入输出属性

在图 5-67 中，完成如下操作：

① 切换到硬件组态的"设备视图"。

② 在下拉列表中选择"ET200SP"。

③ 选择 3 号槽位上的 Time-Base IO 模块。

④ 测量检测开关 S16 接在 DI2 中，因此在其属性界面中，找到"TM Timer DIDQ 10x24V"→"通道参数"→"DQ2/DI2/DI3"。

⑤ 在"组态 DQ/DI 组"的下拉列表中选择"单独使用输入 / 输出"。

⑥ 设置 DI2 的"输入延迟"属性，将延迟"关闭"。

如图 5-68 所示，进行测量输入工艺对象的组态。

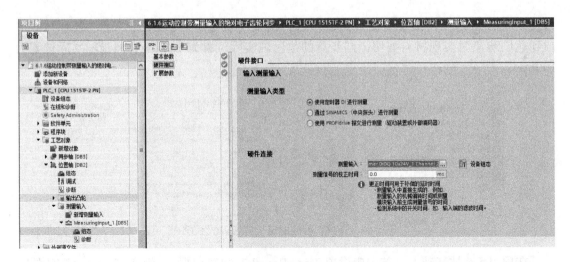

图 5-68　测量输入工艺对象的组态

对于项目 5.5 的功能块"测量输入凸轮输出 [FB2]",保留位置轴和同步轴的使能控制程序、位置轴和同步轴的故障复位程序、同步轴回参考点程序和位置轴点动控制程序。编写测量输入控制程序,如图 5-69 所示。激活位置轴的位置在 1000~3000mm 的范围内才进行测量输入检测。第一次由开关 S5 启动测量输入检测,后续由同步轴控制切刀回到原点后启动测量输入检测。

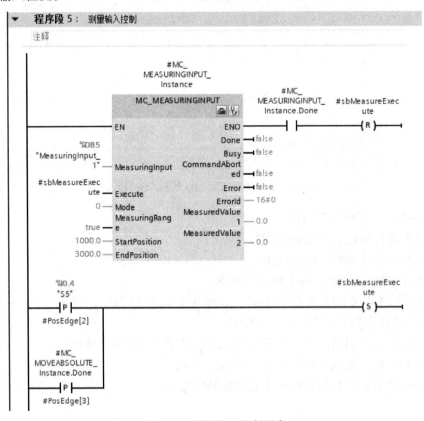

图 5-69　测量输入控制程序

如图 5-70 所示，编写位置轴偏移值计算程序，偏移量用于设置位置轴的参考点。

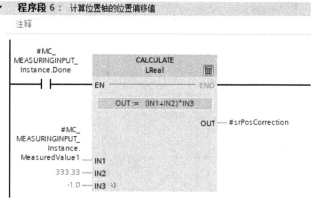

图 5-70 位置轴偏移值计算程序

如图 5-71 所示，编写位置轴回参考点程序，采用测量完成信号触发位置轴回参考点，回参考点模式采用模式 1，直接设置当前位置与设定的偏移量的和为位置轴的实际位置。

如图 5-72 所示，编写绝对电子齿轮同步控制程序，同步点是位置轴的位置 100mm，同步轴的位置为 100mm。

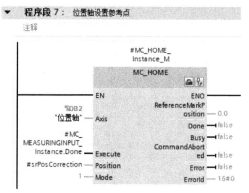

图 5-71 位置轴回参考点程序

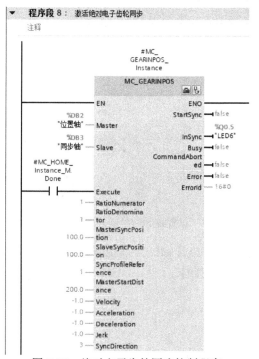

图 5-72 绝对电子齿轮同步控制程序

编写同步轴控制切刀回到零位的绝对定位控制程序，如图 5-73 所示。

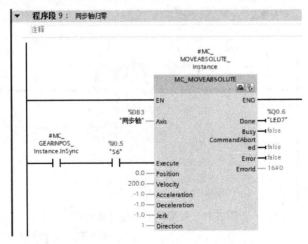

图 5-73　同步轴绝对定位控制程序

编译下载程序到 PLC 中并运行 CPU 控制位置轴和同步轴，其控制方法与项目 6.1.5 相同，得到如图 5-74 所示的位置轴和同步轴的速度和位置曲线。

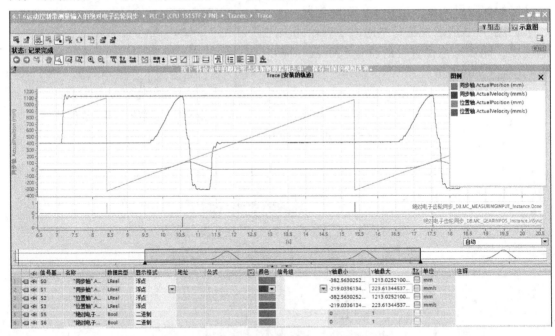

图 5-74　位置轴和同步轴的速度和位置曲线

当位置检测开关动作后，将位置轴的当前位置进行修正，并以修正后的位置值作为位置轴的参考点位置执行回参考点操作。

5.7　凸轮同步运动

如图 5-75 所示，位置轴控制压机工作在旋转模式下，同步轴控制送料系统往压机送料，两个轴实现电子凸轮同步运动。

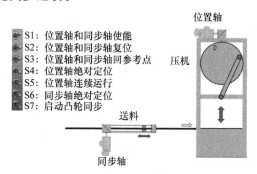

图 5-75　凸轮同步运动

在 5.1 节中的项目基础上，将位置轴设置为模态轴，如图 5-76 所示。

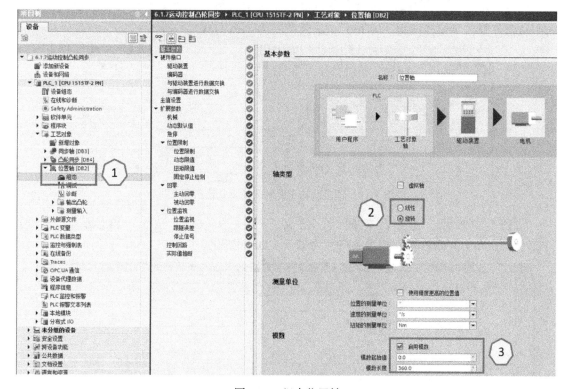

图 5-76　组态位置轴

在图 5-76 中，完成如下操作：

① 在"项目树"下的"工艺对象"中，打开"位置轴"的"组态"界面中组态位置轴工艺对象的"基本参数"。

② 将轴类型设置为"旋转"轴。

③ 启用模数，并设置模数的长度。

组态同步轴的"主值互连"如图 5-77 所示，将其设置为"位置轴"。

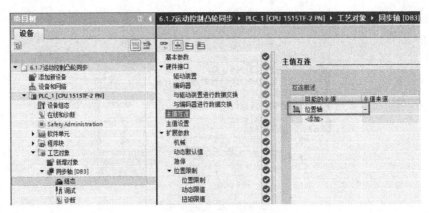

图 5-77　组态同步轴主值互连

在项目树的工艺对象中，新建一个凸轮同步工艺对象，并按图 5-78 调整凸轮工艺对象的主从值范围，主值范围为"0~360"，从值范围为"−10~50"。

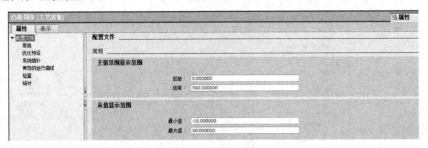

图 5-78　调整凸轮工艺对象的主从值范围

如图 5-79 所示，组态凸轮曲线，定义三个线段（0/0 ~ 5/0）、（135/40 ~ 225/40）、（270/0 ~ 360/0）并修改转换曲线的特性为基于 VDI 的优化。

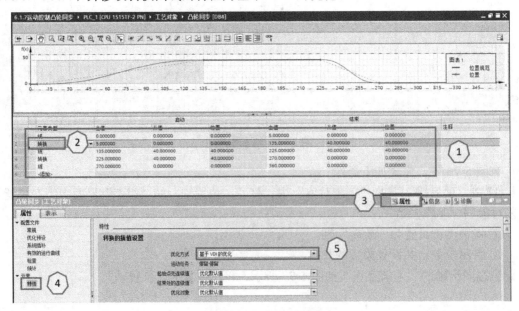

图 5-79　组态凸轮曲线

在图 5-79 中，完成如下操作：

① 新建一个凸轮曲线表。

② 选择第 2 行的"转换"项。

③ 选择"属性"窗口。

④ 选择"元素"下的"特性"功能。

⑤ 在下拉列表中选择"优化方式"为"基于 VDI 的优化"，以相同的方法设置第 4 行的"转换"特性。

在项目树的程序块中，新建一个功能块"凸轮同步控制 [FB2]"，并按图 5-80 所示编写用户逻辑程序，进行位置轴和同步轴的使能控制。

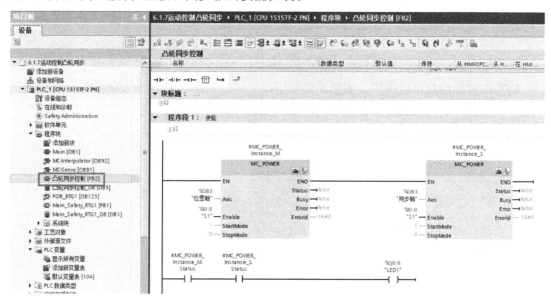

图 5-80　位置轴和同步轴的使能控制

编写位置轴和同步轴故障复位程序，如图 5-81 所示。

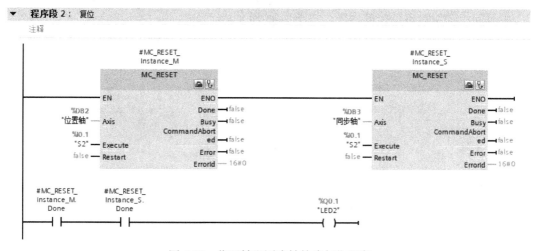

图 5-81　位置轴和同步轴故障复位程序

编写位置轴和同步轴的回参考点程序，如图 5-82 所示。

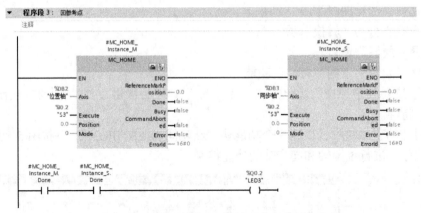

图 5-82　位置轴和同步轴的回参考点程序

编写位置轴绝对定位程序，如图 5-83 所示。

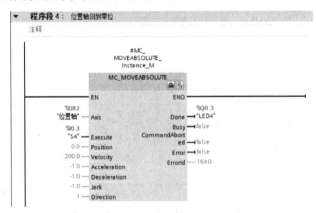

图 5-83　位置轴绝对定位程序

如图 5-84 所示，编写位置轴连续运动程序，运行速度为 360°/s。
编写同步轴绝对定位控制程序，如图 5-85 所示。

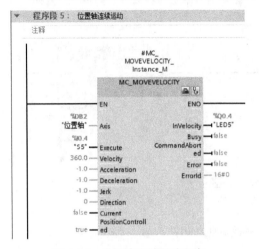

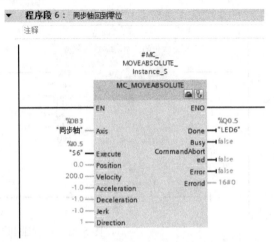

图 5-84　位置轴连续运动程序　　　　　图 5-85　同步轴绝对定位控制程序

如图 5-86 所示，编写凸轮插补程序，执行凸轮同步前，必须先执行该程序。

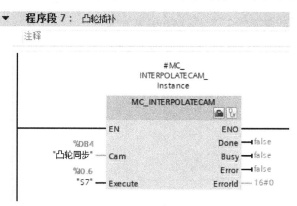

图 5-86　凸轮插补程序

如图 5-87 所示，编写凸轮同步程序，凸轮插补执行完成后触发凸轮同步。

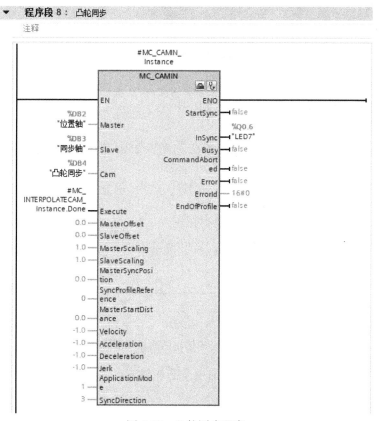

图 5-87　凸轮同步程序

在主循环中调用凸轮同步控制功能块，编译下载到 PLC 中并运行 CPU 控制位置轴和同步轴。首先激活开关 S1 同时触发位置轴和同步轴使能，然后同时对位置轴和同步轴进行回参考点操作，再触发凸轮插补程序，凸轮插补完成后，自动触发凸轮同步，此时可以触发位置轴的连续运行，得到如图 5-88 所示的凸轮同步时的位置轴、同步轴的速度和位置曲线。

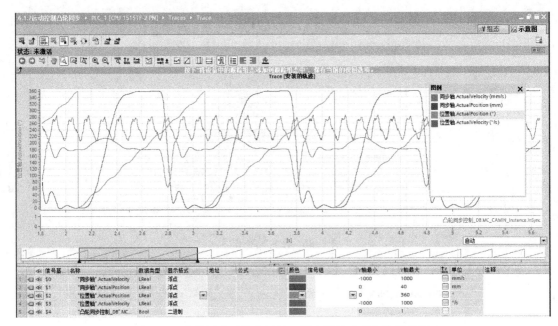

图 5-88　凸轮同步时的位置轴、同步轴的速度和位置曲线

5.8　带凸轮输出的凸轮同步运动

如图 5-89 所示的压机，当位置轴位置在 215°～280° 之间输出凸轮信号到 PLC 的输出点 Q0.7 中。

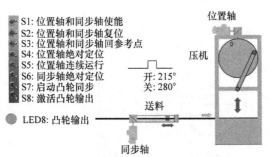

图 5-89　带凸轮输出的凸轮同步运动

在项目 5.7 的基础上，给位置轴添加一个凸轮输出，并进行基本参数组态，如图 5-90 所示。

在图 5-90 中，完成如下操作：

① 在"项目树"的"工艺对象"中，给位置轴新建一个输出凸轮工艺对象，并双击"组态"按钮打开输出凸轮的组态界面。

② 选择"基本参数"选项中。

③ 设定"输出凸轮类型"为"基于位置的输出凸轮"和"输出凸轮基准"为"当前位置"。

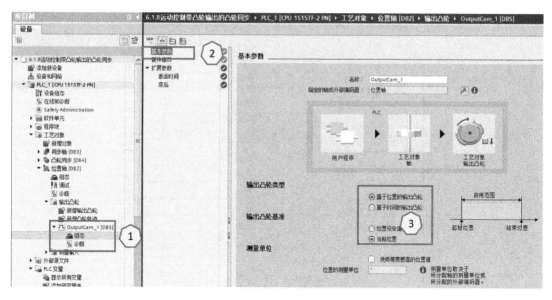

图 5-90　组态凸轮输出基本参数

如图 5-91 所示，组态凸轮输出的硬件接口。首先切换到硬件接口选项中，激活凸轮输出，选择通过数字量输出模块输出，在输出地址中选择对应的 PLC 数字量输出点。

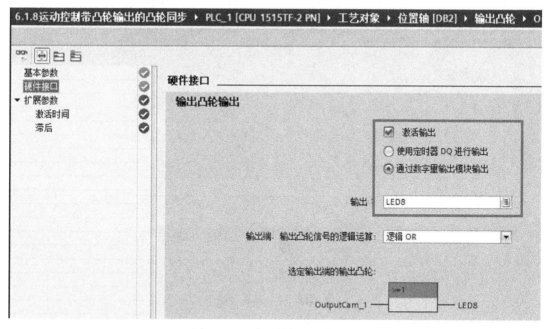

图 5-91　组态凸轮输出硬件接口

在 5.7 节中的项目程序基础上，增加图 5-92 所示的程序段控制凸轮输出，当电子凸轮同步后执行凸轮输出，输出取反。

编译下载程序到 PLC，运行 CPU 控制位置轴和同步轴，可以得到如图 5-93 所示的凸轮输出曲线，当位置轴在 215°～280° 时，凸轮输出。

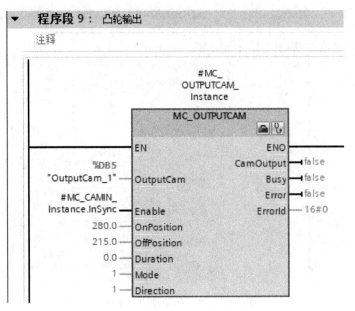

图 5-92 凸轮输出控制程序

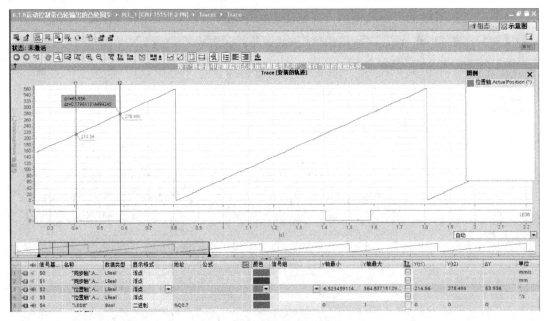

图 5-93 凸轮输出曲线

参 考 文 献

[1] 徐清书 . SINAMICS S120 变频控制系统应用指南 [M]. 北京：机械工业出版社，2014.

[2] 崔坚 . SIMATIC S7-1500 与 TIA 博途软件使用指南 [M]. 北京：机械工业出版社，2016.

[3] 张雪亮 . 深入浅出西门子运动控制器 S7-1500T 使用指南 [M]. 北京：机械工业出版社，2019.

[4] 游辉胜 . 运动控制系统应用指南 [M]. 北京：机械工业出版社，2020.

[5] 王薇 . 深入浅出西门子运动控制器 -SIMOTION 实用手册 [M]. 北京：机械工业出版社，2013.

[6] 段礼才 . 西门子 S7-1200 PLC 编程及使用指南 [M]. 北京：机械工业出版社，2017.

[7] 陈华 . 西门子 SIMATIC WinCC 使用指南 [M]. 北京：机械工业出版社，2018.

[8] 游辉胜，李澄，薛孝琴 . SINAMICS V90 PN 回零方法及应用分析 [J]. 电工技术，2019（4）：1-3.

[9] 游辉胜 . SINAMICS V90 在分压机中的应用 [J]. 变频器世界，2016（9）：83-85.